『能量与热力学建筑』书系 李麟学 主编
Energy & Thermodynamic Architecture

热力学建筑与身体感知

Thermodynamic Architecture from the Perspective of Body Perception

侯苗苗 李麟学 著
Hou Miaomiao Li Linxue

同济大学出版社 · 上海
TONGJI UNIVERSITY PRESS · SHANGHAI

图书在版编目（CIP）数据

热力学建筑与身体感知 / 侯苗苗, 李麟学著. -- 上海：同济大学出版社，2023.10

（能量与热力学建筑书系 / 李麟学主编）

ISBN 978-7-5765-0942-7

Ⅰ. ①热… Ⅱ. ①侯… ②李… Ⅲ. ①热力学－应用－建筑设计 Ⅳ. ①TU2

中国国家版本馆CIP数据核字（2023）第187365号

热力学建筑与身体感知

侯苗苗　李麟学　著

出 品 人　金英伟
责任编辑　姜　黎
责任校对　徐春莲
封面设计　张　微

出版发行　同济大学出版社 www.tongjipress.com.cn
（地址：上海市四平路 1239 号　邮编：200092　电话：021－65985622）
经　　销　全国各地新华书店
印　　刷　上海安枫印务有限公司
开　　本　710mm × 1000mm　1/16
印　　张　15
字　　数　380 000
版　　次　2023 年 10 月第 1 版
印　　次　2023 年 10 月第 1 次印刷
书　　号　ISBN 978-7-5765-0942-7
定　　价　128.00 元

总序

热力学建筑

热力学为建筑领域开辟了一条新途径，这一途径不仅避开了当代能源和可持续性标准相对狭隘的约束性要求，更重要的是，它进一步激发了对创新型生态建筑的追求。热力学将建筑与它们所处的更广泛系统——生态文化和经济系统——紧密相连。它直接将人体活动与建筑的物质组成联系起来，从而为建筑提供全新的视角。“能量与热力学建筑”书系运用热力学理论，展示了建筑在技术和设计上的巨大潜力，彰显了热力学建筑为建筑学发展带来的重要价值。

在热力学建筑领域，生物气候学被视为一个关键概念。它认为建筑在人体感受与当地气候特性之间扮演着独特的角色——既是沟通者，又是调节者，更是环境与人体体验之间的创造性媒介。这一理念源于20世纪初的昆虫学研究，旨在探究太阳位置的天文变化与地球生物节律之间的微妙联系（Hopkins，1938）。维克多·奥戈雅（Victor Olgyay）与阿拉代尔·奥戈雅（Aladar Olgyay）兄弟在20世纪50年代初期对此理念进行了深化，利用它来阐释地域性或乡土建筑的热力学基础（Olgyay，1953）。正如本书系所展示的那样，他们致力于从这些原理和案例中探索和发展出更富生命力的现代建筑设计理念。

奥戈雅兄弟在《太阳能控制和遮阳设备》（*Solar Control and Shading Devices*，1957）一书中提出了关于生物气候设计的最具挑战性的主张。书中以里约热内卢两座建筑的视觉对比开篇，一座是新式现代的遮阳板立面，另一座是邻近的学院派艺术风格大楼。他们认为，老式学院体系的象征意义已变得“贫乏”，新式墙体则是“对人与其环境关系重新深思熟虑的结果”。他们通过比较1750年雅克－弗朗索瓦·布隆代尔（J. F. Blondel）在《建筑课程》（*Cours d'Architecture*）中的解释性图示和他们为幕墙设计而开发的太阳遮阳角度测量仪，强调了早期生态传统的人类学基础。布隆代尔的图示展示了一个年轻男子的侧面轮廓与装饰线脚重叠，用以阐释造型的卓越比例。然而，他们的新生物气候方法“并非基于视觉比例，而是与太阳的运动相联系，并为满足人类的生物需求而制定”。

本书系两本新书深入探讨了生物气候学话题中的两个核心议题：建筑领域中人体的重要作用，以及我们可以从前现代或乡土建筑中汲取的宝贵经验。如贾科莫·维尼奥拉（Giacomo Barozzi da Vignola）的例子所示，从建筑学的起源开始，人便一直是设计的关键参照。然而，关于人体作为自我调节系统的新研究，其涉及动态内部过程和与环境的积极互动，为我们理解人体与建筑之间的深层联系提供了新视角。在奥戈雅兄弟的著作和当代环境建筑设计中，乡土建筑同样扮演着不可或缺的角色。这些前现代建筑是在有限的资源下，通过不断试验和错误总结，发展出适应各自气候的独特形式。利用热力学方法来评估这些乡土建筑，为我们构建基于生物气候学原则的更加坚固耐用的建筑提供了坚实的基础。综合来看，热力学建筑对空间中人体的深入理解以及对乡土建筑智慧的领悟，为设计师们探索人类世中的创新建筑路径提供了灵感源泉。

威廉·布雷厄姆
宾夕法尼亚大学

General Foreword

Thermodynamic Architecture

Thermodynamics offers an approach to architecture that avoids the reductive demands of contemporary energy and sustainability standards, which were conceived to regulate the norms of the market rather than to inspire the pursuit of innovative, environmental buildings. Thermodynamics connects buildings to the larger systems in which they participate, ecosystems on one hand and cultural and economic systems on the other. It directly relates the activities of bodies to the material assembly of buildings. Ultimately, this book series uses thermodynamics to provide new insights into the potential of architecture.

A key concept for thermodynamic architecture is bioclimatics, which argues that building operates as a link, filter, or translation between the experiences of human bodies and the conditions of the local climate. The concept was first developed by an entomologist in the early 20th century to connect the effect of celestial variations in the position of the sun with the terrestrial rhythms of plant and animal life (Hopkins, 1938). That idea was adopted by the Olgyay brothers in the early 1950s to help them explain the thermodynamic basis of regional or vernacular architecture (Olgyay, 1953). Like the works in this series, they sought principles and examples from which they could develop a more vital modern architecture.

One of the most provocative claims they made for bioclimatic design was introduced in their book *Solar Control and Shading Devices* (1957). They opened the book with a visual comparison between two buildings in Rio de Janeiro, a new brise-soleil facade and an adjacent Beaux Arts edifice. They argued that the symbolism of the older Academic system had become "anemic", while the new form of the wall was "the result of a thorough reevaluation of man's relation to his surroundings". The anthropomorphic basis of the earlier ecological tradition was underlined by a second comparison between one of J. F. Blondel's explanatory figures from the *Cours d'Architecture* of 1750 and the solar shading protractor that they had developed to facilitate the design of screen walls. The first showed the profile of a young man superimposed on a cornice, which Blondel used to explain the superior proportions of the molding. However their new bioclimatic method "stems not from visual proportions but is correlated with the movements of the sun and formulated to satisfy man's biological needs".

Two new books in this series take up two critical topics from the bioclimatic discourse, the role of the body in architecture and the lessons that can be learned from pre-modern or vernacular buildings. As the Vignola example suggests, the body has been a constant point of reference for architecture since the beginning, but new research on the body as a system of self-regulation, with dynamic internal processes and an active engagement with its environment, offers new ways to understand the body-building connection. Vernacular buildings have an equally special role, both in the writing of the Olgyays and in contemporary environmental building design. Pre-modern buildings were built with limited means and by trial and error developed methods for working with their particular climates. Using thermodynamic methods to evaluate vernacular constructions provides the basis for more resilient buildings built on the bioclimatic foundation of their predecessors. Taken together, a deeper understanding of the body in space and of the genius of vernacular buildings enables designers to imagine alternate ways of building in the Anthropocene.

William W. Braham
University of Pennsylvania

序言

热力学视角下的建筑转向：乡土与感知

热力学建筑，这一概念源于20世纪，当时的经典现代主义正热衷于探索建筑设计中形式与功能的完美统一。作为一种理论研究方向，热力学建筑着眼于设计追随能量，专注于建筑、环境与人之间的互动关系。它旨在结合特定环境下的动态能量和人类需求关系，寻求一种实现环境与人和谐共存的建筑形态。这种建筑思想不仅关注形式美学，更深入探讨了建筑与其周边环境的紧密联系，以及如何更好地满足使用者的实际需求，强调环境热力学与美学的转化融合，展现了建筑设计与环境共生的崭新视角。

当下中国的建筑理论与设计迭代发展正面临许多挑战。在城市化进程中面临着能源消耗、环境污染、生活品质有待提升等问题；在建筑维度，绿色建筑、节能减排标准正对建筑学科产生重大影响，建筑师在实现以人为本的建筑设计的同时，数字化亦成为设计变革的重要因素，但建筑本体设计的创造力绝不能被忽视。自我国宣布“3060”目标以来，行业对建筑低碳化研究掀起风潮，将热力学建筑理论研究引入中国的建筑学理论发展中，恰恰是能够真正着眼于建筑环境生态化及人舒适视角的一种有效理论实践。

长期以来，建筑学的边界和内核始终在一个变动的过程之中，也引起当下非常多的争论。2013年，在前往哈佛大学做访问学者期间，我与哈佛大学的伊纳吉•阿巴罗斯（Inaki Abalos）教授等人一起开展了热力学建筑的大量教学与研究合作，不断寻找在学科知识边界的新动力，而能量与热力学建筑研究无疑为建筑科学知识发展带来新视角。其不仅是建筑形式展现的特有引擎，也是一条独特的建筑教育路径，更是一种审视学科历史并对其现代性进行评价的方法，既试图回答过去，也在面向未来。

近十年，结合黄河口生态旅游区游客服务中心、上海崇明体育训练基地、中国商业与贸易博物馆等一些中国本土实践项目的设计和落地，我深入思考热力学建筑如何在当代中国的语境下进行转化，试图基于能量流动与形式生成的研究重建一种建筑批评与实践范式，并发表《知识•话语•范式：能量与热力学建筑的历史图景及当代前沿》一文，这也是国内首次开展对于热力学建筑的系统讨论，为建筑本体设计和能量之间的研究建立起桥梁。同年，伊纳吉•阿巴罗斯教授关于热力学研究方法的著作《建筑热力学与美》中文版在同济大学出版社正式出版，关于“建筑热力学与美”的讨论也引入了更多的中国视角。如今“能量与热力学建筑”研究在中国已经发展了10年，其不断与世界范围内的环境、气候及健康议题相呼应，强调以人为本，不过度迷恋机械技术所创造的环境，始终面向我们更美好的生活目标。热力学为建筑学科关注“能量－物质－形式”的跨学科内在设计逻辑打开视角，目前我们的研究已经在热力学考古、热力学物质化、材料文化、气候城市等多个层面展开，既有纵向的知识结构，也有紧密结合具体类型和特定气候环境的设计实践。

这一书系的延续，是团队近年来理论和实践相结合的研究成果，主要面向两个当下重要的议题：一是在全球化和地域性、传统和当代的矛盾下，传承建筑文脉与挖掘乡土建筑资源的迫切性。乡村振兴作为重要的国家战略，在乡村建设的过程中，保留历史文脉是不可或缺的。尤其在保留和创新传统建筑方面，广泛分布的乡土建筑不仅是人类历史的见证，更是文化智慧的结晶，它们蕴含丰富的传统生态建造经验和可持续发展理念，成为建筑学研究的珍贵资源。建造技术不仅仅是单纯技术的概念，也可以转化为一种文化手段，将连贯的技术要素与设计逻辑相统一，也就是"建造文化"。然而，这些文化传统如何转化为对未来建设的有效贡献，热力学可以为这一问题提供重要的解决视角。二是强调当下绿色建筑发展应当回应"以人为本"的导向需求，而非仅着眼于各类规范及性能指标。绿色低碳设计未必以牺牲人的舒适为代价，而是应该最优化利用自然系统资源，最大化调适建筑环境性能。建筑环境性能可以从外部与内部两个角度进行理解：建筑对外部环境产生的能源消耗、污染排放等负荷最小化，建筑的内部环境为使用者带来的舒适、健康与环境质量方面的最大化影响。正如威廉•布雷厄姆教授所说："建筑学中的热力学概念超越当代能源和可持续性标准的约束，其为建筑学科回应绿色低碳发展提供创新的方法，带领学科重归研究人与空间关系的底层逻辑。"

"能量与热力学建筑"书系包含2015出版的《热力学建筑视野下的空气提案：设计应对雾霾》与2019年出版的《热力学建筑原型》，本次同步出版的《热力学乡土建筑》和《热力学建筑与身体感知》两本书则在博士论文研究的基础上，进一步结合团队最新的项目实践和建成项目实测后评估，分别从乡土建筑的全球性视角及热力学建筑的身体感知视角两个领域进行拓展延伸。《热力学乡土建筑》以热力学视角回溯了全球不同气候下大量的乡土建筑案例，从气候文化与乡土建造阅读传统生态智慧。《热力学建筑与身体感知》以身体为线索审视了建筑环境调控的性能设计方法，"环境—建筑—身体"之间的互动研究为当代建筑的生态与人居可持续性议题提供了创新思路。

本书系试图深入探索"能量与热力学建筑"的丰富层面，为建筑理论与实践的交汇注入新的思考。我们期望，这些研究能激发对传统与现代建筑知识的重新审视，为建筑理论发展及跨学科教学研究与实践提供新的思路与途径。同时，能量与热力学建筑所蕴含的潜力和维度，既是答案，也是问题，启迪我们以一种新的视角参与到中国当代建筑理论与实践发展的讨论之中。

感谢哈佛大学伊纳吉•阿巴罗斯教授，宾夕法尼亚大学威廉•布雷厄姆教授与多瑞特•艾薇（Dorit Aviv）教授对何美婷、侯苗苗两位博士的共同指导，感谢国际团队的长期交流与紧密合作。

李麟学

同济大学

Foreword

Architectural Shift from a Thermodynamic Perspective: Vernacular and Perception

Thermodynamic Architecture, a concept that emerged in the 20th century, marked an era where classical modernism eagerly sought the perfect harmony of form and function in architectural design. As a theoretical research area, thermodynamic architecture is dedicated to the principle of Design Follows Energy, focusing on the interaction between architecture, environment, and human beings. It endeavors to combine the dynamic energies of specific environments with human necessities, striving for architectural forms that harmoniously coexist with both the environment and its inhabitants. This architectural philosophy goes beyond mere formal aesthetics, probing into the intimate connection between architecture and its surrounding milieu, as well as how to better cater to the real needs of occupants. It underscores the transformation and integration of environmental thermodynamics and aesthetics, offering a novel perspective on architectural design in tandem with environmental coexistence.

In the current era, the iterative development of architectural theory and design in China is facing numerous challenges. Rapid urbanization has brought issues like energy consumption, environmental pollution, and living quality into sharp focus. Green buildings and energy efficiency standards are profoundly influencing the field of architecture. Architects must balance human-centered design with the growing importance of digitalization, without compromising the essential creativity in architectural ontology. Since China announced its "3060" carbon neutrality goals, there has been a surge in low-carbon architectural research. Introducing thermodynamic architecture theory into Chinese architectural discourse is a pivotal move, focusing on ecological sustainability and human comfort in the built environment.

For a long time, the boundaries and core of architecture have always been in flux, sparking current debate. In 2013, during my time as a visiting scholar at Harvard University, I collaborated extensively with Professor Inaki Abalos on thermodynamic architecture, seeking new dynamics at the disciplinary boundaries. This research brings fresh perspectives to architectural science, serving not only as a unique engine for architectural form but also as a distinctive educational path and a method to evaluate the discipline's history and modernity, addressing both the past and the future.

In recent ten years, combined with the design and implementation of some local Chinese practice projects such as the Yellow River Estuary Ecological Tourism Area Tourist Center, Shanghai Chongming Sports Training Center, China Commerce and Trade Museum, etc. I reflected in depth about how thermodynamic architecture can be transformed in the context of contemporary China, and attempted to reconstruct a kind of architectural criticism and practical paradigm on the basis of energy flow and the research of formalization, and published *Knowledge*, *Discourse*, *Paradigm*: *Historical Scenario and Contemporary Frontier of Energy and Thermodynamic Architecture*. This is also the first time in China to carry out a systematic discussion on thermodynamic architecture, building a bridge for the study between architectural ontology design and energy. In the same year, with the publication of Professor Inaki Abalos's work on thermodynamics research methods by Tongji University Press, the discussion of "Architectural Thermodynamics and Beauty" introduced more Chinese perspectives. This bridged architectural design with energy research, marking over a decade of development in China. This field aligns with global environment, climate, and health issues, emphasizing a human-centric approach, avoiding over-reliance on mechanical technologies, and aiming for the goal of a good life. Thermodynamics opens perspectives on interdisciplinary design logic concerning "energy, matter, form" in architecture. Our current research spans various areas like thermodynamic archaeology, thermodynamic materialization, material culture, and climatic cities, integrating both vertical knowledge structures and practical design approaches tailored to specific types and climatic conditions.

The continuation of the book series represents the team's recent research achievements and focuses on two pertinent contemporary issues: firstly, the urgency of inheriting architectural traditions and tapping into local architectural resources amidst the contradictions between globalization and locality, tradition, and contemporaneity. As a vital national strategy, rural revitalization necessitates preserving historical contexts in rural construction. Especially in preserving and innovating traditional architecture, widespread rural buildings are not only testimonies of human history but also crystallizations of cultural wisdom. They embody rich traditional ecological building experiences and sustainable development concepts, becoming invaluable resources for architectural studies. Construction technology transcends mere technicality, transforming into a cultural medium. By unifying coherent technical elements with design logic, it forms "construction culture". Thermodynamics offers crucial perspectives in leveraging these cultural traditions for effective contributions to future construction. Secondly, the emphasis in green building development should be on meeting "human-centric" needs, rather than solely focusing on various standards and performance metrics. The concept of green, low-carbon design shouldn't sacrifice human comfort but should optimally leverage natural resources to enhance architectural environment performance. This performance is understood both externally (minimum energy consumption, pollution emissions) and internally (maximum impact on comfort, health, and environmental quality). As Professor William Braham suggests, thermodynamics in architecture transcends current energy and sustainability standards, offering innovative approaches for the discipline to address green, low-carbon development, and refocus on the core logic of studying human-space relationships.

The "Energy & Thermodynamic Architecture" series includes *Air through the Lens of Thermodynamic Architecture: Design Against Smog* (2015) and *Thermodynamic Architectural Prototype* (2019). The latest additions, *Thermodynamic Vernacular Architecture* and *Thermodynamic Architecture from the Perspective of Body Perception*, are extensions based on doctoral researches and teams. They explore global perspectives in vernacular architecture and the sensory experience in thermodynamic architecture, respectively, grounded in thermodynamic architectural theory. *Thermodynamic Vernacular Architecture* revisits a multitude of global vernacular architecture cases in different climates from a thermodynamic perspective, reading traditional ecological wisdom through the lens of climate culture and local construction. *Thermodynamic Architecture from the Perspective of Body Perception* examines performance design methods for architectural environmental control using the body as a focal point. The interactive study of "Environment-Architecture-Body" offers innovative insights for contemporary discussions on ecology and sustainable human habitats in architecture.

This book series endeavors to explore the rich dimensions of "Energy and Thermodynamic Architecture", injecting fresh insights into the confluence of architectural theory and practice. We aspire that these inquiries will reinvigorate the understanding of both traditional and contemporary architectural knowledge, paving new pathways for the evolution of architectural theory, interdisciplinary education, research, and practice. Concurrently, the latent strengths and complexities within energy and thermodynamic architecture represent both solutions and challenges, encouraging us to engage in the discourse on contemporary architectural theory in China from an innovative vantage point.

I am grateful to Professor Inaki Abalos of Harvard University, Professor William W. Braham and Professor Dorit Aviv of University of Pennsylvania for their expert guidance of Drs. He Meiting and Hou Miaomiao. I also appreciate the sustained communication and robust collaboration of our international team.

Li Linxue
TongJi University

目录

第 1 章

理论梳理——环境·建筑·身体

1.1 热力学建筑中的身体界定

1.1.1 背景

1. 能源与环境危机下的建筑可持续发展

能源与环境危机的本质是生态系统所承担的压力超过了环境承载力。环境承载力是指在一定调节下，某一环境系统所能承担的人口数量与人类活动的总量。人类活动需要提取自然生态环境中各种有形的资源，以及无形的服务，生产成产品后进行消费，产生的废弃物依旧需要自然环境的容纳与消化进行处理。1972年由环境学家多内拉·米多斯（Donella H. Meadows）等学者所著的《增长的极限》（*The Limits to Growth*）认为，如果当时地球上的资源消耗与污染排出随着人口的增长而继续保持增加，那么这种增长的极限将在未来一百年内的某个时刻达到[1]。人类增长与环境承载力之间的矛盾引起了广泛关注，比如美国女作家蕾切尔•卡逊（Rachel Carson）的《寂静的春天》（*Silent Spring*）警示我们，“寂静的春天等于颗粒无收的秋天”；美国学者加勒特•哈丁（Garrett Hardin）的文章《公地悲剧》（*Tragedy of the Commons*），从公地的过度放牧问题入手，探讨过度使用公共资源的后果。

与之相悖的是同时期兴起的“丰饶论”观点（Cornucopian）。观点认为持续进步的技术将会为人类提供足够的物资与增长，实现物质与能量的充足，此种观点也被称为技术乐观主义，后续发展成为技术中心主义。与此同时，现代建筑正在朝着全面机械化发展，正如建筑理论家希格弗莱德•吉迪恩（Sigfried Giedion）将20世纪初期称为“全面机械化”的时期[2]。建筑先锋小组超级工作室（Superstudio）将建筑与环境的关系通过大胆的纸上设想《连续的纪念碑》表达出来。这种由机械化引起的与能量及环境相关的建筑类型变化，在以高层建筑为代表的发展历程中可以被清晰观察，20世纪50年代始西方的摩天大楼进入了一种全玻璃幕墙、全天候机械调控与人工照明的模式，直至1973年的第一次能源危机。

能源意识与环境意识促进了生态建筑的发展，自20世纪60年代生态建筑的概念随着《设计结合自然》（*Design with nature*）一书的出版而正式诞生，以及能源危机促使建筑节能成为生态建筑的核心关注，太阳能实验房与多种建筑节能技术得到快速发展，节能建筑设计及评价方法逐渐成熟。20世纪90年代联合国环境规划署确立了可持续发展理念，随即世界各国相继颁布绿色建筑标准。

建筑是燃料驱动的文明的中心工具，尤其在20世纪释放了大量二氧化碳和其他温室气体进入大气，超过了地球的地质生物圈（geo-biosphere）处理排放物的能力，并随着这些温室气体的积累改变

---

1 Meadows D H, Club of Rome, editors. The limits to growth: a report for the Club of Rome's project on the predicament of mankind. New York: Universe Books; 1972.

2 Giedion S. Mechanization takes command: a contribution to anonymous history. First University of Minnesota Press edition. Minneapolis: University of Minnesota Press, 2013: 785.

了气候状况。随着我国城市化的快速进程，能源消耗、气候变化等问题已成为国家发展的巨大挑战，加之“二氧化碳排放力争于2030年前达到峰值，努力争取2060年前实现碳中和”的目标引导，“低能耗、低碳化”已成为我国绿色建筑发展的新动向，也是绿色发展的新国策。

2. 身体作为建筑环境调控的核心关注

“驻留在物之中是人类存在的基本原则”——马丁 · 海德格尔（Martin Heidegger）认为，人在场所和空间中的栖居是与场所、空间建立联系的基础。建筑现实本体的意义即是为人的栖居提供一个“物的世界”，通过产生形式、体量与空间构成的具体实体。彼得 · 卒姆托（Peter Zumthor）认为，“建筑充作周围环境”，强调建筑是周围环境的一部分，这里的环境可以是自然、技术、人文层面的环境，也可以是建筑为人们提供遮蔽所对应的气候环境。

建筑的最终实现除了需要通过调控其环境营造一种氛围，还需要个人感官对环境的敏锐感知，这包括生理层面和心理层面的反应。比如身体通过视觉感知到了形式，身体通过耳朵、眼睛、皮肤等感官对声音、对光线、对温度产生了感知，通过触觉和视觉感知到了材料，通过多种感官的复合对场所产生感知，以及在精神层面产生对整体氛围的感知。建筑学理论中对身体的研究与人文科学、自然科学领域有着十分密切的联系。建筑学领域的身体研究结合了其他领域的理论，从身体出发研究人对建筑的体验和认知，感知途径包括物理性的、生理性的以及心理性的途径。

人类在环境中感知的基础是身体的生理状况。现代时期随着工业化的发展，空气污染、雾霾以及传染病等问题在城市中蔓延，这进一步增强了建筑调控环境的要求。比如19世纪五六十年代的伦敦与纽约相继发生的大型烟雾事件，90年代巴黎结核病例在“不卫生街区”与房屋中的扩散。在这样的背景下，一些现代建筑开始关注环境对居住者生理健康的影响，将身体视作“内化的环境”，将建筑以人为核心的本质在具体的科学层面追求发展。当代社会中，随着生理学、心理学、环境学科的发展，人们运用定性且定量的方式研究建筑所营造的环境如何影响身体（图1-1）。

3. 热力学建筑思潮

性能建筑（performative architecture）在计算机对建筑行业产生巨大变革之后获得广泛关注，它指的是以实现建筑不同方面的性能，并且在协调不同性能时以寻求优化为目标的建筑，通常结合数字模型进行分析。然而性能并不是在计算机出现后才有的概念，它在建筑领域的脉络可以追溯到文艺复兴时期，区别于其他艺术，建筑为了满足其实际功能与文化符号需求，明确了自身的一个目标——效能。到了现代主义前期，建筑性能设计得到进一步发展。性能的英文单词“performance”亦有“表演”的含义，建筑可以被视作“一种正在施演的综合统筹的科学与艺术”。18世纪后半叶，建筑理论家曼弗雷多 · 塔夫里（Manfredo Tafuri）指出，建筑学科能够真正在快速现代化进程中进行“表演”（perform）。到了20世纪中期，系统学理论对建筑学的影响使性能设计再次得到更新，比如英国建筑师塞德里克 · 普莱斯（Cedric Price）于60年代设计的玩乐宫（Fun Place），是性能建筑与表演建筑的结

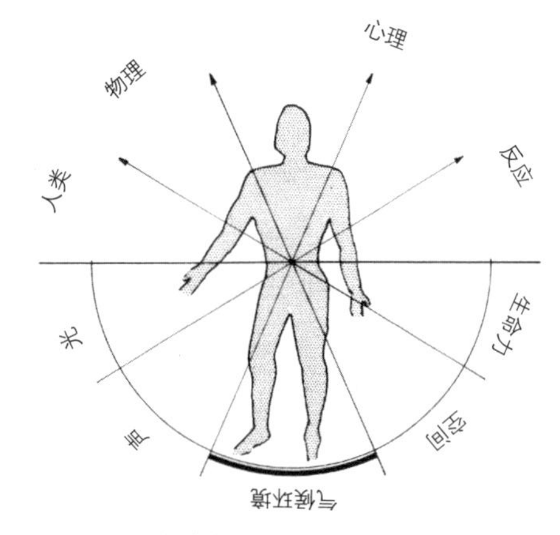

图 1-1　人在建筑中与周围环境的互动

合。到了当代，数字技术激发出了性能设计的新潜力，对建筑环境与结构性能的研究得到重视。

性能建筑的系统性可以通过热力学来理解。性能在建筑与环境，以及环境中的身体之间相互影响过程中而得到展现，热力学则提供了对“系统与环境”的基础原理与认知，可支持进一步研究性能。热力学是物理学的一个分支，适用于科学与工程等领域以解释普遍热现象。在20世纪70年代，热力学开始被引入系统生态学领域，热力学定律对“系统”与“环境”的关系研究同样适用于建成环境。建筑物理学中以热力学作为基础，研究建筑的热现象。基于热力学第一、第二定律，研究建筑的能量平衡，具体可以细化到各个建筑构件中材料的热特性，以进一步研究建筑的得热与热损失。同时，能量作为一种视角被先锋地用来诠释建筑，从能量层级的角度来理解建筑作为一种热力学系统的特性，研究其与外界环境、其内部各元素之间的关系。具体而言，建筑可被视为热力学开放系统，它与环境之间的能量流动形成能量层级，同时与物质循环进行耦合，建筑及其内部嵌套系统即是由能量组织与物质组织构成。热力学建筑将建筑视为自组织系统，也可以理解为协同内部各个子系统——比如结构、界面、环境要素、作为主体的身体的“共生生态系统”（symbiotic ecosystem）。

将热力学和系统生态学的研究引入建成环境，有利于从地理物质生态圈、生态系统、城市、建筑等不同尺度研究物质与能量的循环，比如从能量梯度的角度探索利用可再生能源对不可再生能源进行替代。具体对建筑而言，热力学建筑理论批判隔离的、能量效率至上的能量策略，是从系统的角度寻求整体性能的最大化，将建筑形式、气候、能量、身体结合构成建筑学的重要元素，并且借助数字技术实现建筑环境性能设计（图1-2）。

4. 关注身体视角的原因

建筑可以被理解为身体与外界环境间的一层介质，具备调节作用。对内而言，建筑为身体调控舒适宜居的环境；对外而言，建筑涉及的能量与物质循环被反馈到外界环境中，造成资源消耗与污染排放。建筑在这整个过程中的表现，可通过建筑性能进行评定。因此，关注身体视角的第一个原因是，从“内需”的角度明确身体对环境调控的需求，从而明确建筑环境性能的具体目标。

性能设计与热力学建筑强调形式以一种从性能出发的逻辑而形成，并且以热力学机制为基础原理。身体作为性能设计的初始元素之一，参与了形式的生成过程；具备了形式本体的建筑对环境进行调控，环境将身体包裹并无时无刻不产生影响，同时形成身体感知建筑的方式。在这样的性能设计过

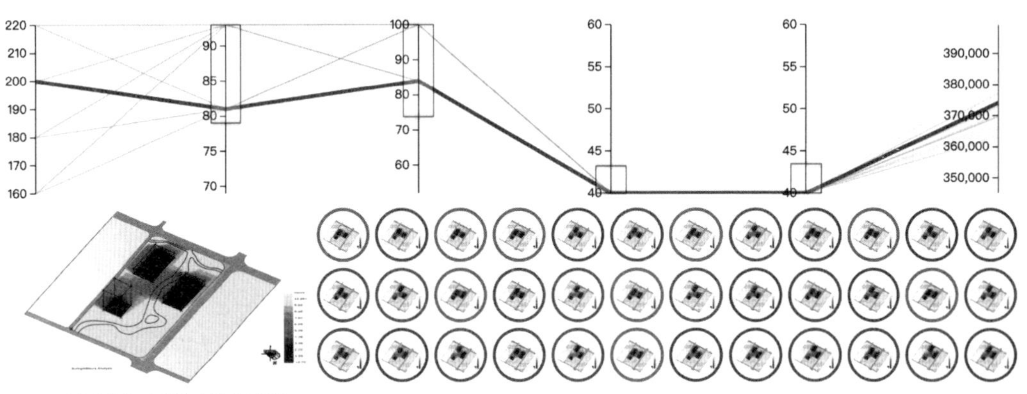

图 1-2　结合参数化工具的热力学建筑设计

程中，身体既是起点，也是终点。从这个层面看，关注身体视角的第二个原因是，基于环境-建筑-身体间的热力学互动，探索身体启发建筑本体生成、提升环境性能的潜力，而非传统的工程设计中将身体作为后检验的标准。

1.1.2 “环境 - 建筑 - 身体”要素

以能量为基础将建筑、身体视为热力学系统，关注它们与环境之间的热力学互动，从身体视角出发，研究性能导向的建筑在空间、形式、材料层面上的设计与评价方法。

1. 环境要素

在生态学的概念中，由化学、物理、地质和生物组成的自然环境称为生物地球化学圈，主要包括生物圈、水圈、土壤圈、大气层和岩石圈，并且涉及物质在生态系统中的生物群落和无机环境之间进行循环的过程。人类建造活动所需的资源消耗、所产生的排放，可以认为属于生物地球化学循环的一部分，因此这个概念被系统生态学运用，对生态系统的研究被延伸到人类活动中。在此视野下，产品（建筑也可被视为一种产品）的生产及相关的能量循环、物质循环过程都是在全球主要能源的驱动下完成的。

在本书中，环境要素特指影响建筑的微气候（microclimate）环境要素。微气候最早出现在20世纪50年代，被定义为一种与周围地区情况不同的局部大气条件，通常在地球表面上下几米与植被冠层范围内，温湿度是受地面植被、土壤和地形影响而形成的气候。建筑场地所处的微气候对室内环境有直接的影响。建筑学中的环境调控指的是对建筑中由温湿度、太阳辐射、空气等环境要素形成的物理环境进行调控，以满足人们在其中生活、工作等的需求。这些环境要素直接影响人体舒适与感知，影响建筑内的能量流动与物质组成。

心理学家詹姆斯 · 吉布森（James J. Gibson）将为身体感知提供刺激的环境根据传递的能量或信息类别分为陆地环境、生物环境与文化环境，其中与基础物理条件最相关的是陆地环境（terrestrial environment），与微气候通常适用的陆地表面环境有着相似的概念。陆地环境包括实体的部分以及实体之间的介质。在陆地环境的实体中一部分是“褶皱”的，它通过地面为人类提供支撑，同时拥有不同尺度的构成；另一部分即实体之间的介质则对应的是微气候，其主要环境要素包括以下几点。

（1）太阳辐射与光要素：太阳辐射对建筑环境的影响可分为热量传输与光传输两方面，分别对应太阳辐射包含的红外线与可见光两种波段；

（2）温度要素：空气温度与物体或界面的表面温度；

（3）湿度要素：多用相对湿度来描述，对湿空气的描述通常可使用焓湿图（psychrometric chart），以及湿球温度、露点温度等参数；

（4）风要素：基于气象数据通过风玫瑰图（或称风向频率图）对地区全年风向规律进行描述，在室外与室内环境中，风速都是影响热舒适的参数之一；

（5）空气质量要素：有害物质在空气中的浓度、空气龄等参数。

2. 建筑要素

在热力学视角中，建筑可被视作一种物质组织。在考虑身体与周围环境的相互作用时，建筑实则为周围环境中的一个重要组成部分。建筑具体属于建成环境范围，作为人类技术与文化的产物对环境产生了影响，包括人类可控或不可控的、对自然生态系统有利或有害的种种影响。用热力学的方法解读建筑，将建筑视为物质组织，包括材料形成的实体部分和围合出的空间部分，以作为能量的容器，来控制空间中的能量流动。对于热力学系统而言，一般使用系统的外延特征来描述系统的实体特性，包括体积、形态等与物质数量相关的要素。将建筑视为热力学系统，建筑通过自身的形式、材料与系统这三个层级对环境进行调控。

建筑整体作为一个热力学系统，在其架构之下存在与建筑不同方面的功能与性能对应的子系统，比如环境调控系统、结构系统、乃至近年来兴起的智能系统等。按照主被动策略的划分，对系统的使用属于主动手段，这区别于建筑本体。无疑，对于整个建筑系统而言，各部分要素的整合是提高整体性能的基础，对子系统的设计也因此需要与形式、材料等建筑语汇进行协同。

3. 建筑环境中的身体要素

“身体”（body）概念源于哲学，建筑学领域的身体理论在与人文科学领域、自然科学领域相关研究的相互影响下逐渐演进。继身心二元论被打破后，身心合一成为相关研究的基础。1997年比特里斯・科洛米娜（Beatriz Colomina）在《现代建筑中的医学身体》（*The Medical Body in Modern Architecture*）中提出“医学身体”这一概念[1]，指出身体不完全是肉体的，认知逐渐分成心理学和生理学两部分，并通过身体作为媒介探究建筑与环境的关系。

本书聚焦建筑环境中的身体，以热力学机制为基础，将身体视为具有能量的主观能动体，是系统要素之一，参与环境中的能量传递并产生相关反应。在身体层面，基于生理学、心理学研究将身体对环境的反应分为健康、舒适、感知三个方面。

（1）身体：建筑庇护对象的健康

人平均有90%的时间处于室内，建筑室内环境质量对人体健康有至关重要的影响。光环境、热湿环境不仅可以引发身体产生的舒适或不舒适感，同时也与人体在环境中生理及心理方面的健康相关。比如，过强或过暗的光环境，会对人的眼部产生危害；过冷或过热的环境会影响身体正常机能，严重情况甚至威胁生命。一些学者认为，热健康是指热环境能满足人体生理健康的需求，通常是对应能够提高人体适应性和免疫力的动态热环境。对建筑使用者健康影响较大的室内环境因素还包括空气质量。室内空气若含有超过标准的有害物质或污染物质，会对人的身体健康和工作生产力产生不同程度的消极影响。

（2）身体：建筑使用者的舒适

建筑的基本功能即是对气候进行调节以达到人类的舒适需求。自19世纪中期，现代科学的发展使人们认为身体是一种热力“发动机”，将来自食物的能量转化为工作输出，并释放热量到周围环境中。热舒适被作为环境设计的重要性能标准，将设计中对机械设备能耗的关注转向对建筑室内环境的影响。在ASHRAE标准55中[2]，热舒适被定义为“对热环境满意的主观意识状态”。随着新环境与新

1 Colomina B. Krankheit als Metapher in der modernen Architektur （The Medical Body in Modern Architecture）. Daidalos 64, 1997.

2 ASHRAE, ANSI. Standard 55-2017, Thermal Environmental Conditions for Human Occupancy. Atlanta USA, 2017.

工作类型的出现，现代的舒适标准被当作一种提升生产力的方法。基于对身体光热感知的研究，进一步将身体的光舒适与热舒适纳入“环境-建筑-身体”系统中。正如丹麦技术大学室内环境领域的P. O. 范格（P. O. Fanger）教授所说，“为人类提供热舒适是供暖与空调设备的主要目的，而这也对建筑的建造、材料的选择有着重要的影响”。

（3）身体：感知建筑的主体

建筑学领域从身体出发研究人对建筑的体验和感知，包括物理性、生理性、心理性以及精神性的感知途径。在后现代主义对身体理论的影响下，建筑学中的部分身体理论走向了充满隐喻的角度，这些不同的研究让当代建筑中“身体”的概念拥有多重内涵。古希腊哲学家亚里士多德提出人类所具有的五感——视觉、听觉、嗅觉、触觉和味觉，构成了最基础的认知。经过现代科学的发展，1966年心理学家吉布森在其著作《作为知觉系统的感觉》中提出了五种知觉系统：基本方位系统、视觉系统、触觉系统、听觉系统、味觉-嗅觉系统[1]。在生理与心理反应的共同作用下，身体通过感官系统在环境中可以产生对光、热、声等无形的环境要素的感知，以及对建筑形式、材料、尺度等有形要素的感知。

通过五官等感官器官、知觉系统直接获得的身体感知仅是最基础的知觉。在外界环境刺激下，身体产生的两种基本反应，即行为（behavior）与知觉（perception），它们交织在一起、不可分割，结合起来在更高向度上形成亲近感、内在性、愉悦感等精神层面的情感与认知。本书侧重于身体对光、热、风的感知，同时包括其他感知与之叠加而形成的复合感知。环境要素、知觉系统与身体感知的对应关系如图1-3所示。

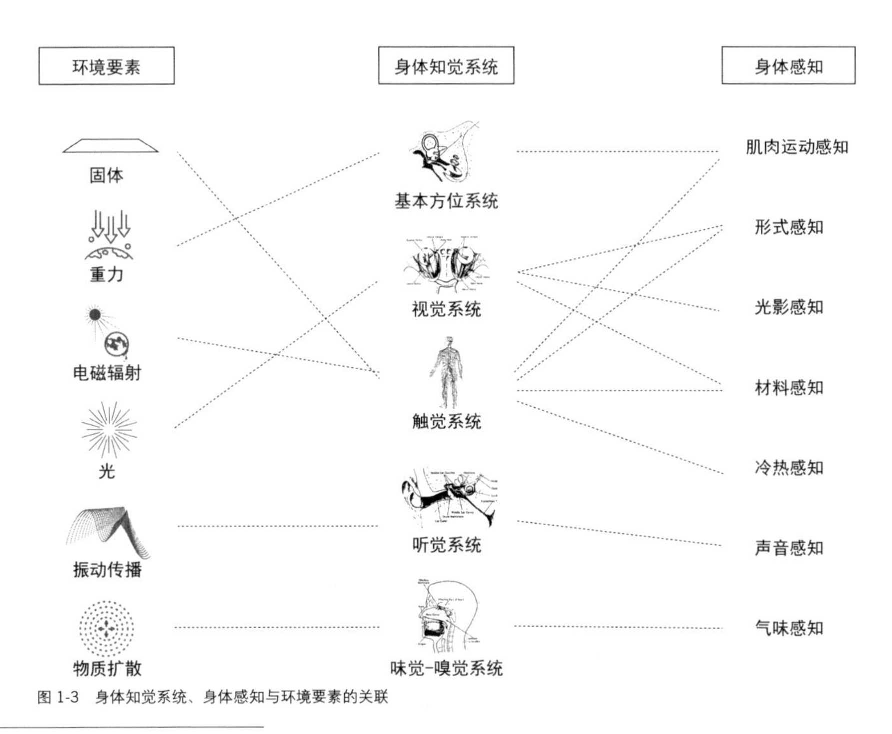

图 1-3 身体知觉系统、身体感知与环境要素的关联

1 Gibson J J and Carmichael L. The senses considered as perceptual systems. Boston: Houghton Mifflin, 1966.

1.1.3 “环境 - 建筑 - 身体”热力学系统

在热力学以能量为视角诠释事物的基础上，环境、建筑与身体之间的相互作用可被归纳为物质的热运动与热现象。由于热力学为理解传热与传质提供了理论基础，系统间的能量传递与物质传递在本书中被概括为热力学互动，建筑、身体被视为热力学系统。身体对环境的感知以系统内的热力学互动为基础，比如人对光与光线照射下形式的感知，本质为电磁波以辐射的方式传递能量至人的眼睛然后产生成像；人对冷热感知的基础是身体与外界热交换进入非平衡状态；人对空气的感知通常发生在空气流动时，而这也伴随着对流过程中能量传递与质量的传递，包括空气中的水或者污染物，让人对湿度或空气质量产生感知。

热力学互动在这里被用来概括物质之间、基于热力学定律发生的能量传递及与其耦合的质量传递过程，同时物理维度的热力学互动可拓展为“环境-建筑-身体”在身体精神维度的感知、行为与认知层面的互动，与身体在空间中的知觉体验相关联，实现物理维度与精神维度的联结。在本书中,建筑被理解为身体与外界环境间的一层介质，环境、建筑、身体是热力学系统与外界交换的三个重要元素，三者之间形成互相嵌套的关系，它们之间的互动关系揭示了系统的机制（图1-4）。

“环境-建筑-身体”系统可以从环境的内外两个层面来理解，这与环境性能的两个层面相呼应。

（1）环境“向外”的部分，指从地球生态环境的角度，即在更大尺度的能量循环与物质循环中，分析建筑在其中的特征，涉及建筑项目对外部环境的影响，包括建筑对各种资源、能源的消耗以及产生的排放等。

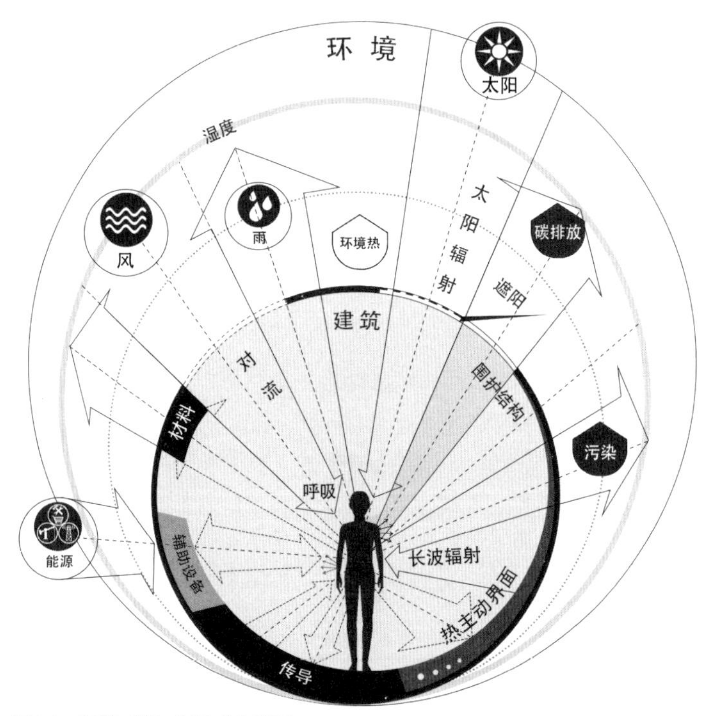

图 1-4　“环境 - 建筑 - 身体”热力学互动

（2）环境“向内”的部分，对于身体而言，环境是刺激的来源，刺激被身体接收从而产生感知及系列反应。建筑项目所界定的内部环境对使用者的健康、舒适、工作效率带来影响，本书侧重的内部环境包括光环境、热湿环境和空气质量等。

从身体视角看，建筑也是周围环境的一部分。这里将环境、建筑、身体三个元素联合起来，是强调身体与外界的热力学互动并直接与建筑联系，系统性地从热力学本质来研究这些过程的相互影响，同时探索这些相互作用如何能用于环境性能建筑设计。

1.1.4　身体视角的建筑环境性能设计方法

基于“环境-建筑-身体”三者之间的热力学互动，本书提出要重视身体在热力学互动机制中的作用，并将其利用于建筑环境性能设计。在热力学的视角下，建筑是研究建筑、环境、身体等各个热力学子系统之间发生互动的载体，建筑调控的环境是建筑空间组织的一部分。身体、建筑、环境不仅是热力学研究的三个重要元素，同时也是建筑性能设计的主要考量要素。

身体视角的性能设计方法研究包括两个部分：一是环境性能设计策略，二是性能设计整合工作平台及工作流，这两个部分存在紧密关联。比如，在策略研究过程中需要结合数据采集与性能模拟技术工具进行优化设计，更高效、快捷且准确地采集并为研究提供了现实样本，同时也保证了性能模拟的准确性。对建筑各方面性能进行模拟的工具往往是不同的，环境性能设计的整体工作平台需要提高各工具之间的协同性，同时需要将性能中非物理维度的部分结合进设计考量当中。

1.2　热力学建筑史中的身体脉络

长久以来，身体与建筑环境之间的耦合关系是建筑学的重要议题，身体成为建筑环境调控发展脉络中的关键词之一。以身体为线索，可按时间线性发展将建筑环境调控史分为前工业时期、工业时期、现代与当代四个阶段。

作为一个从能量转化的角度研究物质性质的物理学分支，热力学可以拓展研究环境、建筑与身体之间关系的视野，在尺度上，可在小至生理学与大至气候环境之间创造建筑话语。现代建筑领域关于能量以及建筑要与环境适应的大规模讨论直到20世纪才出现，尤其是在空调被发明之后。能量的线索在现代建筑的进程中逐渐明晰，它包括了两条并行的线索：一方面是机械论影响下追求全面控制室内气候的建筑模式，另一方面是受到生物气候学启发的、关注气候与舒适性的建筑。

本节将回顾历史中建筑学、热力学、生理学与社会事件之间的相互影响，厘清各阶段或交叠、或并列的发展脉络（图1-5）。

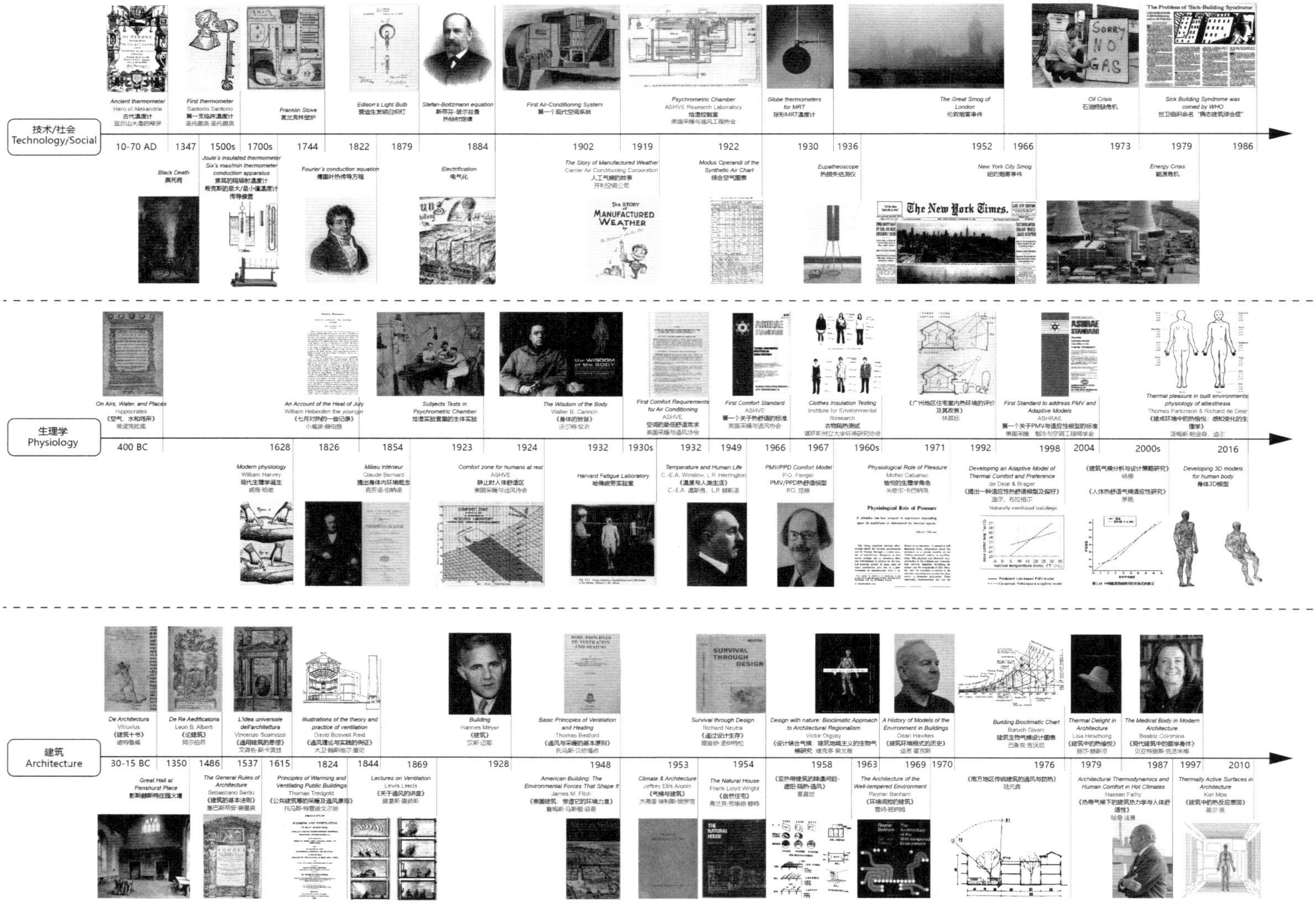

技术/社会 Technology/Social

- 10-70 AD Ancient thermometer / Hero of Alexandria / 古代温度计 / 亚历山大港的希罗
- 1347 Black Death / 黑死病
- 1500s First thermometer / Santorio Santorio / 第一支临床温度计 / 圣托里奥·圣托里奥
- 1700s Joule's insulated thermometer / Six's max/min thermometer / conduction apparatus / 焦耳的隔辐射温度计 / 希克斯的最大/最小值温度计 / 传导装置
- 1744 Franklin Stove / 富兰克林壁炉
- 1822 Fourier's conduction equation / 傅里叶热传导方程
- 1879 Edison's Light Bulb / 爱迪生发明白炽灯
- 1884 Stefan-Boltzmann equation / 斯蒂芬-玻尔兹曼热辐射定律
- 1884 Electrification / 电气化
- 1902 First Air-Conditioning System / 第一个现代空调系统
- 1902 The Story of Manufactured Weather / Carrier Air Conditioning Corporation / 人工气候的故事 / 开利空调公司
- 1919 Psychrometric Chamber / ASHVE Research Laboratory / 焓湿控制室 / 美国采暖与通风工程协会
- 1922 Modus Operandi of the Synthetic Air Chart / 综合空气图表
- 1930 Globe thermometers for MRT / 球形MRT温度计
- 1936 Eupatheoscope / 热损失估测仪
- 1952 The Great Smog of London / 伦敦烟雾事件
- 1966 New York City Smog / 纽约烟雾事件
- 1973 Oil Crisis / 石油供应危机
- 1979 Energy Crisis / 能源危机
- 1986 Sick Building Syndrome was coined by WHO / 世卫组织命名"病态建筑综合症"

生理学 Physiology

- 400 BC On Airs, Water, and Places / Hippocrates / 《空气、水和场所》 / 希波克拉底
- 1628 Modern physiology / William Harvey / 现代生理学诞生 / 威廉·哈维
- 1826 An Account of the Heat of July / William Heberden the younger / 《七月对热的一些记录》 / 小威廉·赫伯登
- 1854 Milieu intérieur / Claude Bernard / 提出身体内环境概念 / 克劳德·伯纳德
- 1923 Subjects Tests in Psychrometric Chamber / 焓湿实验室里的主体实验
- 1924 Comfort zone for humans at rest / ASHVE / 静止时人体舒适区 / 美国采暖与通风协会
- 1932 The Wisdom of the Body / Walter B. Cannon / 《身体的智慧》 / 沃尔特·坎农
- 1930s Harvard Fatigue Laboratory / 哈佛疲劳实验室
- 1932 First Comfort Requirements for Air Conditioning / ASHVE / 空调的最低舒适需求 / 美国采暖与通风协会
- 1932 Temperature and Human Life / C.-E.A. Winslow, L.P. Herrington / 《温度与人类生活》 / C.-E.A. 温斯洛，L.P. 赫斯洛
- 1949 First Comfort Standard / ASHVE / 第一个关于热舒适的标准 / 美国采暖与通风协会
- 1966 PMV/PPD Comfort Model / P.O. Fanger / PMV/PPD热舒适模型 / P.O. 范格
- 1967 Clothes Insulation Testing / Institute for Environmental Research / 衣物隔热测试 / 堪萨斯州立大学环境研究协会
- 1960s Physiological Role of Pleasure / Michel Cabanac / 愉悦的生理学角色 / 米歇尔·卡巴纳克
- 1971 《广州地区住宅室内热环境的评价及其改善》 / 林其标
- 1992 Developing an Adaptive Model of Thermal Comfort and Preference / de Dear & Brager / 《提出一种适应性热舒适模型及偏好》 / 迪尔，布拉格尔
- 1998 First Standard to address PMV and Adaptive Models / ASHRAE / 第一个关于PMV与适应性模型的标准 / 美国采暖、制冷与空调工程师学会
- 2004 《建筑气候分析与设计策略研究》 / 杨柳
- 2000s 《人体热舒适气候适应性研究》 / 茅艳
- 2000s Thermal pleasure in built environments: physiology of alliesthesia / Thomas Parkinson & Richard de Dear / 《建成环境中的热愉悦：感知变化的生理学》 / 汤姆斯·帕金森，迪尔
- 2016 Developing 3D models for human body / 身体3D模型

建筑 Architecture

- 30-15 BC De Architectura / Vitruvius / 《建筑十书》 / 维特鲁威
- 1350 Great Hall at Penshurst Place / 彭斯赫斯特庄园火墙
- 1486 De Re Aedificatoria / Leon B. Albert / 《论建筑》 / 阿尔伯蒂
- 1537 The General Rules of Architecture / Sebastiano Serlio / 《建筑的基本法则》 / 塞巴斯蒂安·赛里奥
- 1615 L'idea universale dell'architettura / Vincenzo Scamozzi / 《通用建筑的思想》 / 文森佐·斯卡莫兹
- 1824 Principles of Warming and Ventilating Public Buildings / Thomas Tredgold / 《公共建筑等的采暖及通风原则》 / 托马斯·特雷德戈尔德
- 1844 Illustrations of the theory and practice of ventilation / David Boswell Reid / 《通风理论与实践的例证》 / 大卫·鲍斯维尔·里德
- 1869 Lectures on Ventilation / Lewis Leeds / 《关于通风的讲座》 / 路易斯·里德斯
- 1928 Building / Hannes Meyer / 《建筑》 / 汉斯·迈耶
- 1948 Basic Principles of Ventilation and Heating / Thomas Bedford / 《通风与采暖的基本原则》 / 托马斯·贝德福德
- 1948 American Building: The Environmental Forces That Shape It / James M. Fitch / 《美国建筑：塑造它的环境力量》 / 詹姆斯·马斯顿·菲奇
- 1953 Climate & Architecture / Jeffrey Ellis Aronin / 《气候与建筑》 / 杰弗里·埃利斯·埃罗南
- 1954 Survival through Design / Richard Neutra / 《通过设计生存》 / 理查德·诺伊特拉
- 1954 The Natural House / Frank Lloyd Wright / 《自然住宅》 / 弗兰克·劳埃德·赖特
- 1958 《亚热带建筑的降温问题-遮阳·隔热·通风》 / 夏昌世
- 1963 Design with nature: Bioclimatic Approach to Architectural Regionalism / Victor Olgyay / 《设计结合气候：建筑地域主义的生物气候研究》 / 维克多·奥戈雅
- 1969 The Architecture of the Well-tempered Environment / Reyner Banham / 《环境调控的建筑》 / 雷纳·班纳姆
- 1970 A History of Models of the Environment in Buildings / Dean Hawkes / 《建筑环境模式的历史》 / 迪恩·霍克斯
- 1976 Building Bioclimatic Chart / Baruch Givoni / 建筑生物气候设计图表 / 巴鲁克·吉沃尼
- 1976 《南方地区传统建筑的通风与防热》 / 陆元鼎
- 1979 Thermal Delight in Architecture / Lisa Heschong / 《建筑中的热愉悦》 / 丽莎·赫斯宗
- 1987 Architectural Thermodynamics and Human Comfort in Hot Climates / Hassan Fathy / 《热带气候下的建筑热力学与人体舒适性》 / 哈桑·法赛
- 1997 The Medical Body in Modern Architecture / Beatriz Colomina / 《现代建筑中的医学身体》 / 贝亚特丽斯·克洛米娜
- 2010 Thermally Active Surfaces in Architecture / Kiel Moe / 《建筑中的热反应表面》 / 基尔·莫

图 1-5 热力学、生理学、建筑学的不完全历史图解

1.2.1 前工业与工业时期：建筑的健康性

1. 前工业时期的身体清洁感与建筑健康性

在建筑环境调控历史中，身体的介入源于对气候与健康之间相互影响的关注。对大气环境与身体之间关系的研究，可以追溯到公元前4世纪。自希腊医药之父希波克拉底（Hippocrates）最早记录气候与人体生理之间的关系以来，人们意识到必须密切关注与生理息息相关的气候环境。医学从人体内部出发关注健康，而建筑学则从身体外部出发，通过调控人所处的环境来促进健康。在建筑历史中，古罗马建筑师与工程师维特鲁威（Vitruvius）最早将生理学和建筑环境联系到一起，他在《建筑十书》第一章指出："……要确定气候的变化，还有不同情况下的空气和水，如果建筑没有关注到这些点，那么它无法成为健康的建筑。"[1] 这表明建筑师需具备一定的生理学知识，在城市规划、场地选择乃至材料选择等各个尺度的设计中，考虑建筑的"健康性"。维特鲁威的研究具有历史突破性，他将身体纳入建筑环境话题之中，去分析身体的生理层面与物质空间环境的关系。

在前工业时期，建筑环境中的身体元素主要体现在建筑的健康性上，亦可理解为身体的"清洁感"。清洁的空气、充足的阳光成为环境调控的重要目标，建筑形式与技术的更新常常与协调不同环境调控要素相关。在对原始社会"燃烧还是建造"的能量研究中，通过燃烧而产生的火成为人最初获得生存所需能量的重要途径。火炉被建筑师戈特弗里德·森佩尔（Gottfried Semper）列为"建筑四要素"中第一个，甚至是最重要的要素，不仅是由于自原始社会起，火是生存必需的能源，为人们带来生理与心理层面的热舒适，还由于火进一步提供精神上的"热愉悦"。以中世纪时期英国人或之后的英裔美国人的带火塘式住宅为例，住宅中的开放式火塘与其他建筑要素共同构成了建筑。住宅的空间布置以开放式火塘为厅堂中心，火塘主要通过热对流的方式将能量传递到周围的空气中，从而提升室内温度，因此主人一般以厅堂为主要空间进行居家活动及社交活动。然而不同建筑元素之间的协调问题展现了热环境与清洁空气两个目标之间的矛盾关系：建筑的门廊、窗户和排烟口不仅是允许阳光直射进入室内的洞口，同时也是将火塘排放的热气散发到室外的途径，在当时的技术文化条件下，这也意味着如为了减少阳光直射而将窗户关闭，则烟气会充斥于室内。空间形式的发展与环境调控也息息相关。随着个人私密空间得到更多重视，依附于厅堂的腔室空间不断被调整，最后发展成为壁炉与烟囱的雏形，为集中式火塘提供另一种替代性采暖方案。与建筑围护结构接触更紧密的壁炉，使传热方式从仅有对流拓展到了对流与辐射热传递并行，通过加热墙体，提高了空间内的热效率。

希波克拉底认为清洁空气对防止疾病传染至关重要，在没有现代基础生理知识的背景下，建筑通风设计成为保证建筑健康性的关键手段之一。维特鲁威之后的文艺复兴时期，意大利建筑师们对身体清洁感的考虑再度兴起，这条线索与对别墅设计的比例美学关注并行。阿尔伯蒂（L. B. Alberti）将与气候、地理环境有关的考量整合到建筑的选址与建筑形式中，比如在设计中要选择"健康的场地"，其中包括"照射在建筑场地上的太阳光质量与角度需要被着重考虑"。在当时的技术条件下，阿尔伯蒂强调人工手段只是对顺应自然设计手法的一种辅助。塞巴斯蒂亚诺·塞利奥（Sebastiano Serlio）、帕拉迪奥（Andrea Palladio）与阿尔伯蒂同样认为环境中的热与湿是不健康的，对抗它们的策略是通

1 Vitruvio P M, Warren H L, Morgan. The Ten Books on Architecture. New York: Dover, 1960: 5.

过微风带来凉爽与干燥。塞利奥在建筑平面中运用通风策略，设置在别墅中间的大房间能更好地减少过量的太阳照射。帕拉迪奥则将此策略进一步运用到剖面设计中，在他的许多别墅设计中，包括著名的圆厅别墅，是一个通高房间被布置在中心，并结合对应的界面开洞形成通风廊道，利于夏季散热。他还倡导建筑师选择的场地是抬起、升高的，这样可以“清除带有病菌的蒸汽（ill vapours）和湿气，让居住者保持健康，且不被由静止、腐烂的水体孕育出的小虫骚扰”。16世纪晚期，意大利建筑师文森佐・斯卡莫兹（Vicenzo Scamozzi）进一步拓宽了对健康、地理与建成环境之间相互作用的研究，认为对健康的考虑是建筑设计的重要概念，并提出了具体的技术方法，可使建筑通过利用地形、朝向、开洞等形式为居民提供有益健康的光线和空气。在文艺复兴期间，身体的清洁感与健康作为设计中的关注核心，将环境要素与建筑形式连接，将环境调控纳入建筑设计的重要考量。

2. 工业革命时期的技术进步与身体感知

在工业革命之前的16—18世纪期间，传热现象得到初步科学的研究，这奠定了热力学应用于建筑物理环境研究的基础。现代第一支温度计的出现促进了对热传递过程的科学量化研究，并且多种不同原理的温度计分别用于解释具体的传热现象，为后续研究建筑热环境与身体热感知提供了支持。与此同时，生理学逐渐步入现代学科范畴。1628年，英国医生威廉・哈维（William Harvey）发表了对血液循环系统的研究发现，这被认为是现代生理学的起点。

同时期，人们对舒适的追求与光、热感知和清洁感相关。上文提到的住宅内开放式火塘逐渐被新的环境调控方式所替代，比如玻璃窗、烟囱与壁炉。烟囱促进烟气排出、提升了清洁度，同时玻璃窗的使用将对光热环境的调控进行分离。在建筑技术方面，到了18世纪，人们对“生活的必需与便利”的追求反过来推动了技术的改进，比如在普通壁炉基础上进行热量利用率优化的“富兰克林壁炉”，在烟气排出之前通过墙体对热量进行更有效的蓄积。

19世纪，在工业革命对技术与城市化发展的促进下，生理学与传热学都得到极大的发展，并开始与建筑学产生交集。在英国工程师托马斯・特雷德戈尔德（Thomas Tredgold）于1824年出版的《公共建筑等的采暖及通风原则》[1]中，阐述了许多具体而详尽的基于建筑传热与热舒适的事实观察，首次将现代生理学与建筑学结合。人们开始从传热学的角度理解身体与建筑环境之间的能量传递及其对身体冷热感知的影响。在三种传热方式（热传导、热辐射、热对流）中，研究出热传导相关的科学定律及计算公式。而英国内科医生小威廉・赫伯登（William Heberden the young）发现，温度计测量的热能与身体的实际冷热感知存在不可忽视的偏差，这是源于当时对热量的测量主要基于传导热传递原理，而缺乏与对流、辐射热传递相关的认知及测量方法。

19世纪始，西方工业化城市的扩张超出了其所能承载的范围，拥挤、污染随之而来。到19世纪中叶，人们工作和居住的非健康状况引起对环境问题及建筑环境调控的重点关注。由于人们认为污秽气体是传染疾病的主要媒介，建筑通风成为重要调控策略。建筑作为容纳生产活动、供人栖居的容器，不仅需要降低自身产生的污染气体，还应通过建筑形式与机械设备的结合促进内部污染气体的排出，由此结合生理学知识、针对建筑通风的研究逐渐出现。比如英国医师、化学家与发明家大卫・鲍斯维尔・里德（David Boswell Reid）在1844年出版的《通风理论与实践的例证：关于采暖、照明及声音

1　全名为《公共建筑、住宅、工厂、医院、暖房、温室以及壁炉、锅炉、蒸汽设备、炉栅和干燥室的供暖及通风原则》。

的评论》中提出了具体的建筑通风策略，强调通风不良会对健康造成极大危害，并且关注空气流动状况对热舒适的影响。在美国东海岸大城市由于空气污染而疾病肆行的背景下，路易斯 · 里德斯（Lewis W. Leeds）于1869年出版的《关于通风的讲座》被认为是建筑通风科学的开端。这种由生理学驱动的对环境的关注促进了一系列环境测量仪器以及相关建筑技术的出现。

现代对电灯的实验，可以看作是前现代时期使用火炉调控环境的一种延续。随着蜡烛、煤油灯等照明工具的普及，室内的光环境得到改善，且由于它们本身也释放大量热量，光环境与热环境的调控被紧密关联在一起。然而，煤油灯在使用时会释放出大量煤烟，这种不洁净的照明给墙面和天花板增添了许多污垢，同时还在天花板下的区域聚集大量污染气体，整个建筑的结构需要根据空气对流循环的需求做相应改变。19世纪晚期，随着电气化的普及，集中采暖、电灯、电话等机械设备为人们的生活带来了现代舒适的基础，比如白炽灯在照明时释放更少的热量，清洁的光源不再带来煤烟污染问题，为建筑室内光感知、热感知和身体清洁感的分别调控增加了可能性。

1.2.2 现代：机械思想下的身体感知

随着科学技术的飞速发展，以机械论为主导的建筑调控策略在20世纪成为主流，机械设备的使用促进了人对建筑室内气候的全面控制。同时，身体在机械调控环境中的舒适与反应得到了极大关注，身体感知与环境测量仪器的技术进步为实验室研究提供了基础。

1. 热力学理论发展与机械调控

机械论世界观认为宇宙像一个机械系统，其中所有生命或非生命物质，皆遵循系统的法则。人类被视作对自然资源的“调控者”，在机械思想的影响下，展现出了对建筑环境“全面控制”的追求，而这与传热学中对传导与对流热传递原理的研究进步相关。这两种传热原理被结合到建筑学中并进一步发展，分别推进了保温隔热建筑与空调的调控策略。这二者常被同时应用，无疑是现代建筑环境调控策略的重点，并且共同决定了大部分现代建筑的室内环境状况，甚至引导了当时许多的建筑师、学者对能量与环境的关注转向了建筑机械设备系统。

热传导性在三种热传递方式中最早得到大量研究，其原理促进了冰箱工业的兴起，隔热理论（insulation theory）随之出现。在建筑业中，冰箱相关的技术实践曾被直接放大到建筑尺度，用于建造冷库工厂。这种趋势影响了建筑业整体的环境调控策略，推动了对建筑材料热参数与建筑围护结构隔热性能的关注，却忽视了建筑与冰箱在功能、系统边界与内部需求方面的本质区别，缺乏对建筑使用者的关注。

在热传导性之后，对流热传递的应用以空调设备为代表也得到了快速发展。第一台现代空调系统由威利斯 · 开利（Willis Carrier）发明，于1902年正式启动运用，20年后空调系统进入商店、剧院与家庭等建筑空间，空调不断为人们的生产与生活环境带来生产力与舒适感。开利空调公司发表了《人工气候的故事》，认为空调的诞生造就了完全由人类操控的室内环境，任何外界气候状况都不会影响生产效率——人们的生活和工作模式由此得到更新。

隔热建筑的产生与空调的运用结合形成一种封闭隔离式的建筑，以机械为主导的环境调控策略为身体营造了类似“实验室生活”的环境，而这与身体的关系是薄弱的。

2. 稳态环境与实验室中的身体研究

19世纪中期，身体内环境（milieu intérieur）及相关概念被法国生理学家及医师克劳德·伯纳德（Claude Bernard）提出，身体内部环境的稳定性被认为是身体进行正常生命活动的基础。逾半个世纪之后，美国生理学家沃尔特·坎农（Walter B. Cannon）基于身体内环境研究，提出“稳态”（homeostasis）一词，并在1932年出版的《躯体的智慧》（*The Wisdom of The Body*）中将稳态理论用于解释人体的体温调节机制，为研究人体对建筑热环境的感知与反应提供了理论基础。

与此同时，对于人体舒适的科学研究也在人工调控的环境——实验室中进行着。对生理敏感度更高的测量仪器被发明使用，比如：①1914年被发明的卡塔温度计，可以测量空气运动对舒适的影响；②黑球温度计（globe thermometer）可以测量平均辐射温度（mean radiant temperature, MRT），这是除了空气温度之外也对热舒适有重要影响的因素之一；③1932年被改良发明的热损失估测仪（eupatheoscope）将空气温度、气流运动、热辐射综合成为一个“等效温度”指标，反映身体在空间中整体的热舒适。

美国暖通工程师协会[1]通过在实验室里搭建人工气候室，进行焓湿测试并观察人体对环境温度、湿度的反应，基于反映空气温湿度关系的焓湿图，得到能满足人体静止时热舒适状态的空气参数范围，导出“综合空气图表”（synthetic air chart），并以此为基础对空调系统进行调节。许多研究热舒适的现场实验得到开展，比如20世纪30年代的哈佛疲劳实验室（Harvard Fatigue Laboratory）与20世纪60年代的堪萨斯州立大学环境研究协会进行了重要实验，测试不同温度、湿度环境等外部参数，以及身体不同活动水平或者不同衣着等个体参数对热感知的影响。20世纪70年代，范格提出了基于人体热平衡模型的经典稳态模型。范格提出的“预测平均投票/预测不满意百分比（Predicted Mean Vote/Predicted Percentage Dissatisfied, PMV/PPD）”模型将干球湿度、辐射温度、风速、相对湿度、代谢率与穿衣指数这六个因素列为热舒适的影响因子，成为至今仍被广泛使用的热舒适模型基础。

范格的PMV模型主要适用于室内受机械调控的稳态环境，而这也正是当时建筑环境调控追求的目标。建筑理论家雷纳·班纳姆（Reyner Banham）在1969年出版的《环境调控的建筑学》中提出了三种调控模式：保守模式（conservative mode），选择模式（selective mode）和再生模式（regenerative mode）[2]。随着电力和空调系统在家庭中被普遍使用，班纳姆认为再生模式是最高效的，这种模式意味着建筑通过能源消耗来增强调控能力，比如空气冷却、除湿系统和供暖系统等。在面对多个环境参数的调控目标时，“尤其在空气除湿问题上，再生模式比其他两种模式有突出优势”。

3. 机械美学与身体“割裂”

现代的建筑师们逐渐意识到人体生理与建筑环境息息相关，或者说建筑营造出的人工气候即是生理健康的外在表达，因此现代主义建筑的发展出现两个新的趋势：一是借助（甚至依赖）机械系统，追求对建筑环境的完全控制；二是基于技术的革新发展国际主义风格（International Style），这种风格的建筑象征着健康与光明。极具建筑想象力的德国作家保罗·希尔巴特（Paul Scheerbart）曾不吝对国际主义风格玻璃建筑的赞美，在《玻璃建筑》一书中描述传统的砖石建筑常会让人感到湿冷、容

---

1 为美国采暖、制冷与空调工程师学会（ASHRAE）前身。

2 Banham R. The Architecture of the Well-Tempered Environment. Chicago: The University of Chicago Press, 1969.

易滋生细菌。相比之下，玻璃建筑在对环境与健康的考虑上更占优势。轻质玻璃建筑利于将阳光引入室内，可配合底层架空促进空气流动，并且充满白色极简的风格也呼应着清洁的环境。建筑历史学家比特里斯 · 科洛米娜将玻璃建筑的流行与X射线技术进行了联系，认为“通过对通风、阳光、卫生和白墙的强调，现代主义试图将建筑理解为一种医疗器械、一种保护身体的机制”。曾任包豪斯建筑学校校长的建筑师汉斯 · 迈耶（Hannes Meyer）将生理学、传热与建筑设计联系在一起，认为“建筑是一个生物学过程，建筑不是一个美学过程。新住宅不仅是‘居住的机器’，同时还是满足身体与心灵需求的生物学装置”。

“新建筑可以实现建筑的文明化”，正如现代主义建筑师马歇尔·布劳耶（Marcel Breuer）所认为。由于彼时还没有合理的建筑形式与机械设备发展相适应，机械思想与高效设备催生了对建筑新风格的需求，一些建筑师更关注从美学的角度上与机械系统协调。比如国际式风格建筑钟爱将室内外尽可能地由白色构成，源于建筑师希望周围的环境尽可能地明亮，但从生理学的视角看，过于眩目的光线会引起视觉不舒适，甚至可能引发建筑使用者的神经衰弱。与之类似，包豪斯学派（Bauhaus）从美学的角度将机械视为形式要素，通过几何设计将其整合到建筑空间中，而不是从机械调控对身体的影响出发。比如在建筑师沃尔特·格罗皮乌斯（Walter Gropius）和里特维尔德（Gerrit Thomas Rietveld）的一些作品中，通过对比其设计图与早期使用的照片，可以发现其环境调控策略，包括灯光设计等，被指出并没有真正提升人在空间中的舒适度——“一些现代建筑在努力保证居住者健康的时候，实际上正在让他们生病”，这也正是克洛米娜在《现代建筑中的医学身体》中提出的具有讽刺性的一点。

1.2.3 第二次世界大战后时期：建构与身体

第二次世界大战及其后果带来建筑思潮与建筑技术的快速更迭，同时随着身体相关科学的发展及人们对舒适、健康环境的追求，机械思想引起学界反思建筑、环境与人的关系，因此在现代时期出现了与机械调控并行的另一条线索：重视外部气候设计与太阳能利用、关注身体的环境调控。

1. 生物气候建筑与建构策略

“气候”（climate）一词的起源为与特定纬度相关的太阳角度（declination），然后被拓展去形容不同纬度的地区，最后包括该地区内的整体情况。“生物气候学是研究生命、气候、季节与地域之间关系的科学”——这是20世纪初昆虫学家霍普金斯（Andrew Hopkins）开创生物气候学（Bioclimatology）时对其的定义，相关知识最初被运用在农业活动中。霍普金斯首先关注气候要素中温度的变化，并将导致变化的原因归为两类：一是天文及大气活动，包括太阳、地球的运动；二是地面活动，包括陆地、海洋的地形等。生物气候原理是将天文活动的准确性转译到地面活动的“复杂因果”中。德国气象学家鲁道夫 · 盖格（Rudolf Geiger）则将气候的尺度缩小到建成环境所创造出的微气候，与当地气候有所区别。与霍普金斯不同的是，他为微气候学的物理机制提供了方法论层面的解释，并用来分析建筑，回溯传统建筑及地域性建筑对微气候的调节方法。盖格将生物气候学描述为“一些‘既定现象’与生物自然科学的连接物，就像医药学一样”。

20世纪40年代第二次世界大战期间的石油稀缺及气候学的进步促进了与太阳房相关的研究，积极利用外部气候能源的环境调控方式得到重视，这推进了生物气候学与建筑学的结合。1952年在美国建筑师维克多·奥戈雅（Victor Olgyay）与阿拉达·奥戈雅（Aladar Olgyay）两兄弟的文章中，生物气候学正式在建筑语境中出现。建筑的“生物气候式方法”试图将宏观气候的规律性与当地尺度的建筑舒适连接起来，他们的贡献在于将当时的气候研究整合到严格的建筑设计方法之中。

建筑学的生物气候方法包括四个基本步骤，其中前三个步骤是对气候、舒适与建筑环境性能的分析：首先分析当地的气候要素（图1-6），其次分析人受到的生物气候影响及将人的需求进行归纳，再次是确定可以满足人需求的建筑设计或构造手段，最后探索这些策略如何能以建筑的形式被表达出来。随着1963年维克多·奥戈雅所著的《设计结合气候：地域性的生物气候方法》出版，生物气候式设计以一种完全的建筑语汇出现，通过使用基于建构的策略，比如改进空间形式、墙体、屋顶等，提升建筑环境舒适度。在这个方法中，身体成为建筑关注的核心：身体在其中既是决定策略的出发点，也是评价设计的标准。对设计实践而言，奥戈雅更突出的贡献还在于提供了图像化工具，包括可便利地用于确定太阳轨迹、太阳入射角的“阴影遮罩图”，以及将不同气候数据对人体舒适影响进行结果量化表达的“生物气候图”（图1-7）。这些图解工具被数字工具所吸收，不断演化迭代，现今在环境性能分析软件比如Ladybug Tools中成为基础模块。

“阴影遮罩图”针对太阳角度与阴影进行分析，而如何总结其他的气候要素——比如温度、湿度、风速等，则对生物气候图提出了挑战。相比当时已有的气候图表，生物气候图侧重以图像的形式将气候数据与它对人体舒适的影响建立关联，并能导出建筑设计策略。图表的横、纵坐标分别为温度与相对湿度，处于舒适区间的参数范围被虚线框出，并且辅以太阳辐射、风速与蒸发冷却的数据，标识出舒适区外的气候状况可以优化的方向。值得注意的是，用于空调系统参数控制的焓湿图与生物气候图拥有十分相似的形式，并且皆以界定出舒适区间为目的，然而它们背后本质的环境思考模式不同，生物气候图中所包含的环境因素也更全面一些。

生物气候建筑设计方法在当今被重新提起，源于它根植于建筑形式与气候、地域之间的可视化连

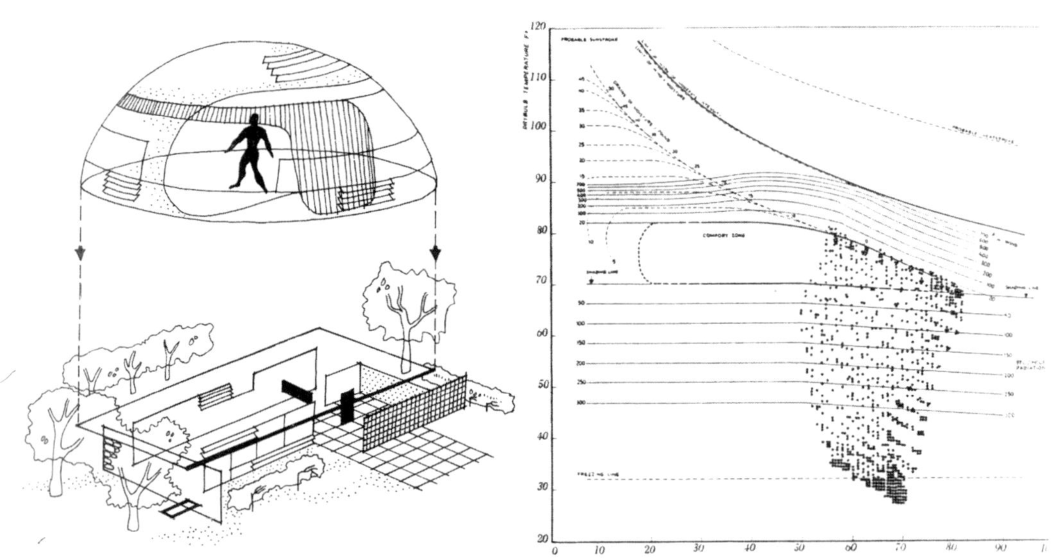

图 1-6　生物气候设计要素分析

图 1-7　外部气候要素对身体的影响图解

接，侧重从气候出发采取被动式手段调控环境。这种方法以人体作为建筑中的核心衡量标准。然而，舒适同时也是空调系统的基本目标，对舒适的追求指引着20世纪内建筑的机械化。相比之下，生物气候建筑旨在通过研究前现代的设计语汇，为达到与机械调控几乎同等程度的身体舒适，提供一种降低能耗的替代方法。生物气候建筑设计要实现舒适的目标，为机械调控系统及它们的能源消耗所带来的环境影响提供另一种解决方案，需要将建筑使用主体的感受视为设计中的关注重心。

2. 建筑环境调控中的身体参与

不依赖于机械的建筑环境调控方法在第二次世界大战后建筑类型学的思潮下再次获得重视。建筑师詹姆斯·马斯顿·菲奇（James Marston Fitch）曾在第二次世界大战期间承担气候学专家的工作，他在1948年出版的《美国建筑：塑造它的环境力量》中以气候和能量为线索，通过类型学的方法进行总结，认为生理学与建成环境的关系应当在建筑学中具有根本重要性。建筑师理查德·诺伊特拉（Richard Neutra）在《通过设计生存》中指出，对人类环境的设计必须满足人们生理上的、神经学上的需求，“生理学必须指导及制约建成环境的技术进步”。巴鲁克·吉沃尼（B. Givoni）对生物气候式设计进行了改进及完善，在《人·气候·建筑》中总结了人体对热环境的生理、感觉反应及评判指标，并提出了考虑太阳辐射、通风原则的建筑材料及围护结构设计策略。美国建筑师弗兰克·劳埃德·赖特（Frank Lloyd Wright）曾将建筑形容为“根植于大地的一棵庇护树，是避免人们受到日晒雨淋的庇护所”。在赖特设计的建筑中，环境调控方式，例如自然通风，遮阳设备和自然采光，与建筑内部和外部的形式有着紧密的联系。他还较早地探索与建构结合的建筑加热方法，将热水辐射加热系统与建筑结构、材料整合，比如赫伯特·雅各布住宅（Herbert Jacobs House）。虽然赖特在拉金大厦（Larkin Building）等项目中较早地尝试了使用主动式的空气调节系统，但之后便批判室内外气候的隔离会“摧毁建筑”，并且“摧毁人们的身体”。

生物气候建筑相关理论对多个国家和地区造成广泛影响，比如在热带、亚热带地区与地域主义理论相结合，例如埃及建筑师哈桑·法赛（Hassan Fathy）、马来西亚建筑师杨经文（Ken Yeang）、印度建筑师查尔斯·柯里亚（Charles Correa）等将生物气候建筑设计策略进行地域性更新，并运用在实践项目中。

20世纪30年代，我国著名气象学家竺可桢深入研究了气候与健康、文化之间的关系，他的研究是我国生物气候学研究的基石。之后，国内建筑学界也对建筑气候与环境议题进行持续研究，引起了学界对中国传统建筑中气候响应式设计智慧的兴趣，回顾传统建筑中环境与人的朴素关系。随着生态理念的深入，对传统民居环境性能的研究进一步受到重视。20世纪60年代初，国内学者开始进行节能实验房等技术研究，20世纪70年代在世界能源危机的影响下，我国不少学者展开了对被动式太阳房的研究。20世纪90年代后期，研究对象延伸到生态设计领域。

1.2.4 当代：身体性的回归

建筑环境调控有着各自的技术文化与社会背景。环境建筑学家威廉·W. 布雷厄姆（William W. Braham）将建筑师、建筑理论学家弗雷德里克·基斯勒（Frederick Kiesler）的“关联主义”（correa-lism）进一步发展，从系统学的角度理解建筑与技术、自然、人文环境之间的协同关系，建筑是在数个系统的共同作用下演进出不同的模式。在机械调控思想主导下的国际式风格被诟病缺乏地域性后，无论在什么类型的气候区都有着相似的风格，这是因为在空调系统的调控下室内皆可达到舒适的人工气候，环境调控与建筑本体脱离，并且依此建立了现代的舒适标准。相比之下，前现代的建筑几乎仅能依赖建筑形式、材料层面的策略来进行环境调控，为人们提供舒适，并且人们对受自然环境影响较大的室内环境适应性较高、舒适范围较广。

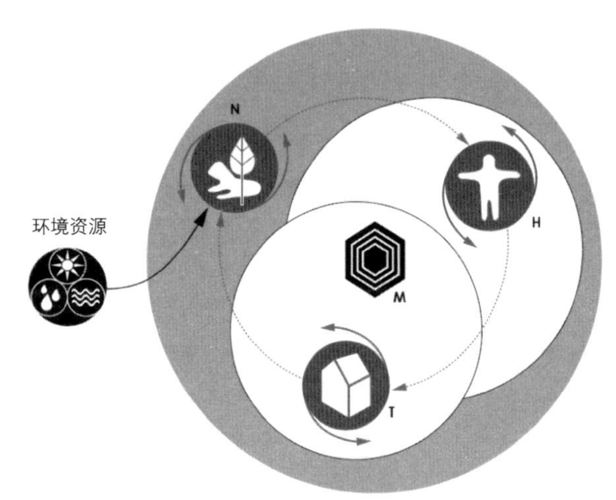

图 1-8　建筑及其技术、自然、人文环境间的协同

面临降低能耗与排放、提升身体舒适度的迫切需求，就注定了以上两种调控策略的任意一种都无法独自完成建筑高环境性能目标。在材料与建造方式快速发展、人们居住与生活不断迭代新模式的背景下，当代建筑的环境调控是一种主动与被动结合、机械设备与生物气候方法结合的混合模式（图1-8）。这种模式可以理解为基尔·莫所提出的“燃烧”与“建造”的结合模式，或是威廉·布雷厄姆笔下的“生物气候式混合体”。混合模式下的建筑环境性能设计需要基于现代空调等机械系统引出的建筑科学知识，对生物气候式的被动式策略进行回顾与更新，去重新审视建筑本体具有的环境影响，目标是要满足现代的人体舒适标准需求，热力学建筑即是这种理念下的产物。

在与机械系统几乎同步更新的建筑物理知识中，传热学对建筑学的影响至关重要。热传导、热对流原理与相关研究的先后出现，为源于冰箱的建筑隔热系统、建筑空调系统的广泛应用奠定了基础。而对热辐射的深入研究则远晚于前两者，因此基于热辐射原理的环境调控策略在近20年才逐渐得到关注。需要注意的是，远在传热学与机械设备发展之前，传递、对流与辐射的热传递机制已被巧妙地用于建筑中，根据不同地域、不同气候类型的区别，占主导的热传递机制及相关被动式设计策略也不相同，在长期的发展中形成了具有地域、气候、文化特性的建筑原型。

在当代混合模式的趋势下，对设计策略的主动、被动分类边界已开始变得模糊。自20世纪70年代始，主被动混合策略逐渐出现，包括主动玻璃幕墙、太阳能烟囱及响应式遮阳等。在智能控制系统的介入下，建筑环境性能设计往往可以使用复杂的反馈与控制系统去激活以往被分类为被动的建筑元素，在这个过程中生物气候式的分析依然发挥重要作用。因此，面对未来对建筑环境性能的更高要求，应关注混合调控模式的创新与应用，并且重视将主动、被动模式联结起来的共同要素——建筑中的身体。

1.3 热力学建筑与身体的研究现状

1.3.1 建筑环境调控与身体

1. 建筑环境调控与身体的研究脉络

20世纪60年代，班纳姆在1969年出版的《环境调控的建筑》（*The Architecture of the Well-Tempered Environment*）中强调了现代建筑在环境调控方面的技术发展历史，而这部分内容长久以来在材料和结构的技术观下被忽视[1]。班纳姆将建筑比喻为“环境调控的机器”，并且关注环境调控与身体健康、清洁卫生的关联，以及举例说明当时在宣扬艺术与技术的结合时，对身体在空间中舒适性的忽视。

在我国建筑的发展过程中，环境调控与身体议题也一直得到关注。20世纪六七十年代始，我国学者对中国各地传统民居进行气候适应性与舒适性方面的研究，比如夏昌世在《亚热带建筑的降温问题——遮阳 · 隔热 · 通风》中总结了我国南方湿热气候区的建筑环境调控策略[2]。经历能源危机与环境危机后，对环境与舒适的研究被结合到更广泛的生态设计领域中，包括住区设计等。

随着气候变迁的危机感上升，在可持续和生态建筑思潮的进程中出现了一系列生态建筑的相关概念，展现出各自的研究聚焦点以及环境调控思考范式。比如以气候与舒适为核心关注的生物气候建筑、以能量为关键词的“净零能耗建筑”（Net-Zero Energy Building）、以环境影响为核心的低碳建筑，以及聚焦人体舒适健康的健康建筑等。

1997年联合国气候变迁会议之后，对建筑环境的思考范式发生转变，这从建筑规范与标准的发展中可见一斑。起初的标准聚焦建筑能耗，之后发展纳入更多的目标，包括环境影响、生态平衡、室内环境质量等。尤其是“居住建筑挑战”（Living Building Challenge）、“健康建筑标准”（WELL Building Standard）关注使用者在建筑环境中的健康与舒适，并提出了多项评判细则。总体而言，我国绿色建筑评价体系更侧重建筑能耗部分，与降低能耗相关的条款比重较大，而只有略高于10%的条款才涉及人体健康、舒适性。建筑技术专家吴硕贤院士在《绿色建筑应是健康建筑》中强调了身体要素在建筑可持续设计中的重要地位，认为需要加强绿色建筑评定中与身体健康、舒适相关的标准[3]。

近年来，国内与环境调控及身体相关的建筑理论研究也有许多进展。南京大学鲁安东教授提出，身体与环境之间的关系是现代建筑最为根本的命题之一，这种关系可以通过两个概念进行解释，其中“舒适”源于从生理到心理、文化层面对环境的感受，“卫生”概念源于身体与环境之间的交换，体现了空间、物理和医学的融合。南京大学窦平平教授在《从“医学身体”到诉诸于结构的“环境”观

---

1 Banham R. The Architecture of the Well-Tempered Environment. Chicago: The University of Chicago Press, 1969.

2 夏昌世 . 亚热带建筑的降温问题——遮阳 · 隔热 · 通风 . 建筑学报 ,1958（10）:36-39+42.

3 吴硕贤 . 绿色建筑应是健康建筑 . 建筑 , 2019（17）: 15-16.

念》中指出，对身体的关注将建筑的环境议题进行内化，关注医学层面的身体对建筑结构设计带来启发与影响。

2. 建筑中身体议题的基础研究

建筑学领域的身体理论与人文社会科学领域、自然科学领域的研究有着十分密切的联系，三个领域之间观点的转变具有相关性。在人文社科领域的哲学研究中，随着身心二元论被逐渐打破，身体不再被视为与心灵相对、与精神分离的实体存在。20世纪，埃德蒙·胡塞尔（Edmund Husserl）基于身心二者结合的观点建立现象学，并且认为科学是建立在人类直接的体验之上的。在现象学研究中，身体感知是认知他人、认识世界的基础。在自然科学领域比如生理学、心理学中，关注人与环境之间的互动：人的身体作为受体，面对环境中的刺激首先产生感知，通过神经活动更新对环境的认知，甚至通过身体反应对环境产生影响，其中的“环境”即可包括建筑及其内外环境。最后是建筑学领域的身体理论，它被认为是后现代建筑理论的主要议题之一，呈现形式之一即为现象学。现象学及相关理论更侧重从身体感知出发研究人类认知环境、通过行为塑造环境的能力。

自20世纪70年代始，现象学对建筑学产生巨大影响，由此形成了建筑现象学。快速的机械化发展使城市及建筑建设更侧重高新技术与系统效率，而逐渐忽视了人们的主观感受与体验。与此相对，梅洛-庞蒂发展出的知觉现象学注重人与环境之间的感性互动关系。这些理论研究对建筑实践也逐渐产生影响，建筑领域中以尤哈尼·帕拉斯玛（Juhani Pallasmaa）、斯蒂文·霍尔（Steven Holl），彼得·祖母托（Peter Zumthor）等建筑师为代表，注重建筑中的身体感知，并探索了从理论到实践的运用。

从身体角度介入建筑空间的研究始于丹麦建筑师S. E. 拉斯姆森（Steen Eiler Rasmussen）撰写的《建筑体验》。此书探讨了人类天生对环境产生的反应，比如感知、体验以及相关的情绪等，并且以建筑环境为例，分析了实的形体与虚的空间，以及整体氛围中的光影、声音、色彩等要素对人带来不同的感受[1]。20世纪70年代时，查尔斯·摩尔（Charles Moore）教授和肯特·布鲁姆（Kent Bloomer）教授合著的《身体，记忆与建筑：建筑设计的基本原则和基本原理》进一步探讨了身体对建筑产生的不同层次的反应，从对环境要素的感知、对空间的体验，发展成为更深层的认知[2]。在将建筑现象学应用于实践项目的过程中，卒姆托分别于2006年和2010年出版了《建筑氛围》和《思考建筑》，认为建筑氛围的构成要素包括建筑层面与环境层面两部分，比如建筑本体、材料、尺度等建筑要素，以及空间的声音、温度、空气、光等环境要素，而作为客体的氛围需要被作为主体的身体通过个人感官所感知，这个过程才算完成。其中环境要素被身体感知的方式“是物理的，但也可认为是心理的”，设计建筑对卒姆托来说类似于是去“调试（to temper）”空间的温度或其他要素，以营造环境氛围。

同时期，随着测量仪器的升级与实验室测试的大量展开，建筑物理领域对人体热、光、声感觉及舒适的研究得到快速发展。20世纪70年代，范格提出了基于稳态热环境的人体热平衡模型，以及评价热舒适的PMV模型，当时美国供暖、制冷与空调工程协会（ASHRAE）据此发布了热舒适标准，并且

---

1 Rasmussen S E. Experiencing architecture. MIT press, 1964.

2 Bloomer K C, Moore C W, Yudell R J, et al. Body, memory, and architecture. Yale University Press, 1977.

此模型在全球范围内被广泛使用。近年来国内外对于热舒适，尤其是热舒适PMV指标的研究非常具体细致而深入，许多机械能源、暖通专业的学者致力于不断优化或修正热舒适模型，比较重要的进步包括提出热适应性模型以及适用于动态或各向异性热环境的模型，比如清华大学朱颖心教授及其团队在适用于我国的热适应性模型研究上取得了重要进展，曹彬的博士论文《气候与建筑环境对人体热适应性的影响研究》基于中国的现场调查数据，能够为我国建筑室内热环境标准提供参考。英国著名环境工程领域学者肯·帕森斯（Ken Parsons）的《人类热环境》[1]系统地总结了热环境在影响热生理学、心理响应及人行为方面的特点及研究方法。类似地，建筑光环境、声环境等物理环境的设计标准也将人体对光、声环境的感知、舒适与健康纳入主要衡量因素。

对于以上不同维度的建筑学与身体相关研究，共同点是将人视为环境中的生命体与行为能动者。前现代时期建筑对身体的关注主要侧重人体尺度、直觉式的身体感知等方面；现代主义建筑结合不断更新的标准与规范，将偏重视觉的空间感知与热、光、声等工程学方面的环境感知分离；当代建筑不得不面临与“人”相关的科学技术的高速发展，身体在空间中的多重感知不仅需要在物理维度得到量化测量，也需要整合进入精神维度，与身体认知等理论结合。与此同时，数字技术对身体进行了增强，包括传感、交互和大数据等技术，从标准化身体研究拓展到强调动态变化、非均质环境、个体聚焦的研究，甚至促成了“赛博格人”[2]的诞生。在这样的人文与技术背景下，建筑学需要对“身体”各维度知识起到整合作用，并以此为关键契机，通过建筑实践将空间生产与自然环境联结起来。

1.3.2 身体视角的热力学与建筑性能理论

随着对身体与环境的关系探索深入，以及热力学的应用拓展到了建筑领域，20世纪80年代前后开始出现将身体与热力学结合考虑的研究。在1979年出版的《建筑中的热愉悦》里，建筑环境学家丽莎·赫舍（Lisa Heschong）从身体出发探讨建筑营造的环境对身体感知的影响，包括生理层面的生存必需，到心理层面的愉悦、情感，乃至宗教层面的神圣性。案例包括长久以来形成的地域群体行为、民风民俗、宗教活动等。随着心理学、精神分析学的发展及拓展，这本书是在心理层面考虑身体与环境的重要转折点[3]。1987年，埃及建筑师哈桑·法赛（Hassan Fathy）在《热带气候下的建筑热力学与人体舒适性》一文中强调，为了更好地理解人体舒适性，必须从热力学的角度考虑物质与能量的特性，在建筑设计中结合环境参数与生理指标[4]。1992年安森·拉宾巴赫（Anson Rabinbach）的《人类发动机：能量，疲劳与现代性的起源》从能量的角度诠释身体，探讨了身体作为心理学、医学、

1 Parsons K. Human thermal environments: the effects of hot, moderate, and cold environments on human health, comfort and performance. CRC Press, 2007.

2 赛博格（英文：Cyborg），赛博格人又称电子人、机械化人、改造人、生化人，即机械化有机体，是以无机物所构成的机器，作为有机体（包括人与其他动物在内）身体的一部分，但思考动作均由有机体控制。

3 Heschong L. Thermal delight in architecture. Cambridge: the MIT Press, 1979.

4 Fathy H. Natural Energy and Vernacular Architecture: Principles and Examples with Reference to Hot Arid Climates. Chicago: University of Chicago Press, 1986.

生物学、艺术学和物理学的联结[1]，在现代性发展中的作用。美国数学家和建筑师尼克斯·萨伦格洛斯（Nikos Salingaros）认为“热力学联系起生物生活与建筑生活，并组织起人类活动中的物质与能量”，关注身体在其中的影响，指出让人感觉不舒服、忽视了生态环境和人们需求的建筑是“糟糕的建筑”。

21世纪，随着可持续建筑思潮与参数化工具的发展，热力学建筑（Thermodynamic Architecture）概念的提出展现了热力学机制对建筑设计的影响，关注建筑在大至气象、小至身体之间的连接关系。将热力学中的能量、熵等概念及热力学定律引入建筑学中，将建筑视为热力学系统，以能量的视角理解建筑中的能量流动，将建筑的形式视为符合能量梯度的一种物质组织。热力学建筑的发展为环境调控方式提供了新的思考范式，同时将身体作为关键词纳入整体热力学互动的考量中。

在此背景下，许多学者从能量系统的角度对建筑进行新的解读，研究热力学建筑中的身体主题，提出身体也应被视为环境开放系统中的一部分。基尔·莫（Kiel Moe）是研究热力学建筑的重要学者，他对热力学建筑理论的构建做了许多贡献，其中身体是重要的主题之一。他在2010年出版的《建筑中的热主动界面》中梳理了身体与环境之间的热力学机制，强调它们之间存在能量流动与耗散，回顾了不同的机制对环境调控方式的影响，提出了以辐射为主要能量传递方式的热主动界面系统（Thermally Active Surface）在建筑中的应用，并且结合生理学知识，分析此种系统与建筑结构、形式的整合性，以及对身体感知的影响。基尔·莫在书中指出，近一半人体与外界交换的热能以辐射的方式进行传递，需要重视这部分能量及相关策略，这将显著提升人体的舒适度，并且改善现有的建筑能耗模式；热舒适调节与建筑的材料、空间设计密切相关，而不应仅受到机械能源专业的关注[2]。在2014年出版的《隔离的现代主义》中，基尔·莫将建筑的能量议题分为与热传递方式相关的三种脉络：首先是隔热、气密型建筑，源于热传导性和与外界隔离的冰箱研究；其次是依赖空调系统的建筑，对应热对流与空气调节；最后是作为一种非稳态、开放系统的建筑，人体作为一种生理学装置在热环境中有不可忽视的作用。和稳态环境中的热舒适问题相比，在热力学动态、开放系统中，身体可作为建筑内部环境的感受器和控制器，这涉及更基本的建筑议题：形式、文化、身体感知与愉悦等。书中以生理学与气候为线索对历史进行了一次考古，梳理聚焦身体与热环境发生相互作用的现象与研究，并结合实际案例为设计策略提供了新的可能性[3]。

哈佛大学设计研究生院前系主任、马德里理工大学伊纳吉·阿巴罗斯（Iñaki Abalos）教授作为热力学建筑前沿理论与实践的领军人物，与蕾纳塔·森克维奇（Renata Sentkiewicz）在2015年合著的《建筑热力学与美》（*Essays on Thermodynamics, Architecture and Beauty*）中以热力学的视角去研究并转译能量、身体、建筑形式、结构、材料之间的关系，提出“身体主义”（Somatisms），将热力学与神经科学结合，借此重新理解身体对空间环境的反应。身体主体（subject）、文化和材料被视为关联的热力学系统，“它们永远处于物理和化学的张力中，这种张力使我们的身体成为‘身体主

1 Rabinbach A. The human motor: Energy, fatigue, and the origins of modernity. University of California Press, 1992.

2 Moe K. Thermally active surfaces in architecture. New York: Princeton Architectural Press, 2010.

3 Moe K. Insulating modernism: isolated and non-isolated thermodynamics in architecture. Boston: Birkhäuser, 2014.

义'"[1]。不仅如此，此书还将对能量的研究与身体感知、美学结合在一起，探究身体感知在精神层面的影响，通过对哲学领域里的美学进行拓展，为基于身体感知的建筑本体热力学能量设计带来了更多可能性。阿巴罗斯和森克维奇在美国和西班牙的多所高校积极推动热力学建筑教学，探索热力学建筑理论与设计结合的课题。其中2011—2012年哈佛大学与巴塞罗那理工大学建筑学院组织了热力学身体主义/垂直图景（Thermodynamic Somatisms/Vertical Scapes）研究型课程设计，首先从单元体着手研究身体在空间中的对流、传导、辐射热传递，其次通过对三种单元的叠加来理解形式和能量交换之间的关系。哈佛大学设计研究生院出版的《a+t》期刊《内部与物质》（*Interior Matters*）一期作为对哈佛大学前沿论坛的记载，以建筑的内部（Interior）与物质性为关注核心，阐述了身体与"内部"概念的发展，强调在内部，人的身体可以唤起人与外部世界最传统的关系，基于人的主观感觉、体验来理解建成环境的内在性与精神性；并且记载了随着空间、氛围、大气、环境等相关概念的完善，从建筑学对"内部"的关注转向了以能量为线索进行的系统研究。

2017年马德里理工大学的哈维亚・加西（Javier Garcia-German）教授在其主编的《热力学互动：对生理学、材料、区域大气的建筑探索》中对近年来热力学建筑的研究成果进行了系统性的梳理与总结，从热力学的本质概念出发，以热力学系统与气候环境产生互动的不同尺度分成了生理学的、材料的与区域的三个部分，分别关注建筑内部环境与身体之间的互动、建筑建构形式与其产生的微气候之间的相互作用、地区环境与其中的建筑之间的热力学相互作用[2]。身体与建筑内部之间的热力学互动包括热传递、生理过程、神经反应等，这些互动引发不同的感知体验，将拓展当前以视觉为主导的空间体验设计。围绕着建筑空间，建构形式、身体这些热力学系统与微气候之间进行的热力学互动为设计带来新的可能性（表1-3）。

表 1-3 热力学建筑及相关理论中的身体主题

研究者	身体相关理论
Lisa Heschong	四个层级的热愉悦：冷热感知与健康，冷热感觉与愉悦，热环境与情感，文化习俗
Kiel Moe	热力学开放系统中的身体，作为主动式生理学装置的身体，与建筑热反应界面及建构系统的互动
Iñaki Abalos	热力学身体主义：能量、身体体验与建筑美学
Philippe Rahm	身体生理学与神经学知识在建筑学中的整合，从传导、对流、辐射、压力、蒸发和消化出发的机制与策略
Javier Garcia-German	身体对建筑内部环境的感知与互动

国内学者对热力学建筑、建筑性能中的身体主题也进行了研究。东南大学的史永高教授在《身体与建构视角下的工具与环境调控》一文中以身体视角探究了工具与环境调控的关系，以及它们之间协

1 Abalos I and Sentkiewicz R. Essays on Thermodynamics: Architecture and Beauty. New York: Actar D, Inc., 2015.

2 García-Germán J. Thermodynamic Interactions: An Exploration into Material, Physiological, and Territorial Atmospheres. New York: Actar Publishers, 2017.

同作用的可能，并提出建构作为建筑本体的元素，其可以作为联结身体、工具、环境的中介。西安建筑科技大学杨柳教授在《建筑气候分析与设计策略研究》中针对我国气候情况，构建了热舒适与气候设计的框架，基于对身体热感觉、热舒适的深入研究，提出了包括群体布局、建筑体形、空间、围护结构等多尺度的建筑设计策略，为在建筑设计初步阶段考虑气候与舒适提供了基础。清华大学张利教授在《舒适：技术性的与非技术性的》一文中提出非技术性舒适将对建筑的可持续发展更有利，与之相对的技术性舒适指的是通过机械设备系统控制的舒适，对能耗的依赖较大，并且缺少对身体心理、精神层面的考量，而要达到非技术性的舒适可以通过精神性、气候适应性和微观化三种建筑方式来实现。同济大学李麟学教授在《健康-感知-热力学：身体视角的建筑环境调控演化与前沿》中以身体为线索，回顾了建筑环境调控与热力学建筑对身体的回应，从历史上生理学、建筑学与热力学的相互影响中分析当代环境与能源议题的走向，并且提出身体可以作为将环境调控与建筑本体联结的视角，身体本身可以作为主体参与环境调控的过程，展示了身体视角为建筑性能设计带来的潜在启发。

1.3.3 身体视角的热力学与建筑性能实践

在热力学建筑与建筑性能设计与实践方面，许多学者和建筑师在原型实验及转化应用上进行了许多前沿探索，其中不少设计尝试将身体作为设计中的重要元素。瑞士建筑师菲利普·拉姆（Philippe Rahm）在逾20年的工作实践中致力于在从生理学到气象学的尺度上拓展建筑的内涵。相比其他热力学建筑领域的建筑师，他对建筑、气候、环境的思考更直接地始于对身体的研究，他在《生理建筑》（*Physiological Architecture*）中提出身体视角的设计策略，这些策略基于身体、气候与建筑之间的热力学互动机制，包括对流、传导、辐射、蒸发、消化等能量传递方式。2014年出版的《建造氛围》进一步强调身体对建筑氛围的感知，并通过利用身体与环境的相互作用去设计这种氛围。书中建筑设计被理解为通过物质组织去营造热环境，建筑思维方式由结构转向气候与身体的互动。结合生物学和神经学知识，拉姆在威尼斯双年展中通过运用不同波段的辐射配合光环境营造，刺激身体感知并引起生理变化，激发身体的愉悦感；基于热力学能量协同机制，拉姆在公寓、博物馆等设计中通过空间组织、楼板起伏、功能布置、高性能材料等方法，营造具有丰富变化的热景观，让使用者可以像在自然景观中漫游一般，根据当下季节或时刻的气候条件，选择特定的空间进行活动（图1-9）；相比之下，台中玉石公园项目则是在更大的区域尺度上将对流、传导、蒸发等热力学互动机制进行落地应用，为公园提供自然冷却、气候干燥和空气去污区域，以在公园的不同区域创造多样化的微气候和多种不同的感官体验（图1-10）。

Abalos + Sentkiewicz 事务所作为热力学建筑前沿理论与实践的先锋，在多年的实践中始终以建筑对气候的响应、身体对环境的适应为设计关注，其设计方法可被视作生物气候设计法的一种当代更新，从分析当地的气候状态与环境因素出发，研究当地人们对热环境的适应程度以及相应的行为活动，并以此明确建筑设计中的身体元素，注重空间中的身体感知，追求气候协同、性能优化的建筑设计。以西班牙洛格罗尼奥高铁站和城市公园项目为例，建构在热力学的指引下实现了身体体验，将自然和人工元素交织形成了能量共生系统，并且新的形式语言与材料应用诱发了旅客一系列的空间体验：自然光线、材料变化、天花起伏及视觉引导。

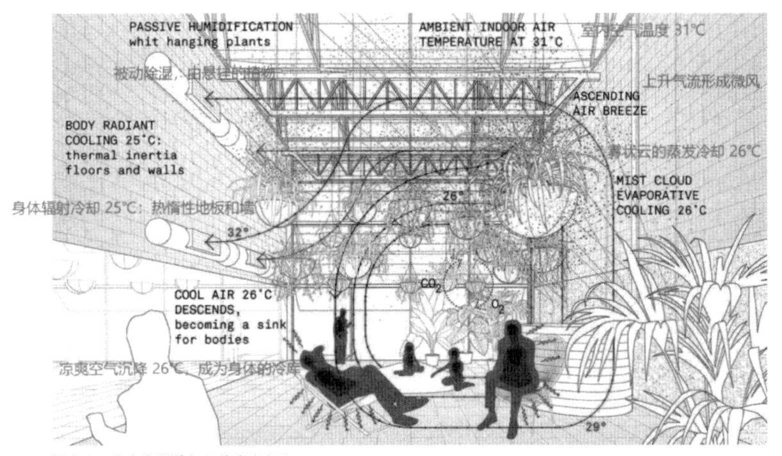

图 1-9　热力学设计与人体身心行为

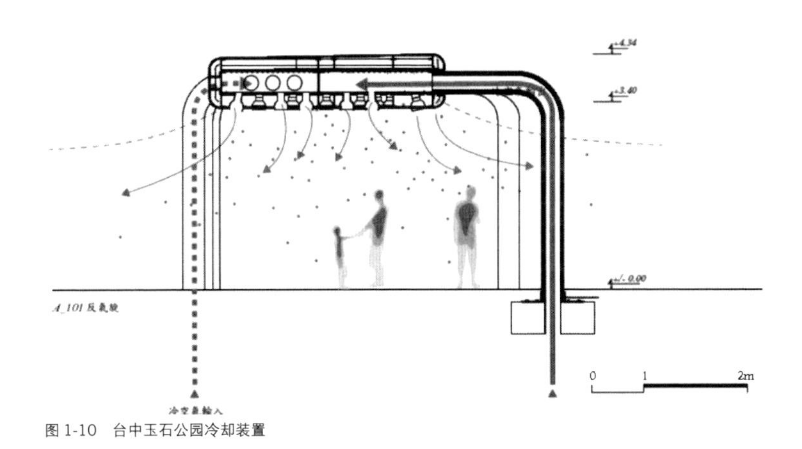

图 1-10　台中玉石公园冷却装置

热力学建筑理论学家与建筑师基尔 · 莫认为建筑热反应系统为设计增强身体主动感受的环境提供了契机，辐射热交换体现了身体与建筑之间直接、主动的互动，并且将建筑建构系统与环境调控结合，在热力学语境下实现形式、材料、能量的协同，体现出建筑设计与建筑科学的整合。基尔 · 莫归纳了近年来多个采用建筑热反应系统的案例，侧重分析项目中对身体和建筑关系的考量。比如建筑师卒姆托设计的布雷根茨美术馆，将光环境、非视觉的热氛围、建造技术与建构设计通过热反应系统进行整合，而非建筑与各技术子系统的分离与堆砌；与之类似，SANAA事务所设计的矿业同盟区管理与设计学校采用与地源系统结合的建筑热主动界面，实现视觉舒适与热舒适的双目标优化设计，而且与功能布局、立面形式相协同。

建筑师与材料学专家萨曼 · 克雷格（Salmaan Craig）从身体与建筑内部空间的热力学互动出发，将材料学的知识与建筑性能设计结合，探索创新材料在建筑中的应用，比如：①多孔呼吸墙，通过毫米级别的孔隙将进入室内的新鲜空气提前加热或冷却，同时具有热惰性的材料内界面结合毛细水管，通过辐射调控室内温度以满足舒适需求；②具有动态隔热性能、作为能量交换介质的结构型木板；③通过辐射影响热感觉的折纸型微流体材料等，并结合到实践项目中，为身体视角的热力学建筑设计提供了材料性能的支撑。

普林斯顿大学弗雷斯特·梅格斯（Forrest Meggers）及其带领的冷热建筑实验室（C.H.A.O.S Lab）基于身体与环境的热力学互动机制，创新性地提出了几种建筑原型，通过其几何形式、材料与辐射系统的整合，达到降低能耗且提升热舒适的成效，这些原型在美国、新加坡、韩国等多个气候区进行搭建与验证。比如在美国搭建的“热穹顶”（Thermoheliodome）展亭项目中，通过对身体与建构单元之间的辐射热交换进行深入研究，重在探索自然通风情况下蒸发冷却的潜力，以及几何设计对辐射冷却的反射与增强效果。机器建造的锥形几何模块为热力学塑形而成，通过抛物面与几何焦点的确定，最大化扩大身体与辐射冷却面之间的角系数，同时最小化辐射冷却面由于对流而降低效率的可能，最终利用这种热力学互动达到让身体产生降温感知的效果，并在此基础上探寻建构的形式、几何、材料设计策略（图1-11）。

宾夕法尼亚大学多瑞特·艾薇（Dorit Aviv）及其带领的热建筑实验室（Thermal Architecture Lab）聚焦热力学、建筑设计与材料科学的交叉研究，通过以人为中心的设计达到建筑性能。具体而言，从空间中的身体出发，研究身体与环境之间的热交换及身体的热感知。在技术层面上，通过结合实时环境数据采集、性能模拟等设计辅助工具，探究创新科技与设计策略的协同应用。从身体出发的设计构想通过数字建造进行原型验证，比如在2017年首尔建筑双年展的展亭设计中（图1-12），几何拓扑与空间热感觉的关联得到模拟运算及实测验证，凹形建筑热反应界面增强了身体与空间的辐射热传递，拓展了热力学建筑形式的潜力。

1.3.4 当代建筑中的身体问题

由于受到当代环境调控设备的影响，对身体的理解主要被限制在机械稳态的角度，缺少将身体看作知觉体验主体的角度。当代建筑环境中，从身体视角出发，主要存在三个问题：稳态、抽象性与无意识，而对应的增强知觉体验的特性分别为差异性、具象性与场所性。

1.稳态与差异性

世界的色彩是丰富的而非单一的，声音有多种多样，类比其他感知的丰富度，自然环境中的冷热感知也是丰富的，而目前盛行的建筑规范和标准往往界定了稳定的热环境，减少了身体冷热感知的可

图 1-11 “热穹顶”几何模块建造

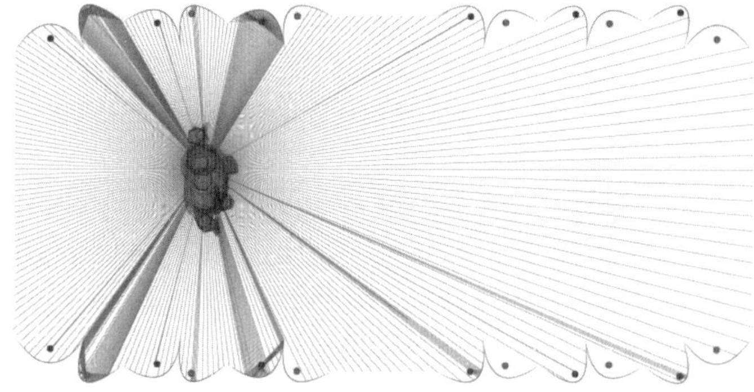

图 1-12 冷热空间几何拓扑原型与身体图解

能性。建筑耗费大量努力（包括能耗使用、碳排放等）去维持内部恒定气温，在时间尺度上保持热稳定状态，在空间上创造均质热环境。人的冷热感知很敏锐，能在很广的范围内保持舒适，发挥主体的调节性与适应性，因此并不需要稳态的热环境以保证舒适。同时，热环境的适度差异性利于引起人对环境的意识，是对地点的热功能产生感激或喜爱的因素之一。

2. 抽象性与可感知性

现代主义建筑促使抽象审美盛行，追求建筑空间、几何的纯粹与少装饰化甚至去装饰化，减少了与生活以及身体体验的联系——而这往往与具象性相关。人们需要具象的物体或场所来寄托喜爱的情感，需要一个独特的物品去给予关注。比如火炉是重要的取暖来源，人因为获得热舒适而对它产生喜爱情感。

当代的困境之一在于缺少具象性以寄托人们对环境的情感，负责调控建筑环境的机械系统隐藏于不可见之处，没有可见、可感的物品看起来是对我们的身体舒适负责的。在这样的情况下，我们往往会认为舒适是理所应当的。热感知常在无意识的状态下产生。大部分冷却机制非常轻微，比如空调冷却一般难以让人察觉到其存在，皮肤还未感到潮湿，汗水就已蒸发；这不同于传统的火炉，人们没法像看到、听到、感觉到火炉一样，认识到天花板“正在为热环境而运作”，热舒适则变得抽象，让人无法对其聚焦产生喜爱之情。

3. 无意识与场所性

各种感觉之间是相互联系的，其他知觉与冷热感知之间存在联觉作用，可以加强身体的冷热感知。比如人们在伊斯兰花园中听到喷泉的潺潺水流声，加强了炎热环境中对凉爽的感知，人们在木屋中看到火炉火焰的暖调色彩时也更加觉得温暖。然而在当代环境调控技术（比如空调设备）的支持下，一个场所的环境品质不一定与建筑形式或材料有明显关联，冷热感知、光影感知与所有其他感觉被分离，这极大地增加了人们对环境品质的“无意识感”。

要加强身体对环境的知觉体验，我们需要意识到身体与环境之间能量流动的过程，最主要的方法是塑造能充分调动人们多种感知与行为的场所，使环境感知成为多种感知与行为的基础，共同促进人的情感与认知。具有优越热品质的场所自然而然会成为社交空间，因为人们会在那儿聚集以享受舒适。夏天时，社交生活往往会在更加开放的空间中进行，这与室外场所令人舒适的环境品质相关，比如地中海地区的城市广场、村落中的大树及附近区域等，在许多文化中都是人们聚集的场所。

综上，当代建筑环境中的三个身体性问题也存在关联性，抽象的空间形式往往带来在时间、空间尺度上的稳态环境，而这导致了人们对环境的无意识状态。对应三个问题的三种特质在环境品质设计中也起到互相促进的作用，加强空间的差异性与具象性有助于营造空间的场所性。

1.4 环境 - 建筑 - 身体系统热力学互动机制

与经验实证维度的建筑性能相关的物理现象基本上可以用三种物理机制解释：扩散、对流和波。能量和物质在这三种机制下进行不同的传递过程。热力学为其中的能量传递部分奠定了基础。热力学互动在这里被用来概括物质之间、基于热力学定律发生的能量传递及与其耦合的质量传递过程。

1.4.1 环境 - 建筑 - 身体系统热力学机理

1. 热力学能量系统

（1）热力学定律与能量相关概念

热力学研究热、功、温度，以及它们与能量、熵的关联，还有物质与辐射的物理特性。这些研究基于热力学四大基本定律。基于热力学定律，与能量相关的术语被创造以描述热现象中具有不同特征的概念。最基础的是能量（energy），用来表征物理系统做功的能力。

熵（entropy）的概念由物理学家克劳修斯最初提出，熵的本质是一个系统内在的混乱度。有效能——㶲（exergy）的概念，指的是系统中的可用能量，是一个系统从给定状态到与周围环境达到热力学平衡态之前可做的最大有用功。系统的总能量由有效能和熵组成，保持守恒，经过自然发生的热量传递后，可用于做功的有效能减少、熵增加。

（2）热力学系统分类与边界确定

热力学的研究对象均为热力学系统。热力学系统（thermodynamic system）指的是由具有特定渗透性的边界（boundary）在空间中限定出的、与周围环境（surroundings）分离开的物质与/或辐射体。这里的"环境"指的是系统的外部空间，可以包括其他的热力学系统或非热力学系统，与本书其余章节用于描述微气候的环境或室内物理环境的概念不同。

边界可以是固定的或移动的，真实的或虚拟的。根据热力学系统边界渗透性的不同特性，热力学系统与环境进行物质、热量传递和做功的可能性不同，因此将热力学系统分为以下几种类型。

- 孤立系统（isolated system）：它无法与环境进行物质交换与能量传递，拥有坚硬且不可以动的边界。
- 封闭系统（closed system）：它可以与环境进行能量传递，却无法进行物质交换。
- 开放系统（open system）：它与外界可以进行能量传递与物质交换。一般来说，建筑、人体被视为开放系统。

对热力学系统进行分析，先要确定系统的边界。对于建筑、人体等复杂的热力学开放系统而言，存在多个边界，并且各个边界的类型与渗透性不同，可以是开放的、可动的，也可以是封闭的或隔热的；同时系统仍旧包含子系统，边界的确定是划分系统的内部与外部的基础。在热力学建筑的研究中，一般以建筑作为热力学系统进行分析，主要关注它与外部气候环境之间的热量传递与物质传递，确定建筑内部的状态；亦可以身体作为热力学系统，则建筑实体、建筑室内环境乃至室外气候等皆为系统的外部环境，以此为基础对身体进行研究。若将这二者结合，或可提供更宽广的研究图景。

2. 热传递与物质传递

热力学是传热与传质的基础。当热力学系统处于非平衡态、但趋向平衡态时，发生的能量传递过程即属于热传递。在热力学过程中，由于熵自动向最大值移动，即趋向均匀。如果各部分温度不均匀，热流从高值流向低值，会趋向一个平均温度；如果浓度不均匀，也会趋向一个平均浓度。

（1）建筑与人体热平衡

热平衡（thermal equilibrium）指热力学系统内部以及系统与外界环境之间没有热交换的状态。建筑和人体可视为热力学开放系统，与环境之间发生热传递与物质传递。对建筑而言，外部气候是周围环境的重要组成，随着微气候的日变化与年变化，环境状态随时间发生较大变化。在一段时间内，建筑可以处于动态的热平衡中。

建筑总热量得失 ΔQ（单位，焦耳J）取决于以下几种热传递途径是得热、失热的总和：传导热得失、对流热得失、辐射热得失、蒸发热得失、内部热得失Qin。

将人体作为热力学系统，出于人体对维持正常体温的需要，人体热平衡对身体的正常机能至关重要，可以得出类似建筑热平衡的人体热平衡公式。从生理学的角度理解，热量由于新陈代谢在身体内产生，通过皮肤与肺、通过衣服进行热转移而传递到环境中。

当人体处于热平衡态时，人体产热率可被认为等于人体内部产生的新陈代谢自由能（人体对外部所做的机械功，在许多活动中可以被忽略）。体内热负荷为人体产热率与散热率之差，用于判断体温的变化。在大多数的室内热环境中，人体与周围环境发生热交换的各种方式所占比重是较为固定的，一般来说人体有47.5%的热交换是通过辐射热传递而完成，对流换热占27.5%，呼吸和蒸发散热占25%。当然根据具体环境参数的不同，比重会有相应变化，比如在湿度较高的环境中，呼吸和蒸发的比重可能会下降。

（2）热传递方式之辐射

辐射是一种不需要介质的传热机制，热辐射发生在所有温度高于绝对零度的物体之间，可以在任何距离之间，从咫尺之近到太阳之远。它直接反映了身体尺度与建筑的互动，启发了建筑形式与材料层面的创新策略。

在电磁辐射光谱中，热辐射能量的强度与分布主要由发射辐射的表面温度决定，即根据斯特藩・玻尔兹曼公式，热流密度与表面绝对温度的四次方成正比，系数与发射体是否为黑体（能够吸收所有入射电磁波的理想物体）有关。根据能量守恒定律，辐射到物体表面的热流有三种可能：部分被吸收、反射或透射。光谱反射比 ρ、吸收比 α 和透射比 τ 总和为1，非透明材料 τ 为0，黑体材料则 α 为1，其余两参数为0。在确定建筑界面材质时，需要对长波辐射、短波辐射分别考虑。

物体表面之间的净辐射不仅与表面温度和辐射特性相关，同时要考虑物体发射的辐射能否被别的界面“截获”，这与物体的几何形状与朝向相关——也正是这个性质，使辐射热传递与建筑的形式、空间设计关联紧密。基于电磁波沿直线传播，角系数（view factor），被定义为从面1到面2的辐射与面1发出的辐射之比，则用来描述辐射物体之间的几何关系。两个物体之间的几何大小、相对位置对角系数有较大影响；对一些特殊形状，比如凹面存在聚焦效果，发射到自身的角系数大于0，而凸面则等于0。

在建筑中，蓄热体（thermal mass）的利用与辐射热传递相关，因此可在材料、结构等层面形成环境调控策略。建筑围护结构受到太阳辐射后会吸收部分热量，其吸收能力与材料的蓄热系数相关，在同样热作用下，蓄热系数越大，接受面的表面温度波动越小。与之相反，热惰性越大，则结构体背面的温度波动越小。

（3）热传递方式之传导

热传质是温度不同的物体或物体不同温度的各部分直接接触而发生的热传递现象，在建筑里主要发生在墙体、屋顶、玻璃等构件中，是建筑室内外通过建筑外围护结构进行热传递的主要方式。围护结构的构造与材料特性导热系数是不同材料物质导热能力的主要指标。对于建筑构件，一般采用热阻（简称R值）表示各材料层对热流的阻挡能力，热阻之和即为构造的整体热阻。

（4）对流热传递及相关物质传递

对流指流体各部分之间发生相对运动，互相掺混，从而进行热量传递。在建筑中，热对流往往与热传导同时发生，将这种流体经过固体表面时，流体与固体表面之间的热量传递成为对流换热。根据对流产生的原理，可以将促进建筑自然通风的方法分为风压通风、热压通风两类。风压通风指由于压力差导致的流体水平位移，比如文丘里效应（Venturi Effect），指的是流体经过突然缩小的截面时，流速增大且产生低压，从而促进流动，比如干旱地区常出现的建筑捕风塔构件；热压通风则是由于温度差异而产生的流体垂直运动，包括烟囱效应、双层表皮等建筑策略。

物质传递，亦称质量传递或传质（mass transfer），是体系中由于物质浓度不均匀而发生的质量转移过程，与热传递过程中蒸发、冷却等策略相关。在建筑中还关注与对流热传递相耦合的对流扩散，它指的是受到流体宏观运动而引起的质量运动。

3. 能量层级与能级匹配

（1）能量层级与能值

20世纪60年代始，美国系统生态学家奥德姆（H. T. Odum）对生态系统的能量学进行了系统性研究，提出了“能量系统语言”（energy system language），将热力学原理从机械系统拓展到自组织生态系统，乃至人类活动中。自组织是指从最初的无序系统内部通过各部分之间的相互作用，进行组织化、产生全局有序的形式的过程。生态学家阿弗雷德·洛特卡（Alfred J. Lotka）将自然选择归纳为热力学的法则之一，认为自组织是热力学系统的一种特性。能量层级揭示了能量转化的趋势。在能量层级中，输入的能量被转换成一种更高质量的新形式，并且量逐级减少。

能值（emergy）的诞生源于“能量的记忆”，是有效能量流的“路径记忆”，追踪各个层级耗散的能量并进行累计，揭示能量在生产层级中的价值或者质量。与能量层级类似，物质也存在材料浓度层级，奥德姆对此提出了物质循环的系统法则，认为在能值理论中，物质流与能量流耦合，符合能量转换层级原则，根据每质量物质所含的能值进行其在层级中的定位。

（2）能级匹配与形式化策略

能值理论使用太阳能作为统一基准单位，1焦耳的太阳能为一单位能值，即1 sej （solar emjoules

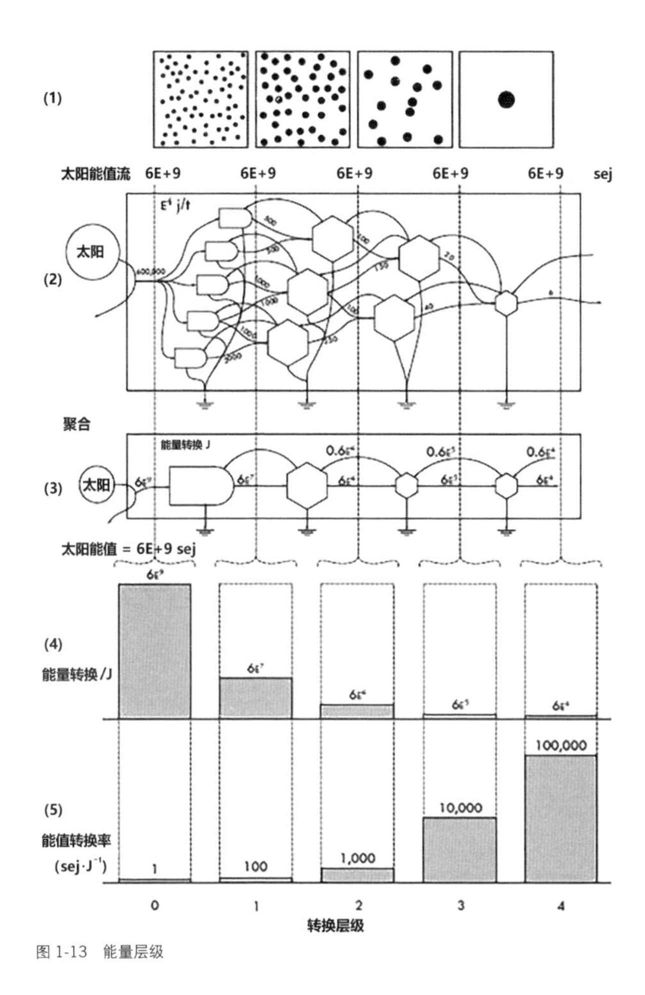

图 1-13 能量层级

per joule）。能值转化率，或称单位能值（unit emergy value），为衡量每单位物质或能量所含有的太阳能之量，对能源而言单位为焦耳（sej/J）。能量层级越高，则单位能值越大，意味着能量的品位越高（图1-13）。以太阳能作为基准，可再生能源如风能的单位能值较低，化石燃料能值约比风能高两个量级，电能更高。而光伏发电能值介于自然可再生能源与化石燃料之间。

在选取能源种类及能量利用方式时，应根据使用目标匹配相应的能级，选取具有合适单位能值的资源利用方式，更有效地利用能量，利于最大化系统的能值效率。比如热能品位较低，电能品位较高，使用太阳能、木材燃烧等较低能值的能源进行取暖，有效能值较高；而若通过电能取暖，则消耗的能值较高。总体而言，通过辐射的方式比对流热传递的方式具有更高的效率。对基于对流热传递的空气调节系统与基于水的辐射热反应建筑系统进行对比，可以发现辐射策略的能耗较低、能值效率更高。首先，单位体积的水含有的热量远高于空气；其次，基于水的辐射系统所需要克服的温度差异较小。以制热模式为例，当两个系统都需要维持在相似的操作温度下时，空调系统需要在室外空气极其寒冷的情况下，将室内空气加热到高于操作温度的状态，属于高温制热模式；而基于水的辐射系统通过太阳能集热器将水加热，热水经过一定散热后，通过辐射加热室内环境及人体，属于低温制热模式。与之类似，制冷模式下，传统空调系统需要将外部空气温度极大降低，而水可通过地源冷却以高温制冷。

1.4.2 机制一：身体舒适与适应性

环境-建筑-身体之间的互动可以从感知、行动与认知三个层面进行理解（图1-14）。通过五官等感官器官、知觉系统直接获得的身体感知仅是最基础的知觉。在外界环境刺激下，身体产生的两种基本反应，即行为与知觉，它们的结合在更高向度上形成亲近感、内在性、愉悦感等精神层面的情感与认知。将以下三个层面统称为身体与建筑环境的互动。

（1）感知层面：在建筑环境刺激下，身体通过知觉系统直接获得对建筑与环境的感知。如图1-3所示，在感知层上，在建筑环境中身体主要通过触觉系统产生冷热感知、通过视觉系统产生光感知，这是身体感知光热环境的舒适性与适应性的基础；类似地，身体对环境的感知也是建筑中人体健康舒适的基础。

（2）行为层面：在建筑环境刺激下，身体通过肌肉系统产生行为，形成与建筑、环境的互动。

（3）认知层面：在感知与行为的身体体验基础上，形成与建筑环境相关的记忆、情感与认知，对于群体而言甚至可以形成象征意义与社会文化。

根据以上对“环境-建筑-身体”互动层面的分类，舒适、健康属于感知层面，在马斯洛需求金字塔中主要与从低至高的第一、第二层级，即生理需求与安全需求相关，与人体生理心理科学关系紧密，因此在本书中将其从感知层互动中分离出来进行着重分析（图1-14）。而冷热感知、光感知二者与其余感知之间有密切关联，并且与行为层面、认知层面也不可分割，是“环境-建筑-身体”互动的重要内容。

身体对环境的感知以它们之间的热力学互动为基础（图1-15），比如人对光及光线照射下的形式的感知，本质为电磁波以辐射的方式传递能量至人的眼睛然后产生成像；人对冷热感知的基础是身体与外界热交换进入非平衡状态；人对空气的感知通常发生在空气流动，即产生对流时，而这也伴随着能量传递以及质量的传递，包括空气中的水或者污染物，让人对湿度或空气质量产生感知。

从身体视角看，建筑也是周围环境的一部分，这里将三个元素进行联结，是为了强调将身体与外界的热力学互动直接与建筑产生联系，系统性地从热力学本质来研究这些过程的相互影响，并且探索这些相互作用如何能用于设计。

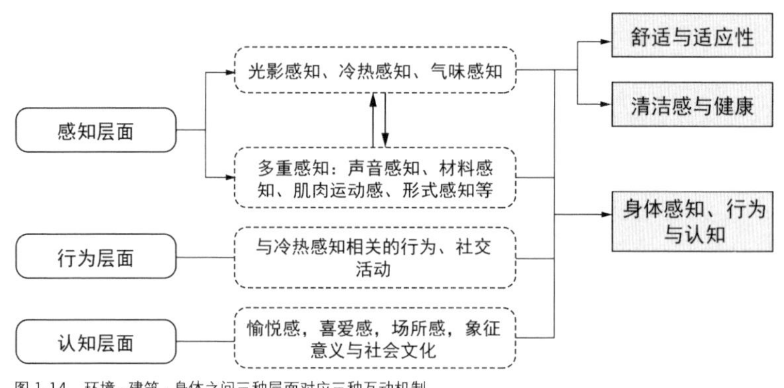

图 1-14 环境 - 建筑 - 身体之间三种层面对应三种互动机制

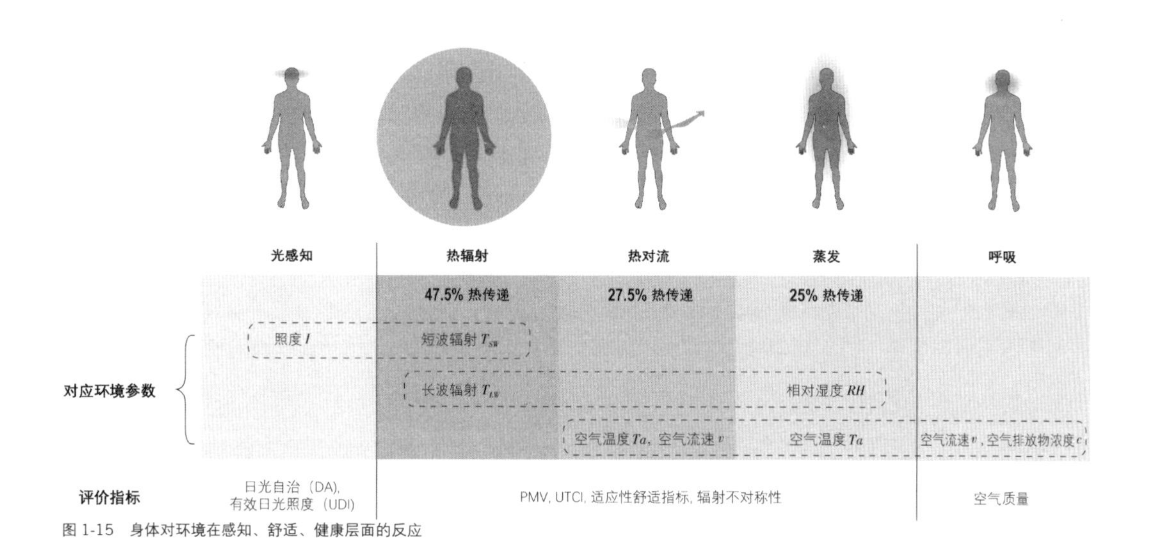

图 1-15 身体对环境在感知、舒适、健康层面的反应

1. 身体热舒适

高度气密性、以空调系统为主导的现代建筑目标是将建筑室内环境调控至匀质状态，以符合现代标准；相比之下，强调主被动策略结合的第五代建筑更直接聚焦于加热或冷却建筑中的身体，以达到热舒适。当下，对身体舒适的关注越来越趋向个人化舒适发展。

（1）PMV/PPD指标

根据国际通用的ISO标准，热舒适被定义为“人对周围热环境所做的主观满意度评价”，并且热舒适是由主观评价来判定的。范格教授（P. O. Fanger）提出的基于人体热平衡模型的“PMV/PPD”经典稳态模型，适用于受调控的室内热环境。范格定义了一个人处于整体热舒适的三种条件：①身体处于热平衡状态；②出汗率在舒适区间内；③平均皮肤温度在舒适区间内。

范格将人的热感觉表示为热负荷的函数，并且确定PMV指标的标度为七点等级，从－3～+3分别表示热、暖和、稍暖、中性、稍凉、凉爽、冷，其中PMV=0代表着热中性状态，即感觉不冷不热的状态。基于热平衡等式，PMV模型通过输入六个物理参数预测人体热感觉，其中客观环境参数有四个，分别为空气温度、湿度、平均辐射温度和风速；人体参数则有两个，分别是衣着状况和活动水平。其中相对湿度与水蒸气分压力相关，影响蒸发过程；相对风速主要通过对流换热系数影响热对流过程；空气温度与平均辐射温度则分别主要影响对流换热过程与辐射换热过程，同时这两个参数与着衣身体表面温度三者之间形成复杂相互影响，后者是对流、辐射换热过程中的重要参数。

范格的PMV/PPD模型于1977年被采纳进入ASHRAE标准中，此后ASHRAE和ISO标准提供了预测在特定的环境状况下群体热感觉投票的平均指数，以及预测群体对热环境不满意的百分比，被普遍适用于建筑环境评价中。在接下来的几十年中，热舒适模型被不断修正，具体评价方法根据使用简单指标或复杂指标各不相同。然而其中考虑辐射热传递的平均辐射温度，由于其内在固有的复杂性，受到一定程度的忽视。最初的PMV/PPD模型缺少对局部热舒适的讨论，理查德 · 迪尔（Richard de Dear）较早开始关注身体几何性对热舒适的影响，通过使用假人模型实验得出人体16个部分各自的对流与辐射换热系数。随着对热辐射及对局部热舒适研究的深入，辐射温度不对称性（radiant temperature asymmetry）被纳入ISO热舒适标准中，考虑水平与垂直方向上因辐射温度差异过大而可能引起的不舒适感。对于局部热舒适而言，身体模型的建立十分关键，并且研究证明局部热感觉与舒适对整体热感觉与舒适有重要影响。

（2）室外热舒适评价：UTCI通用热气候指标

UTCI是人类生物气象学（human biometeorology）范畴中，用于研究大气环境与人体生理之间影响的指标。其本质是一种等效温度，可以衡量人类对室外热环境的生理反应。其运算程序包含热生理（thermophysiology）模型与气象数据处理部分，目标适用于所有气候、季节，所需输入参数为空气干球温度、相对湿度、风速与平均辐射温度，与PMV所需的环境参数相同，且研究发现UTCI与空气干球温度有极强相关性（r=0.90）。但相比PMV，UTCI不需个人特征参数，而是根据气象参数与穿衣指数、新陈代谢率的预设函数关系进行计算。

最后计算出结果以℃为单位，对应热应力由高至低分为10个等级。此指标更适用于对区域进行规划设计、公共气象服务及公共健康服务等活动。

（3）适应性热舒适模型

基于人体稳态热平衡的PMV模型没有考虑生理及心理层面的适应性对热舒适的影响，之后众多学者提出了人体适应性的不可忽视性，并修正或发展了热舒适模型。热适应模型目标是预测什么样的热环境能让人们感到舒适，需要考虑气候环境的动态特性，因此模型的建立需要基于实地调研与现场研究，而非PMV模型采用的气候控制实验室研究。所以，对于非机械调控、使用自然通风的室内环境而言，PMV模型并不适用，而需要采用适应性热舒适模型。

国内外针对不同地域的现场研究，导出相应的热适应模型，大多数形式为中性温度T_n与室外平均气温$T_{a,out}$呈线性关系。热中性温度指的是大多数受试者感觉不冷也不热的中性状态时对应的温度。公式中系数的值根据地域、模型的区别有差异。根据热感觉投票确定最优温度，同时根据80%、90%可接受范围拓展得到相应的舒适区间，若计算得出的热中性温度落在区间内，则可达到适应性热舒适。目前的适应性热舒适研究主要建立舒适温度与室外气温的线性模型，并仍需要进一步考虑太阳辐射、湿度和风速的影响（图1-16）。

2. 光环境与视觉舒适

基于视觉系统，身体首先会产生最直观的对形式的感知。从舒适与健康的角度看，当光环境较适宜时，人们往往关注被光线照射的物体，而当光线不充足，或者出现眩光时，身体会感受到视觉上的不舒适，长此以往甚至损害视觉器官从而影响健康。因此，在建筑光环境调控与视觉舒适时，需要注意以下几点：

（1）工作区平均照度应在适当范围内，满足空间功能对应的需求，参考我国《建筑采光设计标准》（GB 50033-2013）的要求，可以采用日光自治（Daylight Autonomy，DA）来进行评估，这个指标计算的是在全年该空间的主要活动时间内，自然采光超过最低照度需求的总时间与全年活动总时间之比。

（2）眩光也应被控制在可接受的范围内，眩光产生的原因一般有两种：一是受到过多的光线，二是观察点视线范围内的照度变化过大。通常可计算窗的不舒适眩光指数值（DGI）进行评价，影响参数有窗亮度、背景亮度，以及人体眼睛位置、视线方向与窗户的相对几何关系。

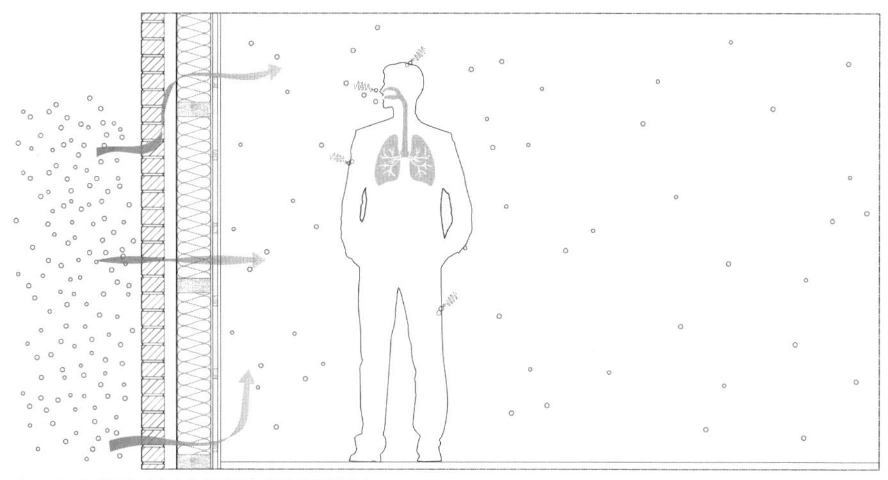

图 1-16　室外气流对室内空气质量与人体健康的影响

1.4.3　机制二：环境品质与健康

除了极端冷热环境，20世纪随着现代建筑发展而出现的病态建筑综合征（sick building syndrome）揭示了建筑环境调控对人体健康的慢性影响。世界卫生组织（WHO）的调查认为室内空气质量问题是病态建筑综合征的主要原因之一。我国的《室内空气质量标准》（GB/T 18883—2022）确定了室内空气污染物的阈值，包括二氧化碳、一氧化碳、甲醛、可吸入颗粒（PM_{10}）、二氧化硫、总挥发性有机物、细菌总数等。2019年新发布的《绿色建筑评价标准》（GB/T 50378—2019）增添了更多污染物浓度的限值，如$PM_{2.5}$，以及对应的详细监测方法。除了主要污染物外，还有许多其他污染物并未列入，同时针对不同功能空间的具体控制需求还有待进一步研究。

1.4.4　机制三：身体感知、行为与认知

现代建筑环境调控对身体的考虑主要聚焦在健康与舒适层面，而健康、舒适与其他身体感知之间有密切关联，并且与行为层面、认知层面也不可分割，如图1-14所示，“环境-建筑-身体”互动包括感知层、行为层与认知层的身体互动。

1. 身体知觉系统

根据接收信息的类别，人类的各种感觉被划分成五种知觉系统。具体来说，五种知觉系统与建筑、环境的联系包括以下几个方面。

（1）基本方位系统：根据吉布森对人类在环境中导向行为的层级划分，基本方位系统属于第一层级的知觉，指的是人类对地球的知觉，与重力和支撑面相关，可以被认为是最本质的“空间感知”，是身体感知建筑方位与空间的基础。它被认为是所有其他知觉系统的基础，并常与其他知觉产生复合作用。它的主要方位包括重力方向，还有对支撑面的感知。

（2）视觉系统：基于视觉系统对光信息的捕获，视觉的作用被归纳为以下三种：①探测周围环

境的布局，包括天与地的分隔、环境的总体特征以及环境里的物体；②探测变化或连续事件，比如昼夜变化、物体运动；③探测并且控制移动，引导身体的移动且给予反馈。

（3）触觉系统：吉布森将触觉系统（haptic system）定义为“人通过使用身体对周围世界的感知力”，获得的信息不仅关乎环境，也关乎身体。触觉系统可以进一步分为五个子系统，并且它们之间可以形成复合关系，具体包括：①皮肤接触：这属于被动接触，刺激来源包括皮肤受到的压力。②探索式接触：通过主动触摸形成对环境的感知，可以感知到物体的几何特征、表面特征（纹理、粗糙度或光滑度）以及材料特征（质量、坚硬度等）。③动态接触：在主动探索式接触基础上，还涉及来自肌肉的非空间输入，比如举起物品的动作，能进一步获取物体的材料特质。④温度接触：对温度的感知系统可以被划分成两部分，一个是皮肤接触，另一个是来自非直接接触的其他物体的传递，与身体的温度调节系统相关。从能量传递的角度看，其他物体通过传导直接与皮肤产生热交换属于第一种类型，来自太阳或环境中其他有温度的物体通过对流或辐射与皮肤产生热交换则属于第二种类型，外界温度刺激被分布于皮肤中的传感器接收，然后传递给体温调节中枢。在这些过程中，有效的刺激并不是热流本身，而是最终能量传递的方向。⑤疼痛接触：它不仅产生感觉，更常伴随着情感与动机，并引发行为。

在以视觉为主导的感知系统中，触觉的作用常被低估。首先触觉系统的感受器遍布全身，并且类型丰富，因此整体的功能较为复杂。其次是触觉系统包含主动部分，与人的行为紧密相关，因此是研究人与环境之间互动的基础感知。最后，将触觉系统理论应用到建筑领域中，正如帕拉斯玛在《肌肤之目》中所强调的要重视触觉在建筑体验中的作用，触觉系统与人对形式、材料等物质特性的认知紧密相关，同时也是人对温度等非实体的环境要素感知的基础。

（4）听觉系统：建筑中对声音的考虑一般包括以下几个角度，首先是人的基本健康舒适角度，主要关注对来源于城市或建筑内产生的噪声进行处理；其次是建筑功能角度，对空间声环境的设计需要足以支持人们的办公、会议、演讲等活动；最后在精神愉悦层面上，考虑人的亲生物性，在建筑中引入并强化自然或其他令人愉悦的声音。

（5）味觉-嗅觉系统：嗅觉的产生源于对鼻腔上端嗅膜细胞的刺激，空气中的物质通过气流被带到膜上，这些化学感受器连接到嗅觉神经。而味觉依赖于对舌头和嘴中味蕾的刺激，溶剂通过在唾液中的扩散进入味蕾，这些化学受体连接到更为复杂的神经中。环境要素中的空气中包含物质扩散，这些物质随着呼吸进入人体，可能产生嗅觉，由此气味被人感知，带来正面或负面的感受。

2. 身体意象与空间识别

身体意象最早由精神分析学家保罗·希尔德（Paul Schilder）提出，经过发展后被定义为：人对自己身体的认知。这里的认知内容被拓展后包括身体审美、尺度、感知、接受度等，而最基础的为人对自己身体边界及各个身体部位的认知，主要通过知觉系统中的触觉完成。人对自己身体的基本认知，是理解空间抽象概念的基础。如图1-17所示，其中有三个身体与空间共通的概念：

（1）边界：边界概念可被运用于不同层级的系统中，由小至大包括身体、空间、建筑、建成环境乃至地球。边界区分出了系统的内部与外部环境，对于处于建筑内的身体而言，建筑元素即为身体的外部环境组成，建筑的边界可以被视为身体边界的延展。建筑边界与身体之间的不同状态，比如分离或包含、强化、倾斜、挤压等，身体会感受到建筑边界带来的不同感受。

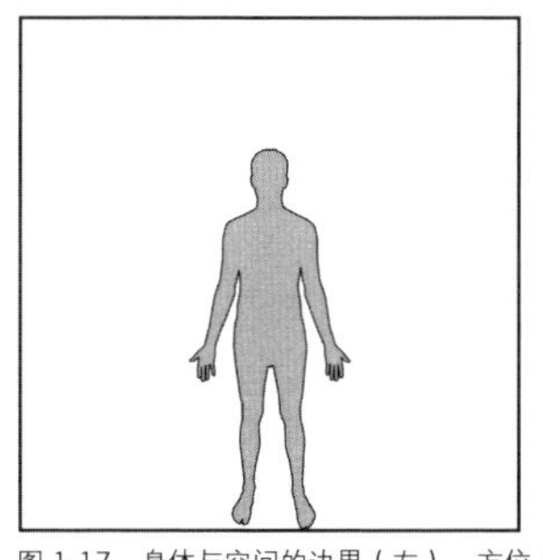
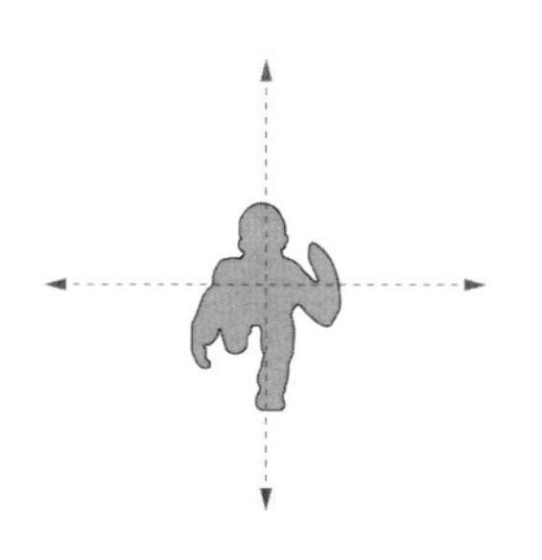
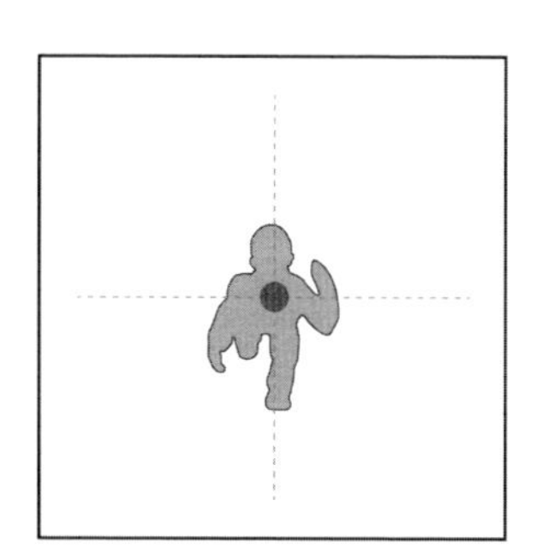

图 1-17　身体与空间的边界（左），方位（中），中心（右）

（2）方位：人的身体是非均质、非完全对称的，人对不同身体部位的识别，是人对空间不同方位进行识别的基础，对应身体知觉系统中的“基本方位系统”。对不同方位进行识别的前提是空间特征在空间与时间尺度上的各向异性与异质性，这里的特征包括空间中可被感知的各种要素，比如视觉可见的形式、光影，或不可见的冷热感知等。

（3）中心：身体意象的中心为人体心脏，这是从生命有机体的功能特征出发而决定，而非仅从身体几何出发选择形体中心。类似地，人们识别的空间中心不仅是从物理几何上决定，而更是从空间中的功能与活动出发，将空间中的聚焦场所识别为中心。因此，空间的中心往往也是身体感知层和行为层的中心。

3. 感知、行为、认知层的热互动

基于身体意象与空间识别共同的边界、方位与中心三个概念，可以将环境-建筑-身体之间的互动投射到三个共通概念中，如图1-18所示，分别在感知层、行为层与认知层上进行展开。

（1）包裹感与边界感：对空间边界的识别与身体对空间尺度的感知紧密相关，而空间尺度的大小对身体整体感知有加强或减弱的影响，比如当身体与小尺度空间形成密切互动时，身体在空间中的知觉体验将得到加强；当空间边界形成一种推力时，会使人感受到空间的动势，可对人的运动产生影响；当人识别出空间边界，认识到自己处于建筑内部时，会产生一种建筑的栖居感与庇护感。

（2）动态感知：身体与空间的方位则与建筑环境元素的异质性相关，对应身体的感知与行为的变化性，先是动态感知，即感知与行为在时间、空间上的变化，在时间维度上对应昼夜或季节性的变化，打破稳态的热环境；在空间维度上对应非均质的热环境，则随着人在空间中位置的变化，可以感

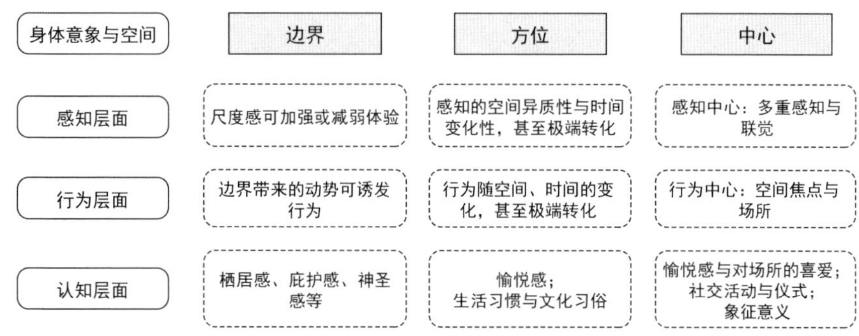

图 1-18　环境 - 建筑 - 身体互动的三个层次：感知、行为与认知

受到变化的体验。从身体舒适的角度来看，非稳态的热环境对身体形成适度的刺激，人通过调整新陈代谢率、改变肌肉活动状态、调整散热率等方式，提高了身体对热环境的调节性与适应性，有益于身体的健康。动态感知打破了热环境的中性状态，回应了前文归纳的建筑环境中的身体性问题——减少稳态，增加差异性。

法国神经生物学家简·文森特（Jean-Didier Vincent）认为稳态的生理学模型将热力学互动限制在了被动式的生物生理稳态机制中，而真实情况其实远离平衡态，在时间、空间维度上的动态变化环境对身体感知产生丰富的影响。环境的差异性利于强化感知，人们在运动中选择适宜的环境进行活动，促进人对空间产生愉悦感，比如人们在盛夏的林荫道下步行，光影交替的变化带来生动感，刺激身体不断调节以获得舒适感，同时产生愉悦感。

除了提高舒适度与热愉悦感，动态感知与身体行为相关。比如人在住所中的昼夜或季节“迁徙”，夏季白天时人们在底层阴凉的室内活动，晚上则出到庭院或屋顶上感受凉爽，这与建筑材料及空间的周期性蓄热、放热有关。对于不同地区而言，热环境的特质塑造了人们独特的生活习惯，比如寒冷气候中人们习惯借助家具进行各种活动，而炎热地区人们常在地面进行日常居家、社交甚至宗教活动。规律性的活动空间变化甚至成为社会文化中的一部分，比如地中海地区夏季夜晚的城市广场成为社交场所，随之衍生出啤酒节等文化活动。

（3）极端感知变化：除了环境的梯度渐变，人们有时还会寻求环境的极端变化，以获得独特的感知体验。比如在寒冷地区，人们喜欢在极冷的自然环境与极热的浴池这两种环境中转化，比如芬兰人的传统桑拿，还有中国东北地区人们钟爱的泡澡文化等。这种极冷感与极热感的变化，增强了身体的适应性，利于人体健康，同时在精神层面也为人们带来愉悦感。这主要有两方面原因：一是从心理学的角度，人们在两种极端环境的变化中仍能保持健康状态，带来了安全感；二是两种极端环境的体验互相增强，放大了人的知觉体验。

（4）多重感知与场所：身体与空间的中心则对应着感知与行为中心。感知中心意味着在环境中的身体同时产生多重感知，甚至多种感知之间产生联觉。冷热感觉，难以像视觉或听觉那样从整体体验中分离出来，而且没法通过意识而停止冷热感知，它实际上是在内在层面与身体的其他感知联结在一起的。虽然热觉无法像听觉或味觉一般提供高度分化的信息，但人能持续地感受到身体与外部环境之间的热流，这也是一种信息，为所有其他体验提供了一个基本的背景。

建筑环境学家赫舍较早将身体与周围环境间的热反应互动拓展作为建筑里的表达元素。甚至可以更进一步地说，从身体出发的设计所拥有的潜力不在于被动式建筑，而在于可诱发多种感知体验与意识心理反应的热力学互动，拓展了先前以视觉占主导的建筑感知体验。多重感知被一些建筑师作为设计语汇运用在建筑实践中，比如斯蒂文·霍尔、卒姆托等，将温度、空气、光、材料等感知要素作为空间设计的重要考量，从视觉美学扩展到多重感知的美学。卒姆托在瓦尔斯温泉浴场的设计中，充分调动了人的多种感官，比如被光影切割的空间、氤氲的氛围、皮肤对热水与蒸汽的触感、水与材质撞击发出的声音等，而这些与整个温泉浴场对环境性能的设计息息相关，体现在结构、材料层面的设计策略上，形成了从物理维度到精神维度的协同。

要注意，其他感知与冷热感的同时出现，会进一步冷热感知，即产生联觉作用。比如一些轻盈的声音比如风铃、水声等会加强冷感；而柔软的材质、温暖的颜色等会增强热感。多重感知会加强身体的冷热感知，增强人们对于空间热品质的意识，有利于塑造空间中的场所。以中东干旱地区为例，住宅建筑内常带露天庭院，布置有绿植、喷泉，庭院通过形体自遮阳调节了热环境，绿植、喷泉的蒸发作用可对炎热空气进行降温，伴随着花的芳香与鸟鸣声，而这些元素的组合带来了视觉、热感觉及听觉方面的刺激，形成了丰富的、诗意的栖息空间。21世纪以来，越来越多研究者在建筑室内环境领域探究多种感觉之间的交叉影响，量化探究热舒适度、听觉舒适度、视觉舒适度与室内环境综合舒适度之间的影响。

综上，基于身体与建筑、环境之间的热力学互动，以光热感知为主导的性能设计策略往往可以与其他感知结合起来，形成“身体多重感知设计工具箱”。环境调控过程涉及对环境参数的调整，如空气温度、相对湿度、风速等，这些参数本身即是微气候的性质，它们的改变不仅影响了身体生理层面的感知，还能通过神经生物学过程引发人特定的体验与行为。

第 2 章

工具平台——关于环境与身体的模拟与实测

2.1 物理基础：分类与原型

要确定建筑环境性能设计要素，首先从物理基础出发，对气候环境特征、身体需求进行分析，以确定建筑环境性能目标。一个地区的气候特征具有一定的恒定性，通常认为可以以30年为一个时间周期来描述一个地区的气候特征。基于按气候特征进行的分类方法，某一地区人的舒适需求与采用生物气候方法的地域建筑类型也能进行相应归类，有利于确定环境调控的性能目标。

2.1.1 气候分类方法

相比于较为复杂的柯本气候分类法，为了便于分析气候特征与建筑设计之间的关联，通常采用更为简化的气候分类方式。比如英国学者斯欧克莱（B.V.Szokolay）在《建筑环境科学手册》中提出了四种主要气候类型：湿热气候、干热气候、温和气候与寒冷气候[1]。这四种气候的分类主要依据空气温度、湿度与太阳辐射，可基本概括全球范围内的气候环境。

（1）湿热气候区的气候特征为：全年高温、高湿，年均气温在18℃以上，气温日较差和年较差较小，相对湿度≥80%，年降水量≥750mm，太阳辐射强，典型包括赤道附近的东南亚地区。

（2）干热气候区则是全年太阳辐射极强、有眩光，温度较高（20～40℃），但气温日较差、年较差很大，夏季白天较为炎热，降水较少、湿度较低，多有风沙，以中东地区为典型。

（3）温和气候区往往夏热冬冷、春秋温和，全年有较明显的季节性温度波动，月平均温度最冷可至－15℃左右，最热月则可高至25℃左右，主要包括温带地区。

（4）寒冷气候区则基本全年较严寒，大部分月平均温度低于－15℃，气温日较差较大，主要包括北纬45° 以北的地区。

将我国建筑气候分区与全球范围的斯欧克莱气候分类进行对比，可以发现二者具有较强的关联性，对应各气候区的总体气候策略具有一定共通性。

2.1.2 环境调控模式分类

针对具有特定特征的气候状况，建筑在适应环境的过程中，逐渐发展出特定的环境调控模式。根据调控手段的不同，学者们发展出许多方法对建筑环境调控模式进行分类。比如班纳姆在20世纪60年代创新性地界定了三种环境调控模式，分别对应不同的气候特征采取形式、材料和能源方面的策略。

保温模式的形式特点是使用厚墙，为高热质（thermal mass），具有热滞后性。比如在属于寒冷气候的欧洲地区，附有壁炉、壁炉腔、烟囱的石质重质建筑则属于此类。蓄热体在白天火燃烧的时候

1 Szokolay S. Introduction to Architectural Science: The Basis of Sustainable Design. London: Routledge, 2014.

储存能量，在晚上熄火且寒冷时缓慢地散发热量到房内。与之类似，在热气候中，白天可以储存来自外部的热量，减缓室内变热的速度，在日落后，通过辐射将热量传递到室内，调节夜晚的降温。包括使用玻璃，将光、热调控区分，允许光进入，但减少热量进入，类似的热储存效果在温室中也常被使用，这些都属于保温模式。

选择模式的特点是与外界环境的关系更为紧密，同时也需要应对室外气候不断变化的情况而进行调试，将室内不适宜的情况“驱出外部”，将外部宜人环境引入室内，通常使用开敞的围护结构，强调自然通风。

再生模式与其他两种模式的关系，严格来说，不是并列关系。它强调通过使用能源，对以上两种调控模式进行“强化”，提升调控的能力。利用的能源包括燃料的燃烧，或是人类、动物肌肉力量。西方谚语“Hearth and Home（壁炉与家）”则展示了再生模式与其他模式之间的互补关系。这三种模式在建筑中不应该被过于严格地区分，因为在现代再生模式的技术进步下，混合模式成为发展趋势。

2.1.3 热力学建筑原型分类

在建筑环境调控模式的分类基础上，将视角转换到对应的建筑形式策略上，这引起了热力学建筑理论中对建筑原型的关注。路易斯·加利诺（Luis Fernandez Galiano）在《火与记忆：关于建筑与能量》中提出了“燃烧”还是“建造”的问题，概括了最初建筑的两种环境调控策略——将木头用于帐篷建造，遮风避雨，或是将木头燃烧以获得直接的热量。这两种并行的模式随着建筑的不断发展也一直存在，成为建筑“内部”的核心内涵之一。与之对应，阿巴罗斯将“燃烧或建造”的模式延展到了建筑对待室内外环境的方式上，结合热力学系统中对“源”（source）与“库”（sink）的分类，提出了最基础的热力学建筑原型——热源（thermal source）与热库（thermal sink）。

“热源”对应火炉燃烧的策略，意为能量生产的空间。此类建筑原型适用于寒冷气候，与外界的空气环境较为隔离以防止低温空气、寒风侵入，但同时需要尽量收集太阳辐射用于室内增热。但仅有太阳辐射远不足以提供令人满意的热环境，需要在建筑内部通过“源”的使用产生热量，依托的人工技术包括传统的火炉、到现代的辐射或对流供暖系统等。其建筑形式特征与班纳姆提出的“保温模式”具有一定相似性，包括紧凑的体形、蓄热体与热滞后性的利用、传导和辐射热传递为主的策略等。此类原型包括温室，以玻璃体结构结合室内技术控制手段，实现更人工化的室内环境调控。

“热库”对应建造策略，意为能量存储和耗散的空间。此类建筑原型主要对应热带、亚热带炎热气候环境，室外的热量不可避免地进入建筑内部，因此建筑成为“库”，需要进行散热以减小外部环境带来的不利影响。建筑不像“热源”是一个厚重的实体，而是开敞的、多孔的结构，与外界气候环境关系更为紧密，类似班纳姆提出的“选择模式”。同时阿巴罗斯强调，“热库”建筑原型的形式策略更能调动多感官的体验，其往往含有庭院、水池等建筑元素，以一种更自然的状态被组织起来。

在“热源”与“热库”的分类下，可以从地域性建筑中提取出更多的热力学建筑原型，其历史最早可以溯源到原始时期，比较典型的原型包括洞穴、遮阳棚、穹顶、热池、风道、暖炕等，这些原型将特定的气候特征与基于功能的需求相结合，受到技术、文化、社会等因素的影响而发展形成（表 2-1）。

表 2-1　热力学建筑原型

热力学建筑原型	类型	图示	分析
遮阳棚	热库，湿热气候		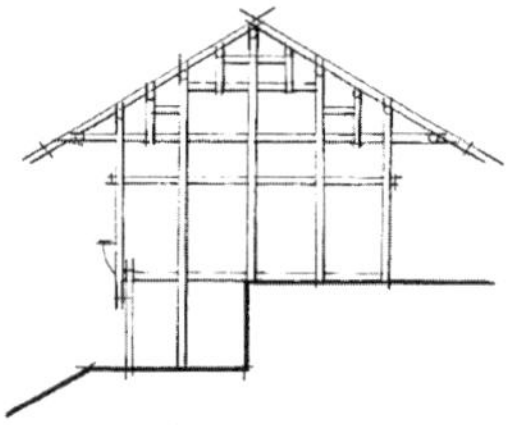
捕风塔	热库，干热气候		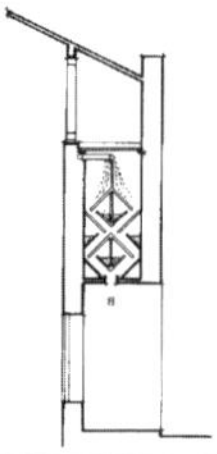
热池	热源，寒冷气候或温和气候寒冷季节		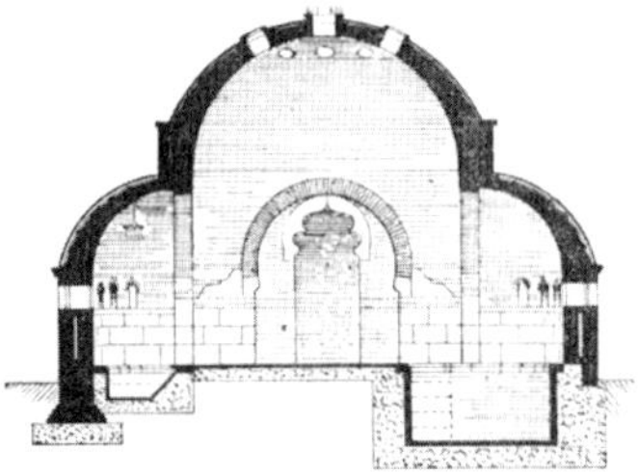
温室	热源，寒冷气候或温和气候寒冷季节		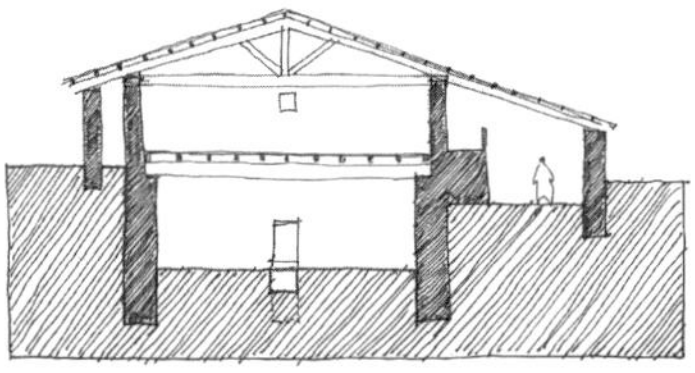

（1）遮阳棚往往对应湿热气候，为热库，使用“选择模式”。强调屋顶对太阳辐射的遮挡，同时对降水进行疏导，外围护结构较为开敞，以促进通风。由于降低湿度往往是此气候条件下的关键性能目标，常见抬高地面或架空层等形式。此类型典例包括我国南部的吊脚楼民居、东南亚传统院落民居等。

（2）捕风塔对应干热气候，为热库，使用“保温模式”防止得热。其特点为利用风道的设计，加强风压通风，并且结合室内中庭的设计促进热压通风，将新风引入室内，以达到降低热感觉、提升空气质量的性能目标。在材料运用方面，通常结合“保温模式”的高热质策略。此类型在阿拉伯地区较为常见。

（3）热池、暖炕对应寒冷气候或温和气候的寒冬时节，为热源，属于“再生模式”，使用热水或火炕增加室内热量获得。这种原型往往含有与建筑结构整合的供热系统，比如古罗马浴场中极具开创性的热炕系统（Hypocaust）、中国东北地区民居中的炕等。

（4）温室同样对应寒冷气候或温和气候的寒冬时节，侧重“保温模式”与“再生模式”的结合。通过高热质的围护结构与外界的寒冷环境隔离，同时注重对太阳辐射的利用。与之类似，洞穴、穹顶类型也属于“保温模式”，比如爱斯基摩人的冰屋、北欧的石质房屋等。

2.2 方法提取：层级和参数

2.2.1 性能设计方法层级

建筑环境性能设计的本质就是设计建筑如何影响身体与环境之间的热力学互动，形成三者的联结，这个过程确定了能量流动与转换的层级，以及与之耦合的物质循环。基于身体与建筑、外部环境在空间上的关系，性能策略在空间尺度上被分为五个类别。

首先是场地尺度，场地的环境及资源对建筑的环境调控方式有极其重要的影响，比如考虑是否存在丰富的太阳能、地热能或风能等可再生能源可以进行利用？并且需要着重考虑建筑在场地中的选址与地形的适配度，对植物、水源的利用。当场地中建筑以组团方式存在时，需要考虑组团的布局、密度、建筑之间的位置关系等。建筑在场地上对微气候的调控可以直接影响在建筑周围或者半开放空间中的人，因此在身体与环境的相互作用之间，作为场地的建筑是第一层调节介质，不仅影响建筑围护结构之外的环境状态，同时也调控内部环境的初始态。

其次是建筑单体层面的建筑体形，关注建筑体量对环境性能的影响，涉及体量抽象成立方体之后的长、宽、高等参数，以及朝向；比如零散或紧凑的体量与建筑的散热能力相关，相关参数包括建筑与外部环境接触的外表面积与建筑体量体积的关系等。同时需要考虑在抽象立方体之后对形态的细化，从阳光照射与主导风向的角度出发，考虑形体自遮阳以及利用形体形成风压差、促进通风等。

再次是作为性能策略的第三层调节位于建筑内部——建筑空间，即被包裹、被遮蔽、与外界有明显气候边界的空间内，包括庭院空间、热缓冲空间的布置，不同空间的协同组织，中庭与烟囱的设置等。由于可以直接调控身体周围的环境，常常具有更小尺度、更精细化的调节方式，所以这一尺度的策略往往与冷热源利用策略结合。

然后是建筑界面与材料，外部气候与建筑在界面层面直接发生互动，包括建筑的围护结构以及立面的开洞状态、材料运用、遮阳设计等，相关设计变量包括窗墙比、开洞位置、材料光热性能等。这一个调节层是能量从外部环境进入内部的通道，直接控制着这个过程中能量与物质发生的变化，并且也可以直接影响到身体。

最后一个层面为冷热源的利用，包括采用被动式方法或需要借助人工主动方式对场地中的资源进行采集、转化与利用，比如太阳能、风能、地热能等。比如建筑对地热能影响下形成的温泉直接利用、或通过泵机进行利用，抑或是建筑通过与土壤接触提高热惰性、或通过毛细管将空气与土壤换热进行冷却。值得注意的是，此层面的策略往往与其他策略结合使用，就如同班纳姆认为“再生模式”是对保温、选择模式的升级一样，比如地源热泵系统对水进行加热后可与围护结构蓄热体结合，太阳能加热空气后促进烟囱排风等。

2.2.2 建筑性能目标确定

从身体与周围环境的热力学互动出发，并且基于前文对“环境-建筑-身体”互动中环境要素的分析，本书提取出7个环境参数，分别与身体对光的感知、身体通过辐射散热、蒸发散热、对流散热以调控热感知和热舒适，以及空气质量与健康有关（表2-2）。

这7个环境参数为照度I、太阳辐射温度T_{SW}、长波辐射温度T_{LW}、相对湿度RH、空气温度T_a、空气流速v、空气排放物浓度c。与身体辐射散热相关的平均辐射温度被进一步区分为短波波段辐射温度T_{SW}与长波波段辐射温度T_{LW}，这种分类方式与对辐射源的分类相关，二者分别对应来自太阳的辐射或来自周围任何有温度物体的辐射，则这两个环境参数参与的热力学互动过程并不相同，有必要作区分，而之前的许多研究常用整体的辐射温度作替代，忽略了辐射热传递对环境调控的影响潜力。

表 2-2　环境参数与相应的性能目标

<table>
<tr><th>身体互动</th><th>环境参数</th><th>来源</th><th colspan="2">环境性能目标</th></tr>
<tr><td>光感知 D</td><td>照度 I</td><td>短波 / 太阳辐射可见光波段</td><td>增加采光（+）
减少采光（-）</td><td>D+ 对应 I+</td></tr>
<tr><td rowspan="2">辐射散热 R</td><td>太阳辐射温度 T_{SW}</td><td>短波 / 太阳辐射近红外线波</td><td>增加短波辐射得热（+）
减少短波辐射得热（-）</td><td rowspan="2">R+ 对应 T_{SW}-，T_{LW}-</td></tr>
<tr><td>长波辐射温度 T_{LW}</td><td>任何有温度物体</td><td>增加长波辐射得热（+）
减少长波辐射得热（-）</td></tr>
<tr><td rowspan="4">蒸发散热 E {相对湿度 RH、空气温度 T_a}
对流散热 C {空气温度 T_a、空气流速 v}
空气质量与健康 Q {空气流速 v、空气排放物浓度 c}</td><td>相对湿度 RH</td><td>水的相变</td><td>空气加湿（+）
空气除湿（-）</td><td rowspan="4">E+ 对应 RH-，T_a-
C+ 对应 T_a-，v+
Q+ 对应 v+，c-</td></tr>
<tr><td>空气温度 T_a</td><td>与物体表面对流换热</td><td>增加得热（+）
减少得热（-）</td></tr>
<tr><td>空气流速 v</td><td>热压 / 风压</td><td>促进通风（+）
加强防风（-）</td></tr>
<tr><td>空气排放物浓度 c</td><td>排放源与生物地球化学循环</td><td>增加浓度（+）
减小浓度（-）</td></tr>
</table>

一些环境参数参与不止一个环境、建筑、身体间的热力学互动过程。比如空气温度T_a，影响身体的蒸发散热以及对流散热过程，并且与散热量呈负相关，即空气温度T_a越高，蒸发散热、对流散热量越少。还有空气流速v，是决定身体对流散热量及室内通风情况的重要参数，空气流速v越大，对流散热量越大，空气换气速度越快、空气质量越高。这7个环境参数的变化对应不同的环境性能目标，然而可能出现两个环境性能目标存在矛盾的情况，比如寒冷季节需要减少身体对流散热以保暖，需要降低v，而同时室内换气受到阻碍，则需要根据多个性能目标需求，选择相应的策略。

基于以上提取的环境参数，分析不同气候特征下建筑的环境性能目标，是进一步对建筑环境性能设计策略进行归纳的重要基础。环境性能目标的确定与天气状况的变动十分相关，考虑到建筑环境调控策略的时间尺度往往需要数十年，因此需要主要考虑当地气候的典型特征，并适当考虑极端情况，以此确定具体的环境性能目标。这个目标的确定与地理位置具有极高敏感性，即使同在一个气候区，建筑的环境性能目标也有可能存在区别。以前文中对全球气候区分的四种类型为例，可以归纳各气候区的环境性能目标，具有较高的普遍性，对该气候区的建筑具有一定参考价值，尤其是在初期设计阶段。

2.2.3 性能设计策略归纳

从环境参数出发，可以根据环境性能目标对应相应的性能策略。基于前文提出的7个环境参数，即照度I、太阳辐射温度T_{SW}、长波辐射温度T_{LW}、相对湿度RH、空气温度T_a、空气流速v、空气排放物浓度c，具体归纳各个参数增加或减少的调控策略，并且结合前文中对性能设计方法划分的五个层级，将单个参数的主要影响因素、不同层级的合集策略进行梳理，如表2-3所示。

在对建筑的性能目标进行分析时，需要考虑的目标不只与单一环境参数相关，而是与多个参数的共同作用相关。在这个过程中，各个单一参数的策略之间存在关联性，需要在复合目标的基础上进行策略确定（表2-4）。几组需要共同考虑的环境参数有如下方面。

1. 照度I、太阳辐射温度T_{SW}

二者来源皆为太阳辐射，照度影响光环境与视觉感知，太阳辐射温度则影响热环境与热感知。在大多数时候，比如炎热地区，往往存在强烈太阳辐射，易产生眩光，同时太阳辐射引起高温热感，那么对照度与太阳辐射温度的调控方向皆为降低；反之，在寒冷气候区，照度与太阳辐射温度皆需增加，在这种情形下，可以耦合对这两个参数的调控。然而存在二者调控目标不一致的情况，比如在寒冷地区需要增加热辐射获取，但由于空间功能的限定，使用者对光环境的照度需求较低、或对眩光较敏感，则出现“照度I-，太阳辐射温度T_{SW}+”的复合目标。

2. 长波辐射温度T_{LW}、相对湿度RH

身体与周围环境的长波辐射热交换主要取决于环境与身体的温度差异，而周围环境的表面温度大多受到太阳辐射的影响，物体界面直接吸收太阳辐射后升温，热量通过传导传递到内界面，或是被旁边其他已升温界面通过辐射加热而升温，因此长波辐射温度与短波辐射温度具有较高的关联度。

在与外界较为连通的环境调控模式（选择模式）下，建筑内界面的温度主要与太阳辐射相关；而通过技术手段对建筑内界面进行温度调控、以增强与身体辐射热交换的策略，并不是在现代才出

表 2-3 环境参数单目标调控策略

环境参数	相关设计参数	单一环境参数调控策略	
太阳辐射可见光波段 I	建筑体形、开口等几何形体与太阳轨道、身体的相对位置关系，界面材料反射率与透过率（分别针对可见光、近红外波段）	I+：增加自然光	I-：遮挡自然光
太阳辐射近红外线波段 T_{SW}		T_{SW}+：增加太阳辐射	T_{SW}-：遮挡太阳辐射
长波辐射 T_{LW}	室内表面温度，几何形体与身体相对的角系数	T_{LW}+：1) 蓄热材料吸收太阳辐射后释放 2) 辅助能源使物体表面升温，比如壁炉、辐射系统	T_{LW}-：1) 减少蓄热材料对太阳辐射的吸收 2) 辅助能源使物体表面降温，比如辐射冷却系统
相对湿度 RH	水源与空气中的水蒸气含量	RH+：水源 / 植物的蒸发	RH-：远离水源，防潮围护结构，机械除湿及沉降除湿
空气温度 T_a	室内表面温度，空气流速，入风口位置及气流走向	T_a+：引入热气流（室外或机械）；室内热表面换热	T_a-：引入冷气流（室外或机械）；室内冷表面换热
空气流速 v	室外风速，风压差，热压差	v+：基于气流矢量参数的导风形体设计；机械换气	v-：基于气流矢量参数的阻风形体设计
空气排放物浓度 c	排放源浓度，空气流速	/	c-：增加（自然或机械）换气次数；污染物过滤或清除

表 2-4 复合环境参数调控策略

	第一组复合参数	叠加第二组复合参数	叠加第三组复合参数
1	I-,T_{SW}-：减少太阳光热获得	T_{LW}-, RH-：蒸发冷却作用有限，界面减少蓄热、降低表面温度促进辐射冷却，辅助除湿系统	T_a-,v+, c-：自然通风，机械送风，同时降温与提升空气质量
2	I+,T_{SW}-：太阳光热分开调控，针对不同波段选择性透过的界面	T_{LW}-, RH+：水源、植物蒸发冷却，降低界面温度促进辐射冷却	
3	I+,T_{SW}+：增加太阳光热获得	T_{LW}+, RH-：增加蓄热材料对太阳能或其他热源的吸收并释放	T_a+,v+, c-：自然风温度较低不利于供暖，辅助机械送风与清洁系统提升空气质量
4	I-,T_{SW}+：太阳光热分开调控	T_{LW}+, RH+：增加蓄热材料对太阳能或其他热源的吸收并释放；低温热水辐射供暖系统	

现，而是属于传统地域建筑的“再生模式”调控策略，被基尔・莫称为“建筑热主动界面（thermally active surfaces）”。

基于热辐射的环境调控与身体感知策略最早可以追溯到公元前700年左右出现在中国的炕。这是一种结合了火灶、烟道系统与建筑结构的加热系统，利用烹饪产生废热加热建筑结构，再通过辐射热交换加热身体。最初形式为置于住宅正中央的单烟道结构，之后的两千多年中在技术发展、房间功能布局、人生活习惯的影响下，演变出了多种形式与变体。例如朝鲜族房屋中使用的温突（ondol），将起居室抬起至与邻屋的灶台、火炉齐高，起居室底下的烟道可使源于灶台的热烟气加热起居室地板，而后通过烟囱排出烟气。

在世界范围内，基于辐射的建筑热主动界面在多处出现。比如属于“热池”原型的古罗马浴场及其内的地下热炕结构（hypocaust），通过地板夹层的烟道与墙壁间的通气管道，使火炉产生的热气不仅加热了浴池，还加热了整栋建筑。到了中世纪，北欧也出现了一系列结合火炉与石质结构的建筑原型，将热对流与热辐射策略结合，使用较低的辐射温度在寒冷时节提升热舒适度。德国夯土专家马丁・劳施（Martin Rausch）还尝试将预制夯土板用作带热气体管道的蓄热体。

到了18、19世纪，蒸汽机、蒸汽管道与热水系统的利用促进了热主动界面在建筑中的应用。到了20世纪，以水而非气体为介质的热辐射系统得到较大发展，亚瑟・贝克（Arthur Barker）制造出了埋藏在混凝土楼板和吊顶中的金属管道，可以输送热水，将建筑结构变成热主动界面，形成基于水的辐射供热系统。建筑师赖特设计的多个住宅较早地尝试了辐射系统与建筑结构、建筑空间内火炉的结合，比如雅各布住宅（Jacob House）。赖特从经济成本与美学的角度考虑，想要在“美国风”住宅中消除常规的机械辐射器，由此他通过利用具有较高热扩散性的混凝土楼板、交叉层压木墙与石质壁炉，并结合建筑朝向、平面布置对太阳辐射进行最佳利用，将建构策略与环境调控合为一体，把整个建筑体量变成了热辐射器，通过大量的热响应表面与位于室内的身体进行辐射。冬天开启热水系统向身体传热，夏天关闭系统，由于这些结构良好的蓄热性能可以吸收身体辐射的热量，从而达到舒适状态。

到了21世纪，随着学界对平均辐射温度的进一步探索，人们越来越关注热辐射系统在为人们提供热感觉、热舒适的优势；同时，热辐射系统将空气调节与热环境调节得以分开调控，增强了自然通风等新风策略的运用，而不会导致热舒适度下降、能耗增加。

在考虑热辐射交换的设计中，长波辐射温度T_{LW}与相对湿度RH为重要参数，长波辐射温度的增减决定了辐射源是热源还是冷源，而相对湿度则影响了辐射热交换的潜力。对于需要降低相对湿度这一目标，辐射热交换的能力有限，易产生结露等现象。

3. 空气温度T_a、空气流速v、空气排放物浓度c

促进通风往往是可以达到降低空气温度、增加空气流速、提升空气质量的目标，增强身体的蒸发散热与对流散热。但当需要减少散热时，比如寒冷季节，则需要辅助机械新风或清洁系统以提升空气质量。

2.2.4 性能设计策略创新

基于对现有设计方法的原型提取研究，可以发现对于一些复合环境性能目标的设计策略仍较缺乏，或受限于技术条件难以实施，因此本书将在性能策略归纳的基础上，选取以下几组性能目标进行策略提出、方法优化与适用性拓展方面的实验研究（图2-1）。

1. 长波辐射温度T_{LW}-、相对湿度RH-

湿度被班纳姆认为是必须借助再生模式策略才能解决的问题，使用被动式设计方法难以造成比较大的改善。在湿热气候区中，降低相对湿度、降低辐射温度是提升热舒适性的要求。基于辐射的冷却系统在能耗和舒适性上较基于对流的冷却设备更有优势，然而由于使用基于水的辐射冷却系统对空气相对湿度有限制，过高的相对湿度对应着较高的露点温度，则辐射界面无法降至低于露点温度，否则易产生冷凝，导致降温效果十分有限。这使得此策略在湿热气候下难以实施。因此针对此问题，提出一种基于膜的防冷凝辐射冷却系统，并在湿热气候区的新加坡进行实验研究。此辐射系统与建筑界面相结合，利于量化研究界面与人体的空间位置、人体相对界面的朝向等因素对身体感知的影响。

2. 照度I-、太阳辐射温度T_{SW}-

这一组复合环境性能目标较为普遍，在炎热气候地区常出现。然而在此性能目标下的不同层次的设计方法中，针对场地层次的策略相对较为薄弱。尤其针对建筑密度、街道高宽比、建筑外围护结构材料光热性质等设计变量，它们对建筑场地的热环境与热感知存在较大影响，其中由于界面反射而造成的辐照度增加常被低估。因此使用一种新型传感设备与模拟方法，结合在美国亚利桑那州凤凰城的实地数据收集，量化设计变量对于热环境的敏感度。

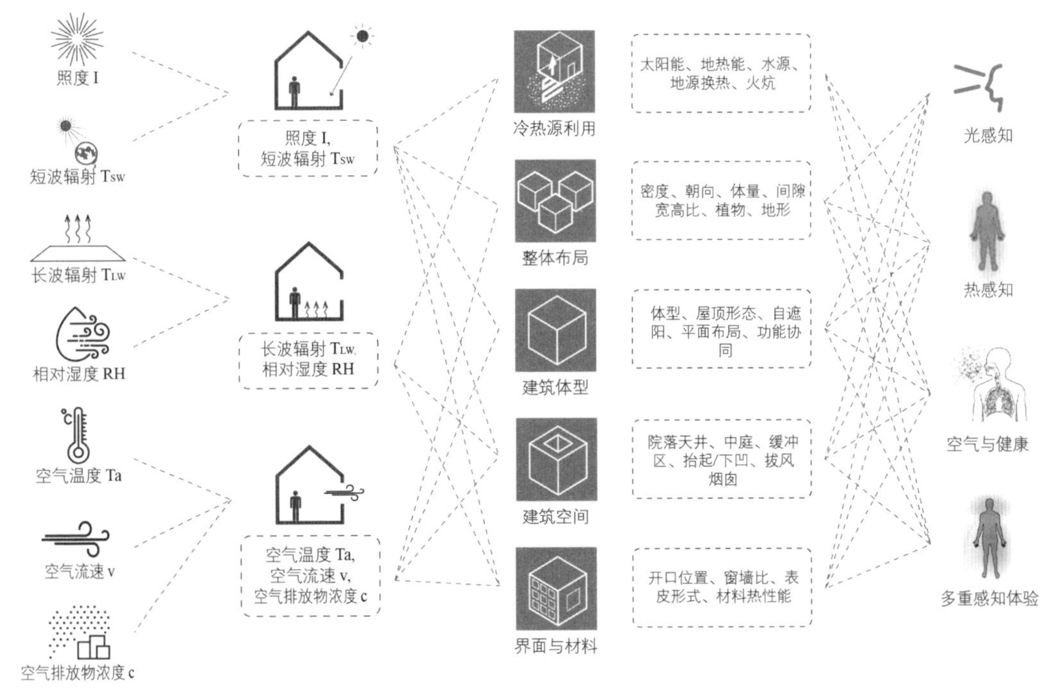

图 2-1　环境参数、复合目标、不同层级的性能策略与身体的互动

3. 照度*I*+/-、太阳辐射温度T_{SW}+/-

对于气候状况季节波动较大或日变化较大的区域，环境调控目标在增加与减小之间反复变化，因此需要考虑具备环境自适应性、可变性的性能策略。以温和气候为例，冬天寒冷，需要增加照度与太阳辐射温度，而夏天炎热，需要减弱照度与太阳辐射温度，以达到热舒适状态。因此提出一种气候自适应的动态表皮，通过现场实验对设计原型进行测试与优化。

2.3 环境与感知的模拟工具

性能设计策略的提出基于对环境要素的分析，以及对“环境-建筑-身体”具体互动的分析；而进一步对性能设计策略的适用性考量，需要将模拟工具与建筑参数化设计工具结合，搭建与数字时代建筑信息模型适配的“环境与感知数据采集-性能模拟-参数化设计集成平台”，以利于在设计初期进行迭代优化。一方面，这需要高性能技术及模拟、数据采集工具的同步更新，将建筑中的身体感知进行可视化呈现与量化分析，这是结合进入设计工作流的基础。另一方面，建筑性能所涵盖的广阔范畴需要适当的模拟分析工具对不同维度的性能进行综合优化，为设计方法的落地提供基础。

2.3.1 气象数据可视化

对应性能设计平台的第一步——系统要素研究与性能目标确定，需要先对气候环境特征进行分析，在这个过程中，气象数据可视化分析是重要的工具。将气象数据导入可视化软件后，可以运用不同模块对各环境参数进行分析。

气象数据以典型气象年（Typical Meteorological Years, TMY）的形式构成，文件格式根据发布机构不同区分为EPW, CWSD等。气象数据EPW文件包含一定时间范围内（如15年）选取出的典型年8760个小时的环境参数数值，包括空气温度、太阳辐射、湿度、风、天空状况等方面共29个参数，以及部分以月为单位呈现的参数，比如不同深度的地下土壤温度。气象数据EPW文件包里一般附带DDY, WEA, STAT等拓展文件，比如DDY文件包含设计工况，可以导出诸如全年最热周、最冷周的时间范围等数据，利于前期分析时确定相应的性能目标与身体舒适需求。

目前较为常用的一个气象数据可视化分析软件为2022年加州伯克利大学开发的网页版工具——CBE Clima Tool[1]，它的优点在于操作简单、方便快捷。另一个常用的气象数据可视化分析工具为La-

1 Betti G, Tartarini F, Schiavon S, et al. CBE Clima Tool. Version 0.4.6. Center for the Built Environment, University of California Berkeley, 2021.

dybug Tools（1.4.0版本）中的Ladybug模块，这个工具是一款插件，搭载在3D建模软件Rhino的参数化平台Grasshopper上[1]。此软件具备更全面的分析功能，采用编程式的操作方法能为使用者提供较大的自由度。因此本研究同时采用两种工具，主要对以下气候参数进行分析。

（1）空气温度：以时间为横轴、干球温度为纵轴，显示典型年全年365天的温度数据，可以得到全年气温波动图，每天的气温范围由柱形表示，其在垂直方向上的高度越大，则当天气温变化幅度越大，由此可以观察出气温日较差。每日数据的柱形图中由深红色横线标识出日平均气温，则全年每日平均气温的变化及年较差可通过红色折线清晰观察而出。同时CBE Clima Tool将根据ASHRAE标准界定的80%、90%舒适温度区间分别以浅灰色、深灰色标出，通过对比灰色区域与浅红色区域的重叠面积，大致对热环境的初始舒适度有所认知。为了对气温昼夜差有更清晰的分析，可使用横轴为频率，纵轴为气温，分别统计白天与夜晚的气温数据分布，并以虚线标示出中位数。

（2）空气湿度：相对湿度数据可视化图的横轴为全年365天，纵轴为全天24小时，以颜色深浅的方式来呈现相对湿度的高低，便于直观地观察出干湿时间段分布。与温度类似，可以对相对湿度进行昼夜分布统计。

（3）太阳辐射：Ladybug工具中含有太阳路径可视化与天空穹顶辐射分析等功能。根据气象数据中的经纬度确定地理位置，并且朝向角度在软件中可以调整，得到太阳轨迹图，可以确定某月某日某时刻的具体太阳位置（图2-2）。对于北半球而言，夏至（6月21日）左右太阳高度角最大，一般对应太阳轨迹图中最北的一条，且从早上到傍晚太阳位置在轨迹上由东向西移动。

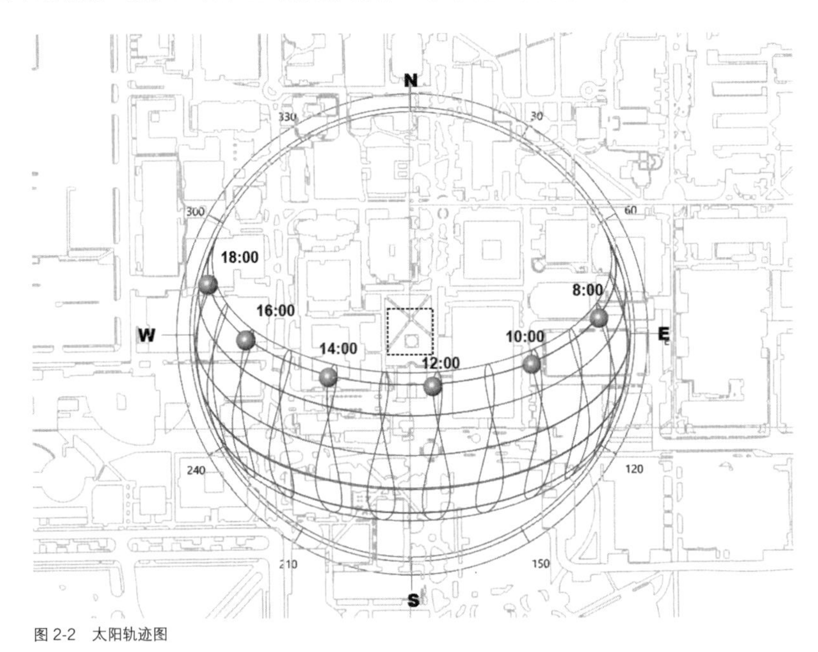

图 2-2　太阳轨迹图

1　Roudsari M S, Pak M, Smith A. Ladybug: a parametric environmental plugin for grasshopper to help designers create an environmentally-conscious design. In Proceedings of the 13th international IBPSA conference held in Lyon, France Aug. 2013, pp. 3128-3135.

在太阳辐射的计算模块中，软件采用特雷根扎天空穹顶模型（Tregenza sky model），将半球形的穹顶分为145块面，在导入气象数据中的法向直接辐照度（DNI）与水平面散射辐照度（DHI）后，可通过基于光线追踪的日光系数法模拟得出各块天空面的全年累计辐射值。

将得到的天空穹顶累计辐射图与太阳轨迹图叠加，可直观展示全年不同时刻的辐射强度及相对场地的光线入射方位，为建筑组团布局、建筑的朝向、形体遮阳等策略提供直接参考。还可比对各月的累计法向直接辐射、累计水平面散射辐射与水平面总辐射，法向直接辐射与太阳直射光线相关，而水平面散射辐射较高则需要注意建筑场地周边物体（地面、其他建筑、水面等）对太阳辐射的反射。

（4）风：风相关参数主要有全年8760个小时的风速和风向，通常以风玫瑰图的形式展示。在选取的时间段内，风玫瑰图显示各风向的频率，可确定此时间段内的主风向，同时可计算出相应期间的平均风速。一般除了选取全年为时间段之外，还可分别对夏季、冬季做分析，或基于DDY气象文件对当地气候的较热与较冷区间进行分析，从而确定对应时间段的通风散热或挡风策略。

（5）土壤温度：EPW气象数据文件提供了3种不同深度（0.5 m，2 m，4 m）的土壤温度，以1～12月的月平均温度形式呈现。一般来说土壤越深则全年温度变化幅度越小，在寒冷季节，0.5 m深度的土壤温度更低，4m处温度较高；在炎热季节则正好相反。此参数的分析可以为地热或地冷源相关性能策略的利用提供基础，比如干热气候利用土壤对气体进行降温，以及结合土壤增强围护结构的热惰性等；寒冷气候利用下凹空间进行保暖，或利用地热能进行加热等。

2.3.2 建筑光热环境模拟

本书采用Ladybug Tools（1.4.0版本）中的Honeybee模块对建筑光热环境进行模拟。Ladybug Tools工具包含多个模块，比如气象数据分析、光热环境模拟、流体力学模拟、城市热环境模拟等，其中的功能搭载在不同计算引擎上运行。因此可以将Grasshopper平台作为搭建“环境与感知数据采集-性能模拟-参数化设计集成平台”的基础。

1. 辐射模拟

对于辐射模拟，依托Honeybee中的辐射模块，以经验证的RADIANCE软件作为外接引擎，可对建筑室内任一工作平面的特定时刻辐照度或时间段累计辐射值进行模拟，计算光环境对应的照度（illuminance）及热环境对应的辐照度（irradiance）等参数。模拟过程包括以下几个步骤：① 几何模型准备，可以将Rhino中的几何文件直接导入或直接在Grasshopper中生成，然后分别设置各个几何面对应的类别（比如墙、窗或遮阳等）及材料辐射参数，包括反射率、穿透率等；② 设置计算网格与采样点，比如光环境的工作平面根据我国《建筑采光设计标准》（GB 5033—2013）的要求对民用建筑取距地面0.75 m的参考平面进行计算，网格精度应取适当值，否则采样点过少会影响准确性、过高则增加计算时间；③ 导入气象数据，建立天空模型；④ 设置运行参数，比较重要的包括光线追踪过程中的参数，比如反射次数（ambient bounces）、精度（ambient resolution）、细分度（ambient divisions）等，尤其反射次数对内含有较多反射表面的建筑来说十分重要；⑤ 结果处理与可视化。

2.空间平均球面辐照度模拟

Honeybee软件中对辐照度的计算具体只针对平面辐照度（planar irradiance），其定义为辐射入射于包裹着平面极小单元的半球面时的总功率，除以极小平面面积dA（A为面积，d为微积分里最小单元）所得的单位面积功率。这个参数与工作平面的法线方向相关，而不能代表三维空间中一个点受到来自各个方向的辐照度。用于量化辐射在空间中的分布，还可以用平均球面辐照度（mean spherical irradiance）来表示，其定义为辐射从各个方向入射于极小球面时的总功率，除以极小球面的表面积dA所得的单位面积功率。针对这个现有软件中的缺陷，本研究提出了一种平均球面辐照度的模拟方法。

这个方法参考自现有的计算平均球面照度（mean spherical illuminance）的方法，基于正方体的照度值，计算出平均球面照度（图2-3），这种计算方法在结果准确度和模拟运算时间上都有较高的优势。本书将照度相关参数转化为辐照度相关参数后，可适用于平均球面辐照度的计算。

先在计算点布置正方体，将其法向方向分别以正负x, y, z轴表示，则$E(x)$，$E(y)$，$E(z)$分别代表沿三条主要轴线的辐射矢量（图2-3），比如：

$$E_{(x)}=E_{(x+)}-E_{(x-)} \tag{2-1}$$

由此可计算出辐射矢量大小$|E|$：

$$|E|=\sqrt{E_{(x)}^2+E_{(y)}^2+E_{(z)}^2} \tag{2-2}$$

轴线上的对称分量计算方法，以x轴线为例：

$$\sim E_{(x)}=\frac{E_{(x+)}+E_{(x-)}-|E_{(x)}|}{2} \tag{2-3}$$

则辐射的对称分量$\sim E$为：

$$\sim E=\frac{\sim E_{(x)}+\sim E_{(y)}+\sim E_{(z)}}{3} \tag{2-4}$$

最后，平均球面辐射为：

$$E_{sw}=\sim E+\frac{|E|}{4} \tag{2-5}$$

此方法可较好地在Grasshopper平台上进行编写，与Honeybee原有的辐射模拟功能进行结合。平均球面辐射模拟在考虑空间热环境时具有重要作用，因为人在空间中感受到的辐射通量来自各个方向，尤其在周围环境有较复杂的几何形体、或界面材料有较高反射率时，平均球面辐照度的计算结果会明显高于平面辐照度。如图2-4所示，模拟结果可将场地表面不同材质清楚划分，值较高的部分对应地表为高反射率的草地，而值较低的细线对应反射率略低的铺砖路面。

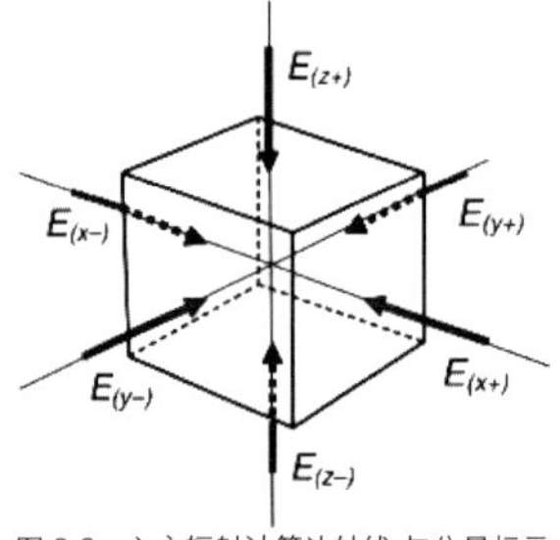

图 2-3　立方辐射计算法轴线 与分量标示

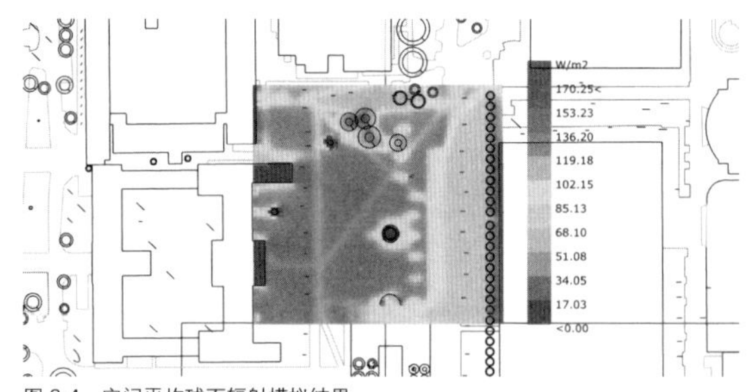

图 2-4　空间平均球面辐射模拟结果

此方法理论上对于长波、短波辐射皆适用。不过本书主要将其用于短波辐射模拟，长波部分则使用前文提出的人体平均辐射模拟方法，该方法经过适当调整后同样可适用于空间中辐射分布的模拟。

3. 空气温度与表面温度模拟

在热环境模拟与分析中，建筑内的空气温度与表面温度模拟是重要的步骤，这两个参数通过对流散热、辐射散热影响了身体的热感知。依托Honeybee中的能耗模块，以经验证的EnergyPlus软件作为外接引擎，可以模拟计算出包括空气温度、表面温度、热流密度与设备能耗负载等多个参数。

模拟过程包括以下几个步骤：（1）几何模型准备，与辐射模拟用同样的方法导入，然后分别设置各个围护结构的构造与材料热性能参数，包括热阻等；（2）设置待计算空间的环境调控参数，比如为自然通风或机械通风，若使用供冷供暖设备可设定具体参数；（3）导入气象数据；（4）设置运行参数，包括运算时间周期，可为全年也可选取特定时间段，以及确定需要计算的参数，比如空气温度与表面温度；（5）结果处理与可视化。

2.3.3 人体平均辐射温度模拟程序[1]

1. 身体辐射热传递模拟的难点

由于辐射散热占身体与外界热交换的近50%，辐射热传递的重要性可见一斑。目前主要用平均辐射温度（MRT）这一参数来描述身体与周围环境的辐射热交换。这个参数被许多热舒适模型纳为影响因素，比如PMV模型与生理等效温度（PET）等。然而，这个概念由于对现实中的复杂几何关系进行了简化，在其本质上存在一定的模糊性。在早期对MRT的研究中，人的身体被抽象一个点或实心球体，以此可以简化对人体与周围环境之间辐射通量的计算。1966年ASHRAE首次给出MRT的标准定义，使用“实心体或使用者”来描述人体，到了最新的2017版，则转变为“使用者”，并且强调“实际的周围环境”，将旧版本对几何形体的抽象简化删除[2]。MRT的计算，严格意义上需要考虑从身体每一块表面离开的辐射量及其被周围环境中任何可能的表面所吸收的辐射量，这与空间与身体之间的几何关系相关，可由角系数表达。然而考虑到计算所涉及的几何复杂性，在实际的计算中，对MRT依旧进行不同程度的抽象与简化。

MRT独立于空气，与周围空间界面的几何形状和材料及其与人体的相互作用相关。对MRT的抽象利于传感器的直接探测，且便于进行快速比较，尽管如此，使用MRT作为唯一度量的结果导致对几何形状重要性的忽视，不利于从空间的角度考虑性能设计策略。

因此，本书基于现有辐射模拟方法，提出了一种改进的方法来模拟MRT。此方法与目前现存的其他最先进方法相比，存在独特优势，提升了MRT准确性，并且提升了对身体热感觉模拟的精度。并且

1 本节部分内容基于已发表的期刊论文：Dorit Aviv#, Miaomiao Hou#, Eric Teitelbaum, Forrest Meggers. Simulating Invisible Light: A Model for Exploring Radiant Cooling’s Impact on the Human Body Using Ray Tracing. Simulations. Dorit Aviv 与作者共同开发了 2.2.3 中介绍的 MRT 模拟方法。

2 ASHRAE, ANSI. Standard 55-2017, Thermal Environmental Conditions for Human Occupancy. Atlanta USA, 2017.

此模拟方法可以与设计案例结合，利于对不同性能设计策略进行对比，以更好地提升环境性能。这种模拟方法基于光照度相关计算使用的光线跟踪技术，同时联结3D建模工具，这样可以对建筑与身体的表面几何形状进行精确的表示，而不是其抽象成简单几何体。

2. 身体辐射热传递模拟技术演进

（1）角系数计算方法发展

在MRT概念发展的早期阶段，常使用一个较小的黑色球体放置于测试点以代表人体，这种方法在环境实测上被沿用至今，发展成为黑球温度传感器。这是一种对MRT的简化方法，将身体抽象为无限小的点，被广泛运用在许多教材、标准与设计指南中。

对人体几何的抽象程度与角系数的计算方法相关。比起将人体简化到单一点，有几种替代方法相继得到发展，以更精确的方式计算角系数。其中一个是“范格-里佐（Fanger-Rizzo）”方法，主要基于对笛卡尔坐标系中几何关系的分析。范格提供了站立或坐着的人体与一个矩形平面之间的角系数，此数据由实验得出并以表格的方式呈现，此方法后续被吉安弗兰科·里佐（Gianfranco Rizzo）进一步发展到算法中。该算法可以自动计算坐姿或站立的人和笛卡尔坐标体系正交平面之间的角系数。

努塞尔特模拟（Nusselt Analog）是另一种计算角系数的方法，用于确定一个点P和周围的非正交表面S之间的角系数。这种方法最初用于实现形状因子积分，使用一个以目标点为中心的单位半径半球面，然后进行投影。

基于努塞尔特模拟方法，近年来有学者提出了一种名为“无限矢量（Numerous Vectors）”的方法。区别在于，此方法不需要对表面进行投影，而是利用从中心点直接发出的矢量进行计算。接下来，需要在单位球体上均匀地生成点，中心点连接到球体表面上的每个点则形成了各个方向的矢量，方向的精度取决于在球面上分布点的精度，中心点和目标面之间的角系数为击中表面射线数与总射线数的比值（图2-5）。值得注意的是：使用矢量方法有利于在计算机模拟中进行更准确和方便的计算。无限矢量方法证明了基于矢量的角系数表达与计算是可行的，这是此种方法被广泛结合到模拟工具中的原因。然而，直接使用该方法人体仍被抽象成小的黑色球体。因此该方法中的光线追踪技术（ray-tracing technique）可被提取出来继续进行开发，用于追踪多个表面之间的连续辐射反射（图2-6）。

（2）光线追踪技术发展

可见光和红外辐射之间的比较研究并不罕见。对光的研究使用了20世纪60年代以来照度标量与矢量的概念，现有可见光模拟工具通过光线跟踪方法来跟踪传递过程中的可见光。相关技术的使用基于可见光波段与红外线波段共同的辐射性质，因此现有对可见光的模拟技术可以扩展到热辐射场。此

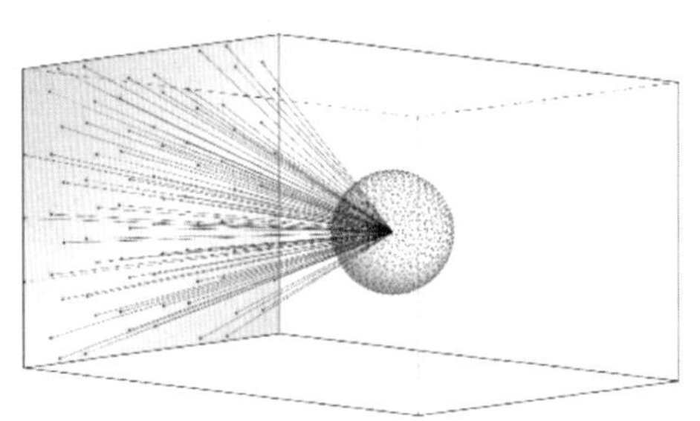

图 2-5　无限矢量法计算角系数

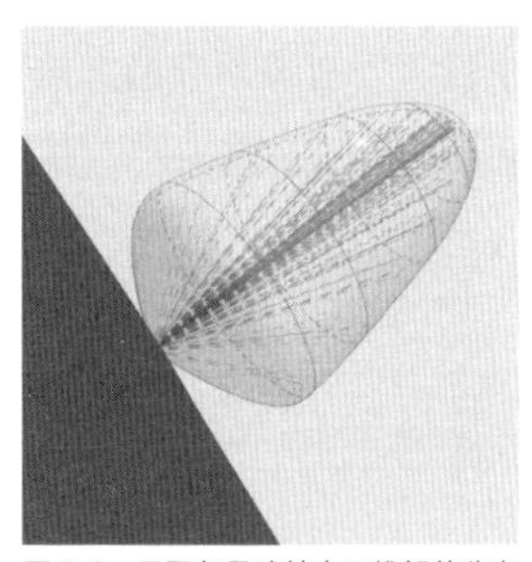

图 2-6　无限矢量法结合三维朗伯分布

外，模拟包括镜面、漫射、方向漫射反射和传输部分，每部分使用特定的运算模块，照明仿真和渲染系统RADIANCE即是代表性示例。

大多数使用光线跟踪计算的工具忽略了表面之间的漫反射。实际上，RADIANCE辐射引擎中的漫射模块与长波辐射计算方法具有许多相似性。长波辐射涉及多个表面之间辐射通量的二次反射，增加与几何形状相关的复杂性。RADIANCE辐射引擎追踪光线的方向与在视点接收光的方向相反，称为反向追踪（backward tracing），通过光线跟踪过程来计算周围表面朝向视点的辐射值，以此可以渲染场景。在对三种反射方式（镜面反射，直接漫射，间接漫射）进行计算的方法中，间接漫射模块对人体MRT的计算具有启发。

漫反射是最具挑战性的部分，尤其针对采样技术而言。实际上，在RADIANCE辐射引擎之前，许多其他方法已经在漫反射计算中考虑了朗伯余弦定律（Lambert's Cosine Law）。"二段法（two-pass method）"可用于区分漫反射与镜面反射部分，其中镜面反射部分使用光线追踪技术进行计算，漫反射部分则依据辐射方法计算出朗伯分布。随着计算能力的进步，朗伯分布可以在三维模拟中直接进行计算，如图2-6所示，此种方法在RADIANCE辐射引擎和本研究提出的MRT算法中使用。

RADIANCE辐射引擎中漫射模块的计算方法基于以下几个步骤来构建，可与本书提出的MRT计算方法进行比较（图2-7）。

① 确定以2D图像呈现场景的视点。展示3D结果的MRT计算则不需要此步骤。

② 这一步骤与几何模型的细分有关。对于场景中的周围表面，其几何形状被细分为小块，每个小块具有一个计算点。可以根据照明环境调整计算点的密度。在MRT模拟中，身体模型由多个三角形网格组成，每个三角形的质心成为该表面局部辐射温度的计算点。

③ 漫反射射线的方向不像镜面反射一样容易预测。RADIANCE辐射引擎和MRT算法都使用了无限矢量方法来计算角系数。

④ 为了考虑不同表面之间的多个漫反射，步骤c需要重复一定次数，当矢量代表的辐射通量继续与下一个表面相交时，新的辐射通量被发射率进行加权计算，并被赋予到矢量上。反射次数的选取需要平衡计算耗时与计算精度。

⑤ 根据朗伯分布的情况，在多次反射中每个表面的不同发射率被用来对平均值进行加权，并且各个计算点的照度为经过该点的各个反射过程之和。同样地，在MRT计算程序中，三角形网格中每个点的MRT是由发射率加权后的平均值，然后将其除以每个三角形的面积，即可归一化得到各个面的辐照度。

	a. 目的	b. 细分	c. 射线	d. 递归	e. 各点结果	f. 结果
RADIANCE	2D渲染：选择视点	场景中表面细分	从各面上测试点发射	多次漫射反射	照度 lux	渲染图像
MRT	3D：无视点	身体几何三角面细分	三角形质心，朗伯分布	多次漫射反射	身体各表面辐射温度 °K	整体平均辐射温度 °C

图 2-7　可见光渲染引擎与 MRT 模拟步骤对比

⑥ 对于渲染图像，漫反射部分应与镜面、定向漫射部分一起考虑。在MRT计算程序中，基于计算出的身体各个面的MRT，可以在高精度的条件下计算局部热感觉与舒适度。

（3）身体模型发展

MRT计算的精确性主要限于身体几何复杂性。对于热舒适性计算，不同身体部位的身体表面具有特定的新陈代谢、汗液蒸发和衣物覆盖情况。此外，身体几何模型是进一步考虑身体位置和运动的基础。所有这些因素都在近年不断增加的局部热舒适性研究中成为了关注点。下面列出了几种不同的简化身体几何模型的方法，并在表2-5中进行比较。

一种常用于身体几何形状简化的方法是将人体抽象成为单一点。由于只需要计算点和表面之间角系数，计算工作量得到很大程度的减轻。除了角系数之外，还有另一个参数与身体几何形状更直接相关，即投影面积系数（projected area factor）。投影面积系数是人体在某一周围表面上的投影面积与有效辐射面积之比，其定义为直接参与辐射热传递的人体表面积。角系数与投影面积系数对MRT计算十分重要的。若将人体抽象为一个点，并将这个点放置于以射线出发点为球心的球面上，则投影面积系数可以使用固体角求得。

表 2-5　环境参数与相应的性能目标

抽象方法	细节程度	角系数方法	研究案例
点	单一点	计算点和面之间的角系数公式	最广泛使用的方法
轮廓剪影	2D 站立或坐立的人体轮廓	使用身体和一个笛卡尔体系中垂直 / 水平面之间的投影面积系数	Fanger 1970, Rizzo 1991
单一几何体	坐立的人：正方体、长方体、球体， 站立的人：圆柱体或椭圆柱体	对投影面积系数进行积分可得角系数	Vorre 2015
多个几何体	由圆柱体、球体和正方体构成	细分表面之间的角系数公式	Miyanaga 2001, Ghaddar 2006
网格面	贴合身体表面的网格面，根据计算点进行网格划分	数字模型与光线追踪法	本书提出的方法

为了获得投影面积系数，范格在借助摄像方法的情况下，使用平行射线法获得身体剪影，并用剪影进行身体形状的比较。此外，在实验期间身体姿势（站姿或坐姿）、身体形状（根据性别区分）和衣着情况（穿衣程度）都纳入考虑范围。还有一些研究利用了具有简单人体轮廓的物理模型来代表站立或坐着的人体进行实验。

另一种普遍采用的方法是将身体简化为单个立方体。简化之后，可以使用对投影面积系数进行积分的方法计算角系数。坐着的人体被抽象成为球体、正方体或长方体，站立的人体被抽象成为圆柱体或椭圆柱体。基于这些形状计算出投影面积系数和角系数，并对不同几何体的准确性进行比较。

人体假体模型常被用于热实验中。比如一种人体假体模型，由16个身体部分组成，每个部分得到特定的控制与监测，以计算具体传热。随着计算能力的提升促进了模拟工具的发展，不同的软件对身体几何模型采用不同程度的简化方法，因为要对人体每个表面与周围表面之间所有辐射热通量进行计算在实际中是不可行的。在目前已有的MRT模拟工具中，只有一小部分软件使用较为精确的身体几何模型，包括可定义的人体形状和位置。在3D环境中，一种常用的简化方法是将身体的不同部分抽象成近似的几何体，例如圆柱体、球形和长方体。许多研究将人体分成16—18个部分，以此来研究并证明身体不同部位对热辐射和热感知的敏感性不同。ThermoSEM身体热生理学模型是其中一个例子，它包含18个圆柱体和1个球体共19个部分，每个部分的模型由外至内包含详细的层次划分，用于计算身体内不同深度之间的传热。尽管这些3D模型方法的准确性有所提高，但仍然需要借助算法来实现更高的表面细分精度。

在广泛使用的3D建模软件中，使用更高精度的身体几何模型成为现实。然而，目前可用的与光线跟踪技术相结合的MRT模拟工具，仍然缺乏高精度的身体几何模型。这阻碍了进一步对局部热感知与热舒适性的，尤其是对于长波辐射部分的模拟而言。

3. 一种辐射热传递模拟方法

本书提出的MRT模拟工具将考虑更高精度的几何模型，提升MRT计算准确度，并且利于局部热感觉和热舒适计算。

先考虑一个在某表面上的点，计算以特定方向通过该点的辐射能量，则离开该点的辐射率可以基于入射的辐射率进行计算，根据空间上的镜像反射原理确定入射的方向。基于能量守恒原则可得，发射率ε、反射率ρ、穿透率τ符合以下公式：

$$\varepsilon+\rho+\tau=1 \tag{2-6}$$

在MRT计算中，身体表面的测试点可作为光线追踪的起点。根据斯特藩-玻尔兹曼法则，单位面积黑体辐射的总能量可通过黑体温度T（单位为°K）与斯特藩-玻尔兹曼常数（5.67×10^{-8} W/m^{2}°K^{4}）计算得出：

$$E_r=\ \sigma T^4 \tag{2-7}$$

对于从身体表面的测试点，先选取其中一个发射热辐射的方向（$\underline{ab}$），则根据公式（2-7）可得从点a发射的辐射能量为σT_a^4，与入射b点的辐射能量相等：

$$\sigma T_a^4=\sigma(\varepsilon_1\ T_b^4+\rho_1\ T_c^4+\tau_1\ T_d^4) \tag{2-8}$$

换句话说，入射点b的辐射通量取决于点b的发射通量、来自点c的穿透通量，以及来自点d的反射通量（图2-8）。这三种辐射通量在下一次反射中同样也包含发射、反射和传输的部分，这种细分在每次反射中发生，直至模拟中考虑的最后一次反射。需要注意的是，在基于光线跟踪的辐射计算中，根据能量守恒原则，与最后一次反射接触的表面发射率必须为1。

类似地，对于不透明表面之间的多个反射（图2-9），在点0上接收到方向为0-1的辐射通量，可以通过其在空间中的多个反射进行射线追踪，计算可得：

$$T_0^4=\varepsilon_1\ T_1^4+\rho_1[\varepsilon_2\ T_2^4+\rho_2(\varepsilon_3\ T_3^4+\rho_3\ T_4^4)] \tag{2-9}$$

虽然表面之间的反射可以是漫射或镜面反射，而实际环境中所有面的辐射发射都是漫射的，并且辐射强度I（单位：W/m^{2}sr）可以根据朗伯余弦定律进行计算：

$$I=I_0\cos\theta \tag{2-10}$$

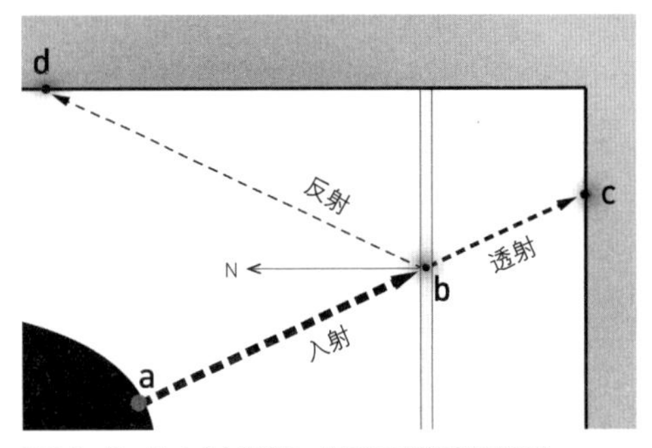

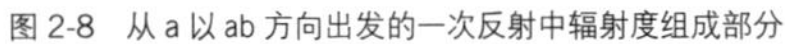
图 2-8　从 a 以 ab 方向出发的一次反射中辐射度组成部分

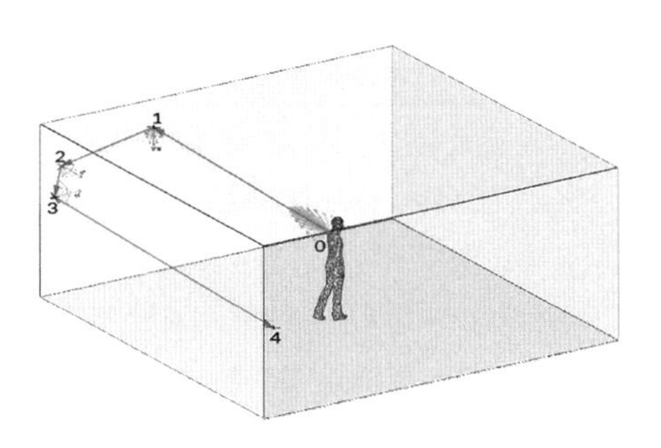

图 2-9　从身体上一点进行四次发射的光线追踪

其中，I_0是法向辐射率，即垂直于发射表面，是发射方向与法线的夹角。当发射方向沿法线时，辐射强度最大，然后随着夹角的余弦值成比例下降。因此，对于身体表面任意一点，需要考虑从该点沿着半球面所有方向发射而出的辐射率，使用各个方向与表面法线的夹角余弦值进行加权平均，而后得出身体表面该点的辐射温度T_r，其中T_i为第i个矢量在该点的温度：

$$T_r^4 = \frac{\sum_{i=1}^{n} \cos\theta_i T_i^4}{n} \tag{2-11}$$

站立或坐着的身体几何网格模型被细分为大约500～1000个三角形平面，各平面具有相应的法线。该细分方法遵循身体模型的几何特征，因此得到的精度高于仅考虑生理学特征的细分方式。在这种精度下，对细节的提炼程度既可以去掉不需要的细节、从而减少计算时间，同时还可以准确地展现身体的姿势和形状。每个细分得到的表面质心被认为是MRT计算的采样点（图2-10）。使用本研究提出的光线追踪方法，可以将MRT描述为与人体上所有采样点发射的热通量矢量相交的所有表面温度的平均值（图2-11）。

最后，为了获得身体整体的MRT，我们需要使用表面积对每个采样点的温度进行加权平均，即$T_{r,j}$为点j的辐射温度，A_j为点j所在表面的面积，A为身体总表面积：

$$T_{\mathrm{MRT}} = \sqrt[4]{\frac{\sum_{j=1}^{n} A_j T_{r_j}^4}{A}} \tag{2-12}$$

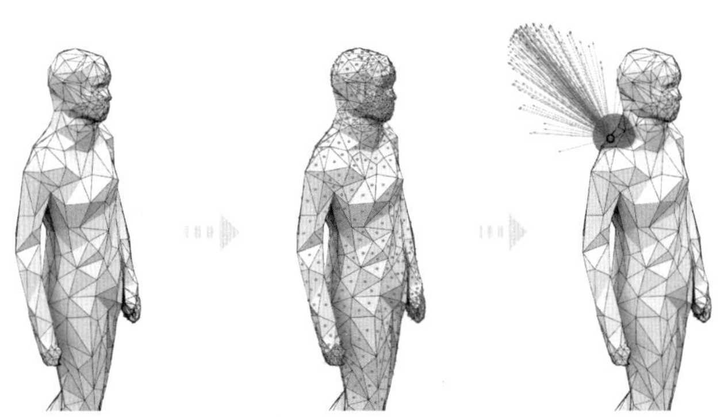

图 2-10　模拟设置：模型细分、确定采样点、基于朗伯分布的射线

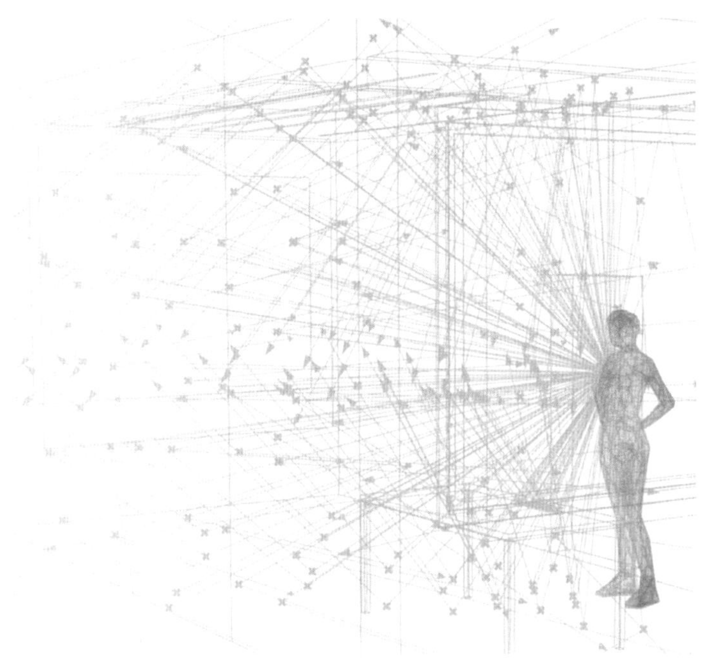

图 2-11 MRT 模拟中追踪的射线

以上，为此MRT模拟工具的计算原理。

此MRT计算工具不仅可以用于身体MRT计算，同样也可以用于计算空间MRT，即空间中任一点受到来自各个方向的辐照度，可由平均球面辐射照度转化而来，而此工具对应长波波段的部分，前文提出的“空间平均球面辐照度模拟”适用于短波部分，将两部分整合考虑即可得到总辐照度和平均辐射温度。

最终的辐射发射功率是长波部分与短波部分之和，E_{SW}为黑体发射功率的短波部分，可以通过Honeybee太阳辐射模拟模块或“空间平均球面辐照度模拟”获得：

$$E_{total}=E_{SW}+E_{LW} \tag{2-13}$$

T_{LW}为MRT计算工具导出的长波平均辐射温度（单位为$^{\circ}$K），需要转换成能量单位才能与短波部分进行加和。则最终的平均辐射温度 T_{mrt-C}（单位为℃）可通过以下等式计算而得：

$$E_{total}=E_{SW}+\sigma T_{LW}^{4} \tag{2-14}$$

$$T_{mrt-c}=\sqrt[4]{\frac{E_{total}}{\sigma}}-273.15 \tag{2-15}$$

2.3.4 热舒适模拟与评价

1. 生物气候图分析

同样是分析环境参数与舒适之间的关系，生物气候图（bioclimatic chart）面向的是建筑形式层面的性能策略，而焓湿图（psychrometric chart）则被用于机械调控环境的参数调整。在初期对气候状况和身体需求进行分析时，可以使用生物气候图确定一个基本的情况。生物气候图唯一需要导入的数据为气象数据，一般为EPW格式文件。以本书使用的生物气候图计算工具BcChart为例，可以根据输入的气象数据，绘制出生物气候图并计算出舒适时间百分比以及不同性能策略对舒适度的影响潜力。此工具在Olgyay生物气候图的基础上得到完善，其创新点在于将太阳辐射的影响量化结合到生物气候图的绘制当中。

此工具通过使用一种“替代温度”来将太阳辐射因素结合。生物气候图一般以相对湿度为横轴，干球温度为纵轴，或正好相反，然后根据气象数据文件中每小时或每天的干球温度、相对湿度值，将此数据点放置于对应位置上。相比之下，BcChart使用替代温度去取代干球温度，再将数据点绘制于图中。结合太阳辐射因素后，热舒适度的预测准确度得到提升。

BcChart还可以对生物气候策略的适用性与有效性进行分析。首先根据生成的生物气候策略图可以发现，全年舒适需求时间被分为散热与得热两大类，总和为100%。在工具自带的性能策略列表中，满足散热需求的包括“仅需自然通风（V）”“自然通风结合建筑蓄热（M）”“干热气候被动式策略（A）”及“机械冷却及除湿（Q）”，满足得热需求的包括“被动式太阳采暖（R）”“传统采暖（H）”。这些策略的分类较为宽泛，可以对具体策略提供方向性选择的帮助。

综上，此工具适用于对建筑所在地的对应的生物气候策略进行初步分析，可辅助在设计早期确定性能目标及策略方向。然而此工具也具有一定局限性，比如它对温度数据以每日为单位进行处理，而非每小时，因此对舒适时间计算的精度有限。

2. 室外热舒适UTCI模拟

Ladybug Tools（1.4.0版本）中的Ladybug模块中含有室外热舒适UTCI通用热气候指标运算功能，通过导入EPW气象数据文件，输入干球温度、相对湿度、风速参数信息，并且基于太阳辐照度计算室外平均辐射温度，总共4个参数输入后即可计算出全年每小时的热舒适状态，并给出全年属于热中性、热感觉、冷感觉的时间百分比。

在UTCI基础分析外，还可以尝试分别将风速、平均辐射温度输入设置为0，或同时设为0，对应室外无风、无太阳照射的情况，对UTCI的变化进行比对分析。

3. 室内PMV与适应性热舒适模拟

（1）室内热舒适PMV计算

Ladybug Tools（版本1.4.0）的Honeybee模块中包含PMV、适应性热舒适计算模块，其步骤主要包含：①基于前文“空气温度与表面温度模拟”涉及的能量模型，将模拟得到的环境参数输入PMV计算模块中；②对于平均辐射温度的计算需要多一个步骤，通过能耗模拟得到表面温度模拟结果；③将人体抽象为空间中的一个点，通过Honeybee中的角系数计算组件即可得出长波平均辐射温度；④将EPW气象数据中的数值导入，计算短波辐射温度；⑤将长波与短波辐射温度合并，并导入PMV计算模块中，计算PMV及PPD，并可进行空间分布的可视化呈现。

此PMV计算方法较为复杂，但优点在于可以对建筑空间内任意位置进行热感觉模拟并以渐变分布图的方式呈现，可以清晰展示空间中不同位置的热舒适差异。值得注意的是，这些针对空间分布的计算，默认将人体抽象为空间中的一个点，重在分析空间分布而非人体尺度的热感受。

若要对身体热感觉进行精度更高的分析，尤其在前文提出的高精度身体平均辐射温度模拟工具的

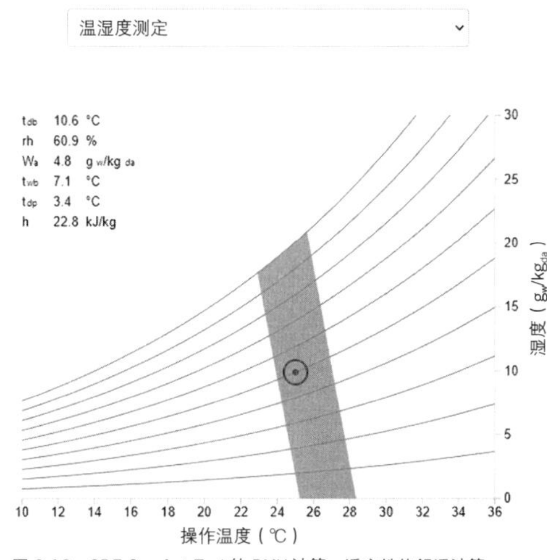

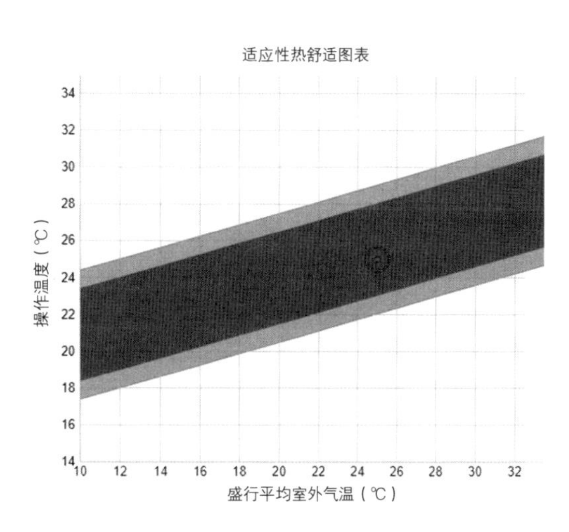

图 2-12 CBE Comfort Tool 的 PMV 计算、适应性热舒适计算

基础上，可以得到人体平均辐射温度，则可直接使用更简便的PMV计算工具，如CBE Comfort Tool[1]。这是一个基于网页的计算工具，可通过输入4个环境参数与2个身体参数得到PMV与PPD。除此以外，还可以选择使用结合干球温度与平均辐射温度的操作温度进行输入、计算，则所需参数减少至5个（图2-12）。操作温度（operative temperature）又称工作温度，将室内热传递的对流与辐射部分进行简单的平均，常被简化为空气温度与平均辐射温度的平均值。

（2）室内适应性热舒适计算

CBE Comfort Tool同样提供了适应性热舒适的计算模块，其计算标准可选择ASHRAE-55或EN-16798，此方法适用于自然通风的空间。如图2-12所示的ASHRAE标准为例，适应性热舒适区间分布图以室外平均温度为横轴，操作温度为纵轴，深色区域为90%舒适接受范围，此范围根据热感觉投票而确定，意为有90%的人会觉得处于热舒适状态，浅色则对应80%接受范围。则根据输入的空气温度与平均辐射温度可以计算出操作温度，或直接输入操作温度，则可确定点的纵坐标，还需要输入平均室外温度确定点的横坐标，即可确定点的位置是否在舒适接受范围区间。同时还可以输入空气流速，此参数值的适当增加可使蓝色舒适区域往垂直方向拓展。相比PMV模型而言，湿度以及个人因素的影响被减弱，不被包含在计算公式中，但对其值的范围有一定限制，比如人的新陈代谢率不超过1.3 Met。

1 Tartarini F, Schiavon S, Cheung T, et al.CBE Thermal Comfort Tool : online tool for thermal comfort calculations and visualizations. SoftwareX 12, 2020, 100563.

2.4 环境与感知的现场实验

2.4.1 环境与身体传感器

随着传感技术的发展，光、热、空气等环境因素对人体的影响可以得到更方便、更准确地测量，这对理解身体感知、健康与性能设计至关重要。本研究涉及两类传感器的运用：一是环境传感器，包括室内与室外环境；二是身体可穿戴式传感器。

环境传感器包括对辐照度、干球温度、黑球温度、表面温度、湿度、风速、CO_2浓度等环境参数进行测量的仪器，可穿戴式传感器主要侧重对身体的温度（比如iButton温度记录仪）与传热量（热流测量仪）进行测量。

其中用于测量三维空间表面温度的SMART扫描平均辐射温度仪（Scanning Mean Radiant Temperature Sensor）为普林斯顿大学近年来创新发明的仪器，它是一种数字的、无须与待测表面接触的长波辐射测量装置，极大地提高辐射温度测量的精度。SMART是可以对空间进行三维处理的热成像器，由医疗级别的无接触式表面温度传感器（精度±0.5℃）和雷达扫描模块（精度±2cm，范围超过40m）组成。传感器在垂直轴上旋转，并记录伺服扫描系统的角度位置，通过将雷达和温度数据相结合，以产生由扫描环境中的表面温度构成的热点云（thermal point cloud）。SMART传感器可以扫描并映射出来自表面的长波辐射热构成的高分辨率热阵列，因此能够精确分析辐射热的来源，并能确定热表面与空间中使用者的几何关系。

另外，还有一种也是近年被创新发明的长波辐射温度测量仪，由地面辐射强度计阵列构成，每个仪器包含6个APOGEE SL-510-SS 辐射强度计（准确度±0.3°K; ±2 W/m^2），分别位于4cm立方体的各个表面上。这个仪器被称为6向辐射强度计。6向辐射强度计可以精确测量长波辐射，并已在不同的环境中得到验证，这种方法的结果提供各方向辐射的平均读数，而不区分出特定表面的读数。这两种新型辐射热传感器为研究空间辐射热环境提供了有效工具。

对于身体可穿戴传感器，测量皮肤温度及衣物表面温度的iButton温度记录仪具备较高的准确度，为±0.25℃。传感器根据国际标准ISO9886:2004《人类工效学.热应变的生理学测量评价》提供的14点测量位置进行布置，包括：前额、颈部、右侧肩胛骨、左上胸部、右臂上部位置、左臂较低位置、左手、右腹部、脊柱左侧、右大腿前侧、左大腿后侧、右下颌、左小腿肚、右脚背。除此之外，为了更好地测量身体在不对称热环境中的变化，额外的10个测量点被选取。在这总共24个身体部位上全部使用传感器进行皮肤温度测量，同时其中10个被衣物覆盖的部位也通过将传感器放置在衣物表面，进行衣物表面温度测量。这些传感器通过使用医疗级别可透气型胶带被连接到皮肤和衣物的表面。传感器测量的频率为10秒，可以更好地反映身体热感觉随时间的动态变化。

2.4.2 环境数据集成平台

传统的环境数据传感器往往只能将测量的数值以表格的形式按时间排列记录，而新型结合三维空间扫描技术的传感器可以将环境参数值与空间坐标形成对应关系，直接生成三维的结果信息。比如SMART扫描平均辐射温度传感器，其导出的三维点云可以在3D模型软件中处理和分析。基于这个特点，前文介绍的身体平均辐射温度模拟程序可以与SMART传感器进行结合，使得现场实测扫描的数据可以便利地用于空间中的身体MRT模拟，从而可以对实测的空间热环境、空间中人的舒适状态有清晰的评价。

通过建立“环境与感知数据采集-性能模拟-参数化设计集成平台”，使用其中的模块可以实现传感数据与模拟的联结，具体包含以下几个步骤。

（1）将SMART扫描平均辐射温度传感器的结果进行整理，其中包含各个探测点的空间坐标及相应的表面温度。

（2）在Rhino/Grasshopper参数化建模平台中，建立实验建筑的三维模型，然后导入SMART结果数据，根据空间坐标确定点云的位置，并且根据建筑空间模型确定传感器位置，以此对点云的位置进行调试，使之与建筑模型匹配（图2-13）。

（3）在Rhino/Grasshopper参数化建模平台中，导入SMART数据中与点云对应的表面温度，可以对温度进行可视化呈现，以图2-14所示，房间吊顶的辐射板具有相对高的温度，墙面、地面则温度较低。同时还可以发现由于扫描部件对玻璃等透明材料较易产生定位误差，有部分数据点可能溢出建筑几何模型范围，需要对其进行处理，即以传感器位置为原点，沿射线方向寻找与几何模型的交叉点。

（4）在Rhino/Grasshopper参数化建模平台中，需要对建筑几何模型（包括内部所有需要考虑其表面温度的构件和家具）进行网格化处理，网格的精度会影响表面温度分布的精度。再将SMART的数据点投射在网格上，被赋予到离数据点最近的网格顶点上。剩余没有被赋值的顶点，将根据最小二乘差值（least square interpolation）方法进行计算并赋值。最后形成如图2-15所示的表面温度网格模型。

（5）完成了对建筑界面表面温度网格的生成后，下一步需要对身体几何模型进行与感知数据的整合。先按照前文中的方法对身体几何模型进行网格化处理，确定网格细分程度和细分后各个身体表面的采样点，并且将iButton可穿戴温度记录仪的数据导入Rhino/Grasshopper平台与身体网格模型结合。与SMART数据面临的情况类似，实测数据采样点数量有限，低于几何模型网格面的顶点数量，因

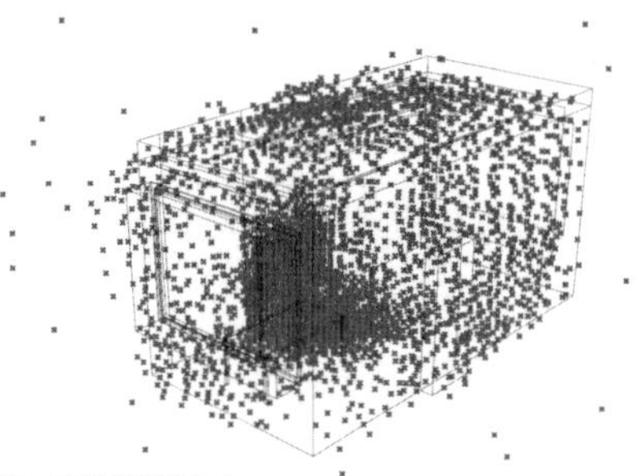

图 2-13 SMART 探测点云

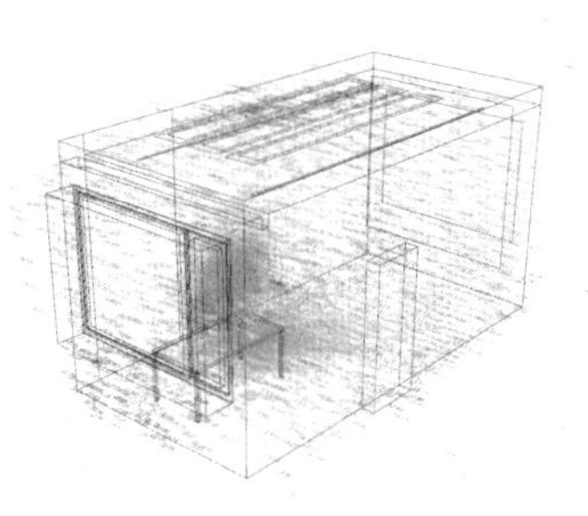

图 2-14 SMART 测量的表面温度

图 2-15　基于 SMART 数据生成的表面温度网格

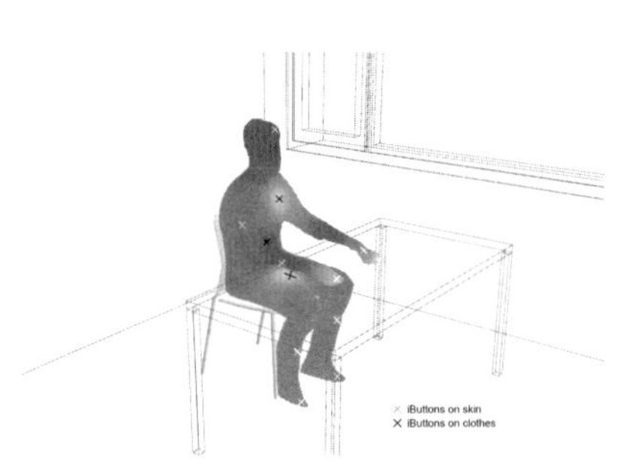

图 2-16　基于感知数据得到的身体温度网格模型

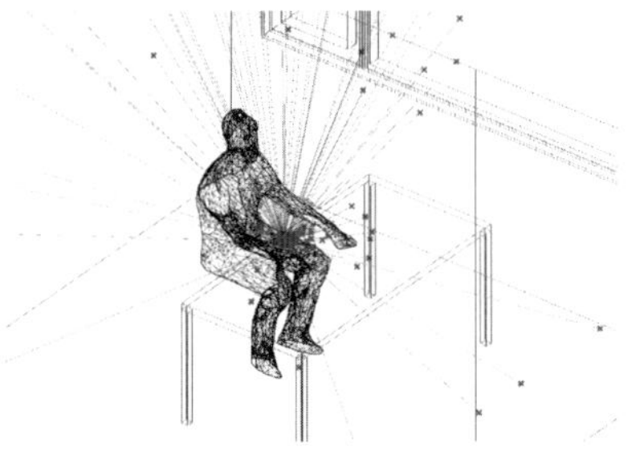

图 2-17　基于射线追踪法的身体表面辐射温度计算

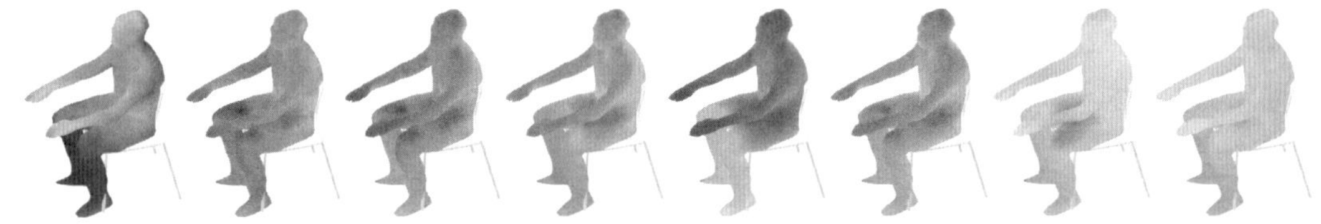

图 2-18　坐姿身体表面长波辐射温度

此同样在将实测数据赋予到最近的网格面顶点后，采用最小二乘差值方法对其他顶点插入相应数值，则可以生成身体温度网格模型（图2-16）。若要将此模型用于MRT模拟，则只选取身体最外层表面的温度，意味着在着衣部位选取衣物表面温度即可。采用基于射线追踪的模拟方法，根据身体各表面采样点发射出的矢量，可以区分出受到身体自遮挡的部分和与空间界面进行热交换的部分（图2-17）。

（6）模拟身体短波、长波辐射温度

通过使用与新型扫描和热成像方法相结合的射线追踪模拟方法，计算落在身体部分上的短波和长波辐照度，可以量化身体不同部位辐射温度的变化程度。并且，可以提供一种经验证的模型，可以用于考虑完整的身体几何模型：受到的辐照，并且将自遮挡与自身体温的影响纳入计算中，这可以进一步连接到用于局部热舒适性研究的热生物模型中。

第 3 章

设计方法——以四种热力学建筑原型为例

基于对建筑环境调控模式与热力学建筑原型的分类，可以发现它们与气候状况存在紧密联系。气候环境条件引发了相应的身体层面需求，而建筑则是通过对物质的组织形成了实体与空间，同时为身体创造了更舒适的环境，而这些调控策略在建筑中已实现的部分被融合进了建构文化当中，尤其是对一些传统建筑或地域性建筑而言。

本章对4种气候类型下的典型热力学建筑原型进行分析，对同种原型选择了传统建筑与现当代建筑两个案例进行比对，梳理面对特定环境条件时的共通性能策略，同时突显性能策略方法从传统到当代的进化，并且挖掘策略方法的进一步潜力。所选案例如表3-1所示。

表 3-1 建筑性能设计方法分析的案例选取

对应气候类型	热力学建筑原型	传统案例	现当代案例
湿热气候	遮阳棚	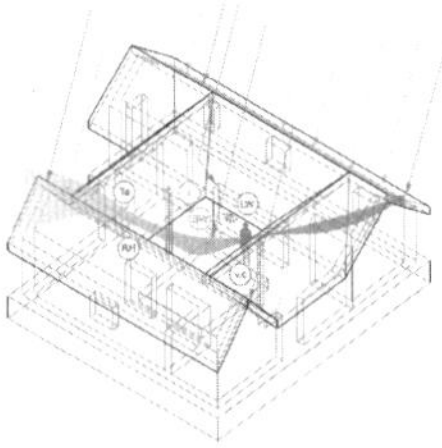 斯里兰卡庭院住宅	 越南平盛住宅
干热气候	捕风塔	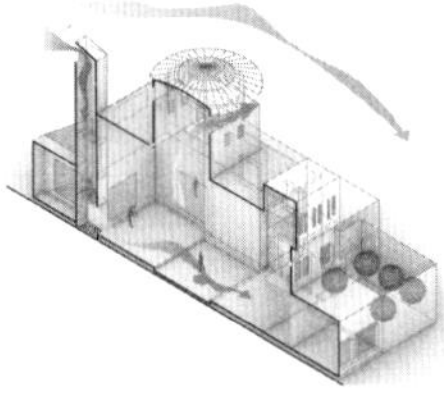 埃及开罗住宅	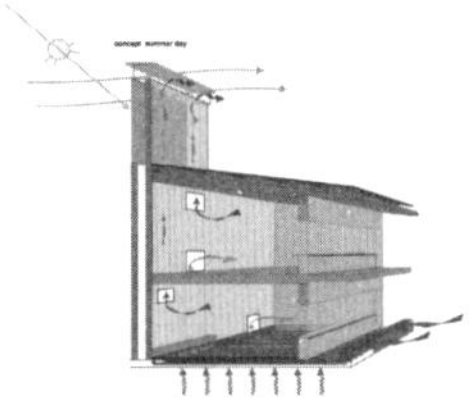 叙利亚法语学校
温和气候	热池	 古罗马浴场	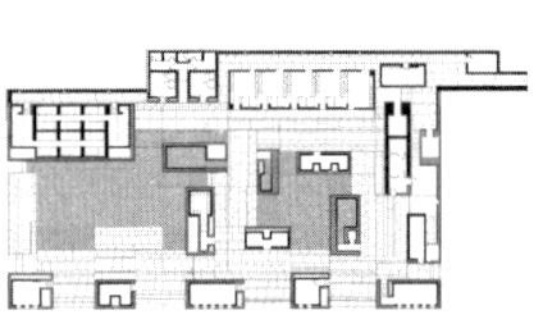 瓦尔斯温泉浴场
寒冷气候	温室	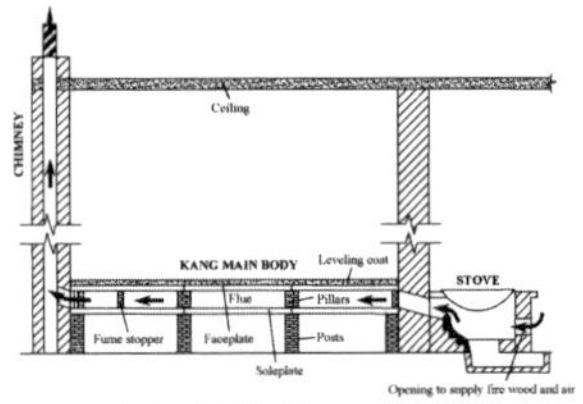 CHIMNEY Ceiling KANG MAIN BODY Leveling coat Flue Pillars STOVE Fume stopper Faceplate Posts Soleplate Opening to supply fire wood and air 中国东北井干式住宅	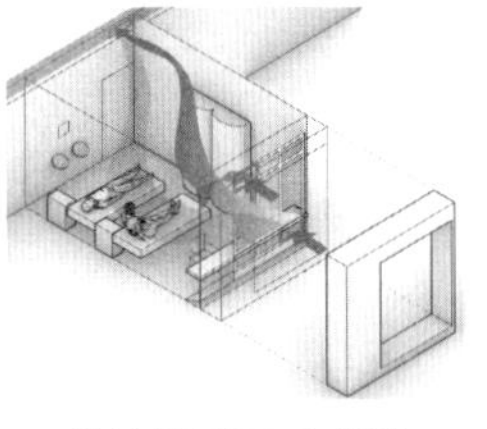 芬兰帕米欧疗养院

3.1 遮阳棚原型（湿热气候）

3.1.1 斯里兰卡传统庭院式住宅

斯里兰卡气候全年温暖湿润，传统民居使用基于地域文化的建造策略以增强建筑的气候适应性，并提升身体舒适度。斯里兰卡乡村聚落往往被绿植围绕，普通传统住宅多为泥屋，拥有简单的泥墙和棕榈树叶覆盖的屋顶，大多数为单层，遵循僧伽罗式（Sinhala）风格，且多为庭院形式，具有适应温暖潮湿气候的被动设计元素。位于斯里兰卡西南侧的科伦坡为典型的传统民居聚集地之一。

1. 气候特征分析

科伦坡位于斯里兰卡西南临海（北纬6.9°，东经79.9°），是斯里兰卡的经济之都，属于热带季风气候，柯本气候分类为Am，气候数据如下（表3-2）。

温度：全年气温通常在23～32℃之间，全年较温暖。月平均气温在26.8～28.9℃之间，平均气温为27.8℃，气温年较差较小。3、4、5三月为炎热季节，其中5月最热，日平均温度在24.4～32.3℃之间。较凉爽季节为8～12月，其中12月平均温度最低，日平均温度最低为20.6℃。

太阳辐射：全年太阳辐射较强且各月累计值差异不大，并且由于相对湿度和云层覆盖率较高，导致漫射辐射较强。由于地点靠近赤道，一年中3～9月半年的太阳轨迹在北侧，夏至日时太阳位置达到最北，9月至次年3月在南侧。

相对湿度：全年有两次季风季节，分别是4～6月与9～11月，降雨量显著增加。全年较湿润，年平均相对湿度为79.8%，各月平均相对湿度在74.4%～83.3%，其中12～3月平均相对湿度在80%以下，而其余月份平均相对湿度高于80%。在一天中，夜晚与清晨的相对湿度最高，尤其在季风季节时清晨可达100%，而后下降，至下午时最低。

风向与风速：全年主要风向为西南风，仅有12～2月主风向为东北向；5～8月风速较大，年平均风速为1.5m/s。

2. 身体需求分析

UTCI全年室外舒适时间百分比仅为4%，在热环境调节方面，全年96%时间的需求为散热，尤其全年的白天时段具有强烈热感，而全年无得热需求。对于室内情况而言，通过自然通风进行散热可补偿79.8%的舒适时间，春夏季需要机械冷却或除湿，可补充10.3%的舒适时间（图3-1）。

表 3-2 科伦坡（Colombo）主要气象参数

空气温度					空气湿度、流速		太阳轨迹及辐射		
年平均气温（°C）	最热月平均气温（°C）	最冷月平均气温（°C）	全年最高气温（°C）	全年最低气温（°C）	年平均相对湿度（%）	年平均风速（m/s）	夏至日太阳高度角（°）	冬至日太阳高度角（°）	年平均日累计太阳辐射总量（Wh/m^2）
27.8	28.9	26.8	34.0	20.6	79.8%	1.5	73.2	59.6	5622
全年干球温度（图例 20 ～ 34°C）					全年相对湿度（图例 39% ～ 100%）				
全年干球温度日夜对比（图例 20～34°C）	全年风玫瑰图（图例 0 ～ 8 m/s）	太阳轨道及天空穹顶辐射（图例 0 ～ 62 kWh/m^2）	各月累计太阳总辐射、直射辐射、散射辐射（图例 0 ～ 30 kWh/m^2）						

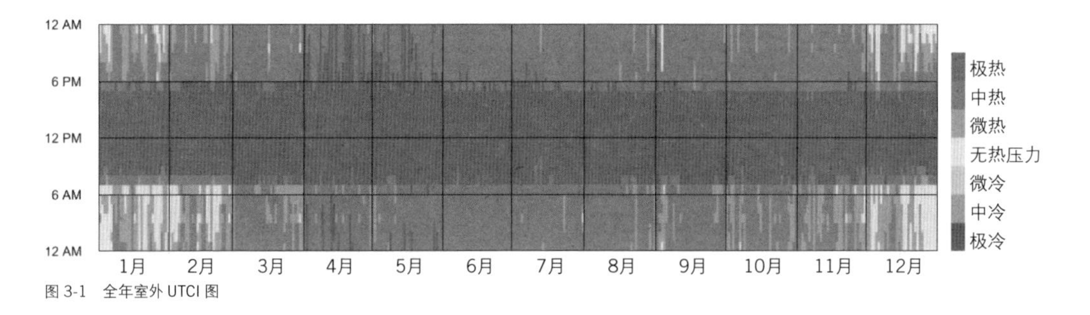

图 3-1 全年室外 UTCI 图

3. 性能目标确定

当地气候对人体产生的不利因素主要包括眩光及高温高湿带来的强烈热感觉。因此为了获得视觉舒适及热舒适，最关键的环境因素则为太阳辐射，需要降低太阳辐射获得，同时包括可见光部分及热辐射部分（I-，T_{SW}-）。通过减少太阳辐射对建筑界面的照射，同时降低建筑材料的蓄热，可以降低长波辐射（T_{LW}-），尽量减少环境通过辐射热传递阻碍身体散热。类似地，湿度过高影响身体蒸发散热，因此需要除湿（RH-）。在对流散热方面，室外空气温度较高，最好先尽量通过微气候调控降低

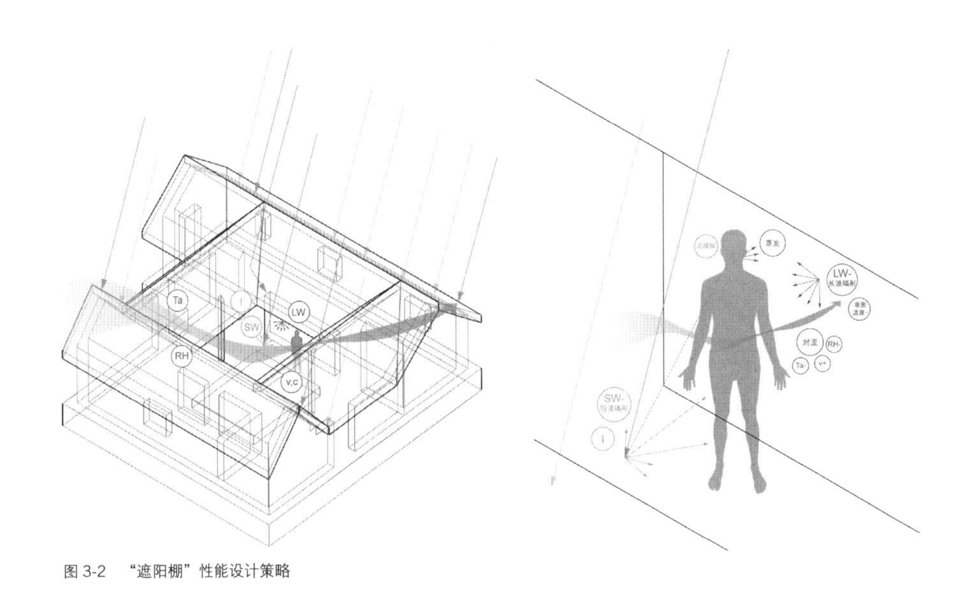

图 3-2　“遮阳棚”性能设计策略

室外气温，然后通过自然通风促进室外气流进入室内，适当的吹风感同样能提高舒适度，同时有利于排出污染物、提升空气质量（T_a-,v+,c-）。

4. 性能设计方法

“遮阳房”建筑原型主要适用于湿热气候，其特征为利用建筑形体形成自遮阳，建筑外围护结构较开敞，以促进自然通风，且建筑室内无空调等调节空气温度的设备，总体性能策略与环境因素之间的关系如图3-2所示。

（1）减少太阳辐射（I-，T_{SW}-）

① 场地布局-密集聚落与植物遮阴

由于斯里兰卡传统民居往往以组团的形式聚集，间距较小，这不仅与当地人对集体感的追求相符合，还有利于增加建筑之间的互相遮阳。建筑场地上有较多乔木类植物提供遮阴，围绕在建筑周边甚至院落内。

② 建筑体形自遮阳

此类传统民居通常为坡屋顶形式，并且拥有深檐。通过建筑屋檐挑出并使用柱子支撑，形成深檐下的半室外灰空间，在遮挡太阳辐射的同时与外部的景色与空气可以亲密接触，与人们的生活习惯相符。建筑自遮挡太阳辐射，防止过亮、眩光且防热。当地降雨量大，坡屋顶的建筑形式利于排水，通过水的蒸发冷却可以达到少许降温的效果，因为相对湿度过高，露点温度与干球温度差异较小，蒸发冷却在相对湿度较低时才有明显效果。

③ 建筑空间-院落与缓冲空间

斯里兰卡传统民居的形式演变与僧伽罗人的文化相关。起初乡土民居最简单的形式不包含院落，后来建筑挑檐下的灰空间逐步演化到合院形式（图3-3）。挑檐下的半室外灰空间可以仅在建筑的一端，或是呈L形包围建筑的两边，而后发展成被四面包围的中间庭院，两边为主要居室、两边为遮阴廊道，或是两面皆为具有一定进深的房间。

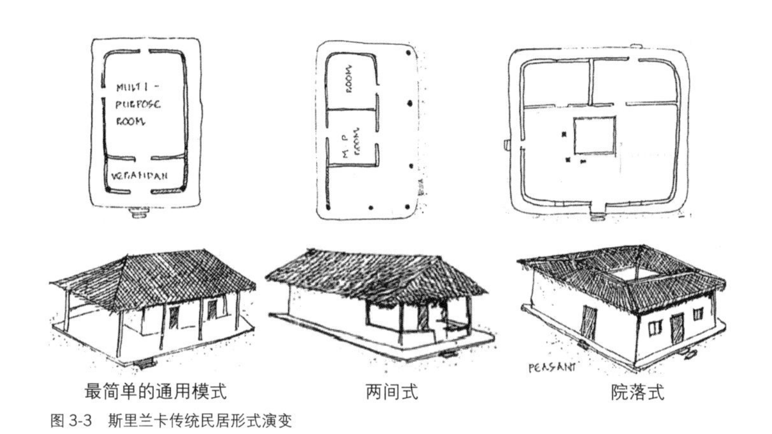

图 3-3　斯里兰卡传统民居形式演变

最后大部分传统民居演变发展成庭院式住宅，并且四合院类型较为常见。以四合院类型为例，若平面为正方形合院式，主要居室一般放置于院落北侧，有墙体进行隔断，南边有较小的房间，而东西两侧为较开放的布局，为起居空间等，且建筑出入口一般设置在东西两边上。

较典型的案例中院落边长为3m（长）×3.5m（宽）×3m（高），院落南北侧的房间外廊宽度为0.8m左右，此部分灰空间形成了环境调节中的缓冲空间，既能享受屋檐遮阴，又直接面向院落，同时在功能与体验上也充当了过渡缓冲的区域。

在更复杂的庭院式住宅中，建筑可以在多处布置天井、庭院，且部分无顶部覆盖，室外自然风、光、雨水可进入，因此处于庭院或庭院旁灰空间处的人与室外环境有更直接的热力学互动，身体感受主要受到室外影响。可以将空间分为室外、露天院落、遮阴院落、檐下灰空间和室内等不同层次。

④ 界面-南北侧开窗小：庭院住宅南北两侧墙体有开窗，窗墙比较小，皆小于0.1。

（2）促进自然通风（T_a-, v+, c-）

① 界面-风道

全年主导风向为西南向，建筑出入口开在东西两侧，利于引入自然通风，并形成穿堂风。由于建筑较开敞，空气温度近似于外部空气温度，且温度较高。但实际通过场地遮阴，使建筑周围的气温可以下降。

（3）减少蓄热与热辐射释放（T_{LW}-, RH-）

① 材料-低热质材料

围护结构采用低热质材料，降低对太阳辐射的吸收，减少蓄热和长波辐射释放。墙体由泥与树木板条构成，屋顶为棕榈叶覆盖，结构使用热带丛林中的木材，“当建筑被遗弃之后，这些建筑材料都会被分解然后回归大地”。建筑内界面保持较低的表面温度，当地人长久以来发展出在室内不穿鞋子的习俗与这个特点有关，皮肤与地面直接接触，同时促进身体向低温建筑界面的长波辐射热传递，起到增加身体散热的效果。

5. 身体分析与性能评价

（1）光环境与视觉舒适

计算全年有用日照照度（UDI），超过上限（1000lx）的时间比越高引起不舒适光环境的可能性越大。过高照度的空间分布与不同空间层次相关：最高为建筑外部室外，超过上限的时间达100%；

中间庭院为74%～86%之间；檐下灰空间平均在80%；南北两侧房间由于有墙体隔开，基本保持在舒适范围，受窗户开洞影响的区域面积较小。相比之下，全年东西两侧光舒适较差，70%～90%的时间照度超过上限。

（2）热环境与热舒适分析

① 全年分析

建筑体形的自遮阳使中间院落、灰空间受到的太阳辐射远低于室外。室外全年累计辐射为400 kWh/m^{2}左右，院子中部最高在150～160 kWh/m^{2}之间，而屋檐下灰空间仅为100 kWh/m^{2}左右。这与院落与房间的相对尺寸相关。东西两侧开放空间比南北两侧有隔断的房间接受的辐射要高，后者全年累计辐射极少。

热舒适的评价需考虑除太阳辐射外的其他环境因素，最后得到的全年热舒适时间百分比空间分布图与累计太阳辐射的空间分布具有相似的规律（图3-4），这是因为太阳辐射是此类气候中影响舒适比重最大的环境参数。从不同空间的热舒适情况来看，西南侧室外全年舒适时间占比最小，仅为12%左右；院子与四周一圈屋檐下灰空间的区别较小，全年舒适时间百分比在62%～64%之间；建筑内部空间中，西侧开放空间舒适时间百分比最小，为68%左右，南侧和东侧室内可达74%，北侧最高，平均在79%（图3-5）。

在拥有单个院落的庭院式住宅中，人在东西两侧开放式空间中的热舒适度比院落中有所提高，同时只要避开洞口边，视觉舒适度也得到提高。

② 最热周分析

选取典型年气象数据中的最热周5月21-27日进行分析，此时太阳位于北方（图3-6）。以5月21日中午12时为例，此时北向光线受到建筑的遮挡下，中间庭院内偏南侧及南侧檐下灰空间受到的太阳辐照度为建筑内最高，在52～70W/m^{2}之间，但仍远低于室外的135W/m^2，且屋檐下则能降低到50W/m^{2}以下，空间变化规律与全年累计辐射类似（图3-7）。

与全年热感觉不同的是，在最热周内，建筑内院子及四周一圈檐下灰空间会令人产生热感觉时间最长，在38%～42%之间，相比之下甚至比西南侧室外空间（33%左右）更高。这意味着在最炎热的时候，由于太阳高度角较高，建筑形体对院落的遮阳效果减弱，受到热空气影响，建筑室内

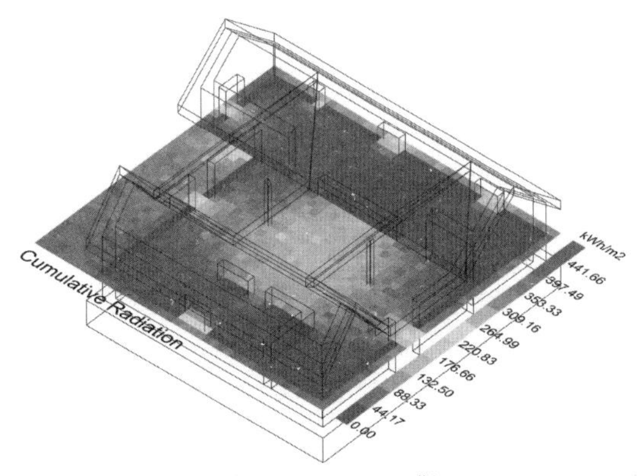

图例范围（0-442 kWh/m^2）

图 3-4　全年累计太阳辐射

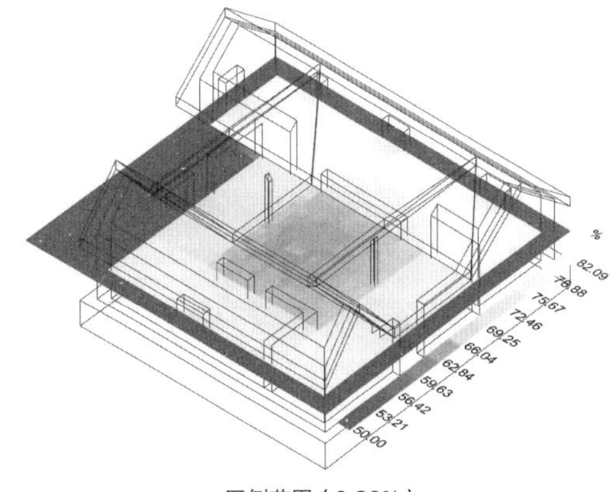

图例范围（0-82%）

图 3-5　全年热舒适时间百分比

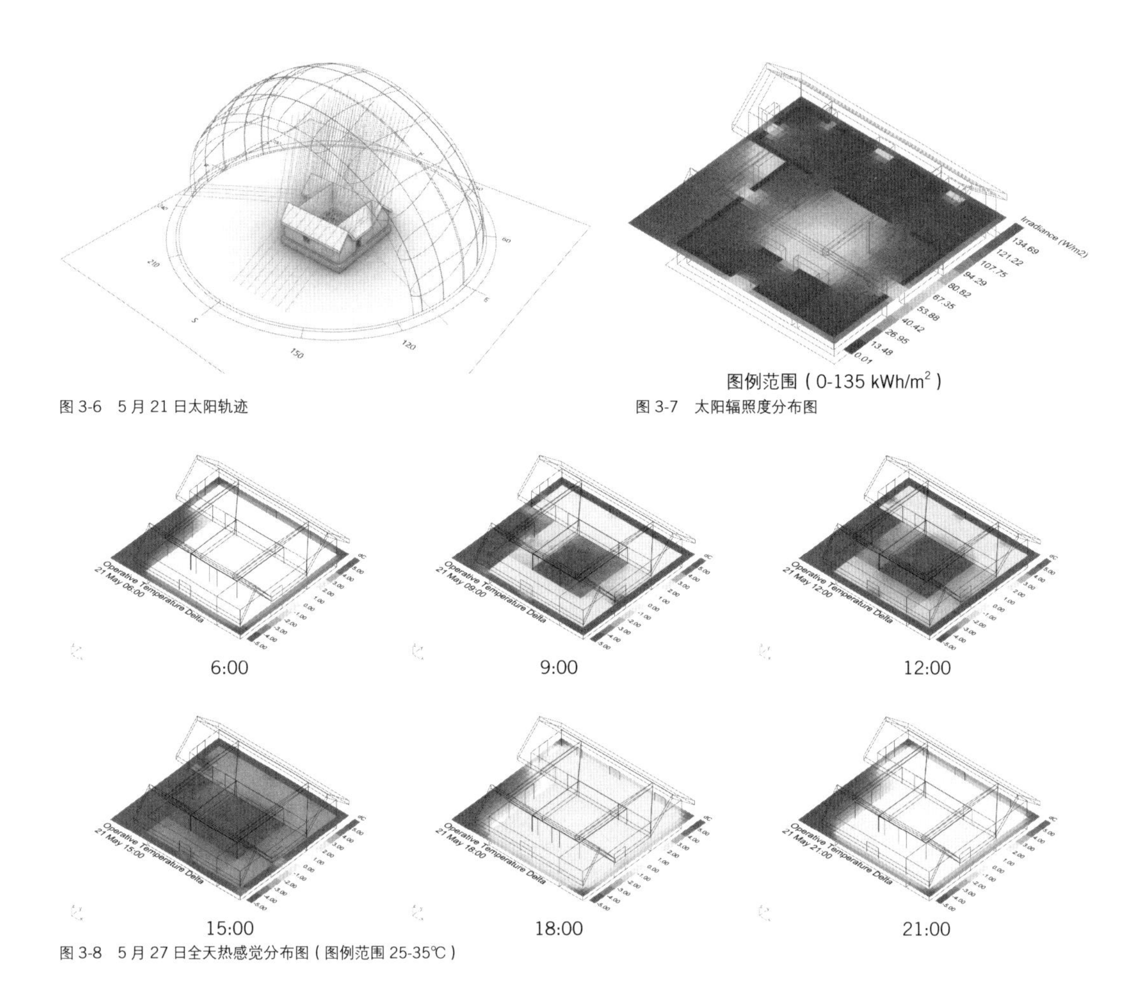

图 3-6　5 月 21 日太阳轨迹

图 3-7　太阳辐照度分布图

图 3-8　5 月 27 日全天热感觉分布图（图例范围 25-35℃）

的开放居室及有隔断居室热感觉比例也较高，建筑东、西、南三侧在32%～39%之间，北侧卧室最低，平均在25%。如图3-8所示，上午时室外与建筑内院落热感明显高于室内，之后室内热感不断提高，到了14:00—15:00，达到室内外最炎热的状态。傍晚之前热感迅速下降，这与建筑较低的蓄热性相关。

为进一步评估在建筑空间中的使用者舒适状态，分别对站于院落中央、屋檐灰空间下及居室内的使用者进行适应性舒适分析。最热周月平均室外气温为 28.9℃，对应的中性舒适温度为 26.7℃，ASHRAE 标准下 80% 舒适接受范围为 23.3 ～ 30.3℃。则以进行模拟的最热周 12:00 情况为例，若考虑几乎无风状态，仅有位于北侧房间内的人处于适应性舒适范围，在缓冲空间和院落的人都会有明显热感觉；但若提高经过人体的风速，升高至 0.6 m/s 的微风则檐下缓冲空间亦可达舒适范围。风速到 1.2 m/s 时舒适温度上限升高至 32.5℃，可见风速对此气候类型下人体舒适度的影响（表 3-3）。

（3）身体感知、行为与认知分析

① 包裹感与边界感

从建筑现象学的视角来看，身体对建筑的原始感知包括建筑作为庇护所而带来的边界感与包裹

表 3-3　斯里兰卡合院民居舒适相关参数

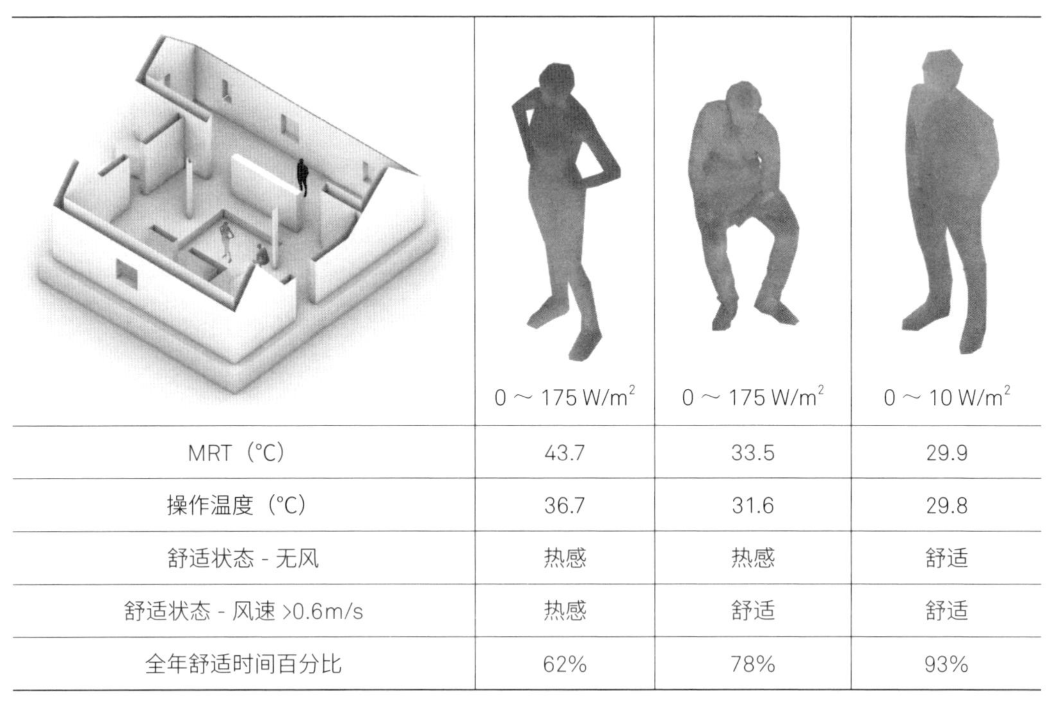

	$0\sim175\ W/m^2$	$0\sim175\ W/m^2$	$0\sim10\ W/m^2$
MRT（℃）	43.7	33.5	29.9
操作温度（℃）	36.7	31.6	29.8
舒适状态 - 无风	热感	热感	舒适
舒适状态 - 风速 >0.6m/s	热感	舒适	舒适
全年舒适时间百分比	62%	78%	93%

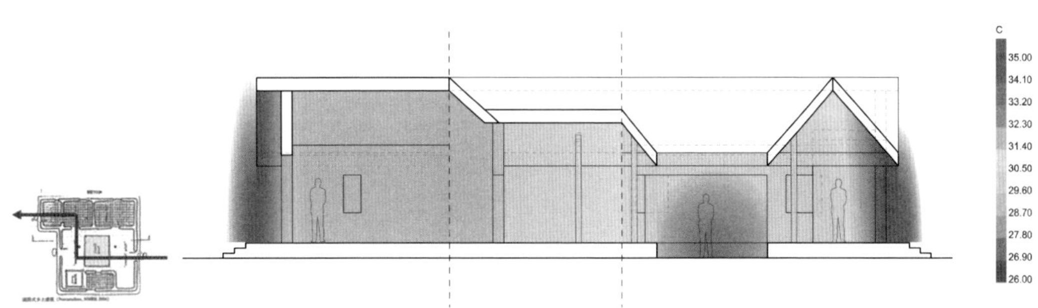

图 3-9　典型炎热中午时刻热感觉沿流线变化图（图例范围 25 ～ 35℃）

感，而遮阳棚这一具有悠久历史的热力学原型则在顺应自然气候的同时，通过空间结构为身体增强空间认知。与院子相比抬高的室内地坪、挑檐以及柱子，在保持开敞性的同时限定出了空间边界。

这样的空间边界不仅在视觉上被人感知，同时在皮肤的触感上也能体现出边界内外的区别。在空间边界内，由于建筑形体自遮阳，身体的天空视域因子（sky view factor）降低，身体受到短波辐射大量减少。与此同时，由于建筑内部表面温度也较低，脚底与较冷的地面直接接触，则身体受到长波辐射得热也较少。虽然身体周围环境湿度较高、气温较高，蒸发散热减少，但空间布局促进空气流速升高，可以促进身体通过对流散热，以上因素综合地影响到了热感觉，形成空间边界内外的明显感知区别，形成空间庇护感。

应对盛夏的过度刺激，比如过强的太阳辐射与过高的湿度给人带来的不舒适感，建筑深檐与柱子的形式给人在视觉与热觉上明显区分出空间的内部与外部，则室内部分带给人深层次的、安静的凉爽感。同时，建筑内的合院虽然属于室外部分，但在建筑自遮挡的影响下，合院中的风、光、热与水等自然要素都得到调控，不如建筑外部气候变化剧烈，因此可为建筑内部的人带来适度的刺激，在闷热、令人变得迟缓的天气中让人感受到具有变化性的生动感，比如变化的光线、间歇性的微风等，带来与热品质有关的愉悦感。

② 感知变化与动态体验

从身体对建筑方位的识别出发，合院形式带来视觉上四个方向的均质性，但是在冷热感知上具有空间各向异质性。如图3-6所示，内庭院中的太阳辐射分布和照度分布无论是全年累计还是某一具体时刻都具有各向异性，庭院中的人通过光影感知或触觉系统的冷热感知能认知到空间的差异性，增加了空间的丰富度。空间环境随时间的变化影响了人们的活动与生活方式。以图3-8所示的炎热天气下热感觉昼夜变化为例，人们白天时主要待在阴凉的室内及檐下半室外空间活动，傍晚之后出到庭院中或者住宅外，进行散步、交谈等活动。

身体在空间中运动的流线反映出身体与空间的互动，通过肌肉运动产生出动觉感受，属于触觉系统中的一种类型。在流线中，通过基本方位系统感受到平衡感的变化、地面的抬起或下降，同时通过视觉系统感受到空间尺度、明暗等方面的变化。在斯里兰卡庭院式民居中，这些在流线中的动态感知可以清晰体现，而往往容易被忽略的是热感觉在流线中的变化（图3-9）。当人从东侧入口进入建筑后，热感迅速减弱，而后穿过庭院来到西侧开放居室内，其间会经历热感觉较均匀上升，在院落中短暂地体会到较强热感，而后又下降回归舒适区间，这样迅速的热感觉变化会带来一种热愉悦感，促进人对自然、对生命的感知。当人进入北侧居室内后则感觉最为凉爽，适宜较长时间停留。

③ 多重感知与场所

建筑的中心亦是身体感知中心与行动中心，在斯里兰卡庭院式住宅中，中心空间往往是院落。院落中各种环境要素重叠，带来丰富的感知元素；同时也是家庭活动的中心，将会客、起居、休闲等功能围绕院落布置。

斯里兰卡住宅中的庭院尺度往往不大，尤其和伊斯兰住宅的花园相比。在坡屋顶作为倾斜边界的引导下，小尺度的庭院成为多重感知的聚焦点，体验被放大、强化。围绕院落的坡屋顶形式引起光的明暗对比，形成的光影变化与斑驳树影直接被视觉捕捉，同时建筑与植物的遮阳影响了院落中的人体热感觉；院落中常有自然通风，身体间歇性地有明显吹风感；院落中也常有水体，用于承接坡屋顶引导而下的排水，不仅有一些蒸发冷却作用，滴水还为空间带来了声音，这种声音也充满“冷”的元素，加强了对冷的感知。以建筑师杰弗里・巴瓦设计同样在科伦坡的巴瓦自宅和埃娜・德・希尔瓦（Ena de Silva）住宅为例，体现出院落充分调动感知元素的氛围。

首先，视觉、听觉等其他感觉可以强化人们对热活动过程的意识，比如滴水的声音与冷感产生联觉；其次多重感知增加了体验的可变性，在沉闷的炎夏增加生动感，让我们能产生更多的愉悦感；最后，当地文化中人们喜欢光脚行走或坐于地面上，或者靠近水池将部分身体部位浸泡于水中，这些都是身体与建筑材料、水体直接接触的例子，通过触觉产生即时、强烈的热互动与冷热感知。以上三点使多重感知有助于塑造院落成为感知聚焦的场所。

院落空间通过对风、光、雨水的引导，带来身体对光、热、风和声音等的多种感知，同时促进人们在院落及檐下空间的丰富活动，比如交谈、休憩等休闲活动。令人舒适、愉悦的空间自然会成为家庭生活的焦点，使人们聚集在这个场所，可以被分享的热愉悦在精神层面上甚至成为增进感情的纽带。

3.1.2 越南平盛住宅

平盛住宅（Binh Thanh House）位于越南胡志明市，由武重义建筑事务所（Vo Trong Nghia Architects）和Sanuki + Nishizawa合作设计完成，于2013年建成，是现代建筑结合湿热地区生物气候策略的优秀案例。平盛住宅是为两户家庭而设计，包括一对六十余岁的老年夫妻，以及他们的儿子组成的三口之家。此建筑可以视作遮阳房原型的当代案例，水平层次的院落转为垂直院落。

1. 气候特征分析

胡志明市位于越南南部（北纬10.8°，东经106.7°），属于热带干湿季气候，柯本气候分类为Aw。全年温度主要在22～34℃之间，平均温度27.6℃，且全年波动较小，气温日较差较小。平均气温最高月为4月，平均气温最低月为1月，气温年较差仅为3℃（表3-4）。

太阳辐射：全年太阳辐射较强，各月差异不大。一年中3～9月半年的太阳轨迹在北侧，漫射辐射较强，9月至次年3月在南侧，直射辐射较强（图3-10）。

相对湿度：全年平均湿度为78%～82%，但可明显分为干湿两季，雨季通常从五月到十一月，而十二月至来年四月相对较干。每天9:00左右湿度最高，之后白天时期内相对湿度下降。

风向与风速：2月至5月、6月至9月为一年内的多风季，前者主要风向为东南，后者为西南，年平均风速为3.0m/s（表3-5）。

2. 身体需求分析

当地气候的室外热舒适全年时间百分比为21.6%，在热环境调节方面，全年100%时间的需求为散热，尤其全年每天的6:00～18:00时段具有强烈热感，而全年无得热需求。对于室内情况而言，通过自然通风进行散热可补偿68.5%的舒适时间，春夏季对机械冷却及除湿的需求升高，对应21.6%的舒适时间。

表 3-4 胡志明市主要气象参数

空气温度					空气湿度、流速		太阳轨迹及辐射		
年平均气温（°C）	最热月平均气温（°C）	最冷月平均气温（°C）	全年最高气温（°C）	全年最低气温（°C）	年平均相对湿度（%）	年平均风速（m/s）	夏至日太阳高度角（°）	冬至日太阳高度角（°）	年平均日累计太阳辐射总量（Wh/m^2）
27.6	29.4	26.3	38.0	17.0	82.8%	3.0	77.3	55.7	5627

表 3-5　胡志明市气象参数可视化

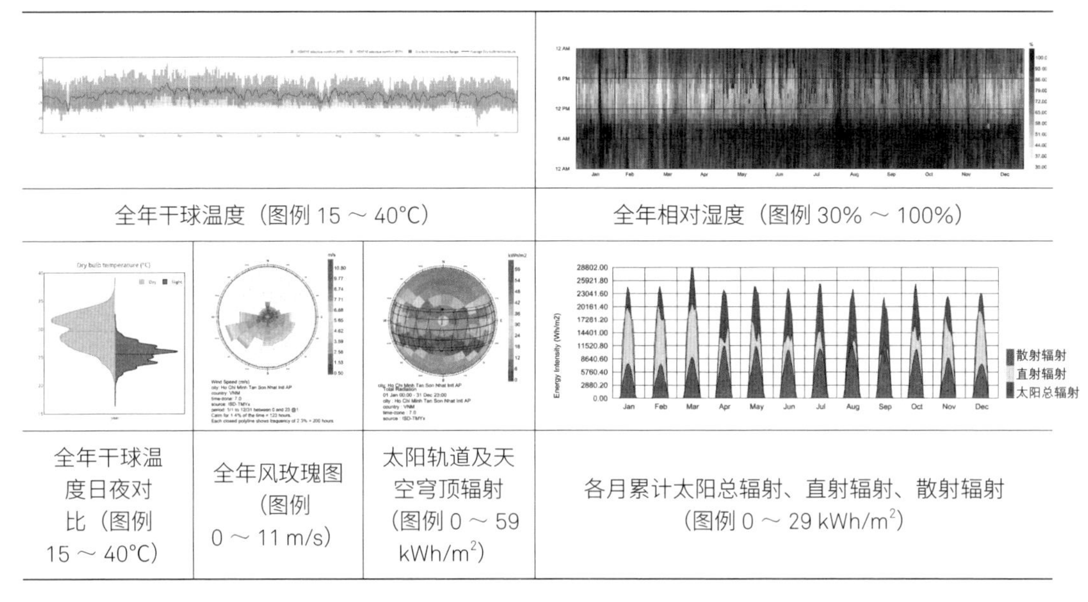

全年干球温度（图例 15 ~ 40℃）			全年相对湿度（图例 30% ~ 100%）
全年干球温度日夜对比（图例 15 ~ 40℃）	全年风玫瑰图（图例 0 ~ 11 m/s）	太阳轨道及天空穹顶辐射（图例 0 ~ 59 kWh/m²）	各月累计太阳总辐射、直射辐射、散射辐射（图例 0 ~ 29 kWh/m²）

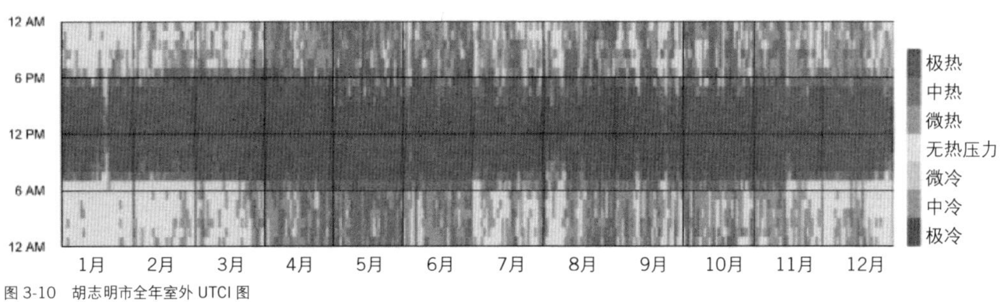

图 3-10　胡志明市全年室外 UTCI 图

3. 性能目标确定

与斯里兰卡科伦坡的气候条件类似，越南胡志明市气候对人体产生的不利因素，主要包括眩光以及高温高湿带来的强烈热感觉，区别是夜晚时热舒适比例升高。白天太阳辐射过高，增加了眩光可能性及造成强烈热感，因此关键需求为降低太阳辐射获得，同时包括可见光部分及热辐射部分（I-, T_{SW}-），降低长波辐射温度（T_{LW}-），减少环境通过辐射热传递阻碍身体散热。在炎热季节与湿季重叠，湿度过高影响身体蒸发散热，因此部分月份需要除湿（RH-），干季时可以不考虑除湿。对流散热为身体主要散热方式，自然通风的空气温度较难降低，更需侧重对风速的提升，同时有利于提升空气质量（T_a-, v+, c-）。

4. 性能设计方法

传统的“遮阳房”建筑原型主要为在低层建筑中布置露天庭院，形成水平方向上不同层次的空间，比如前文分析的斯里兰卡庭院住宅。而面对现当代城市化的发展，中高密度街区中的建筑难以适用此种院落布置方法，因此建筑师尝试在垂直方向上布置院落，形成“立体院落”，同时将建筑形体自遮阳、开敞界面等传统策略进行相应的调整与适应，并且辅助当代更新的环境调控技术，以应对湿热气候中的环境性能问题。

（1）减少太阳辐射（I-，T_{SW}-）

① 场地布局

平盛住宅位于胡志明市平盛区的一个中密度住宅街区中，街区建筑容积率约为1.8。周边建筑层数为五层，且各栋建筑间隔很小，利于互相遮阳。平盛住宅的临街面宽度仅为8 m，且朝向东北，尽可能地减少直射自然光的获取。并且街道的高宽比较大，为1.5，更进一步减少了天空漫射光线进入室内。

② 建筑体形窄长

建筑平面呈窄长形，南北两端接受太阳辐射较多，通常温度较高，布置为院落、天井和阳台等，而将主要功能区放置在中部，包括较为开放的起居室和餐厅等，或是更为私密的卧室等。

③ 建筑空间-体量交错

平盛住宅内住有三代人，兼顾私密性与活动的需求，将主卧室分别置于一、五层，中间为较开放的起居、活动空间等。同时，通过将各层空间进行沿体量长边方向进行水平位移错动，形成垂直方向上丰富的挑出平台或遮阴空间，适应各层空间的功能需求（图3-11）。并且遮阴平台可分为仅有顶面遮阴，或是结合立面遮阴，同时提高私密性。

三层空间向北挑出5m，为场地入口区形成了遮蔽空间，让人从院子入口直接通过螺旋楼梯进入二层的起居室空间，并且此过程中较少受到降雨或暴晒的影响，同时也减少了一层与二层空间受到的太阳辐射。并且三层挑出部分则为四层空间提供了室外露台，因为四层为起居空间，界面较为开放。一、二层南侧的露天平台用于种植，为南侧房间遮阴。

④ 空心模块遮阳立面与材料

遮阳立面由预制混凝土构成，每个单元宽60cm、高40cm，混凝土模块立面与同样窗墙比的整块玻璃相比，既能引入适当的光线又能阻挡过量的太阳辐射，可以引入自然通风且阻挡过多雨水，同时在引入自然景色的同时能保证隐私性和安全性。卧室楼层空间的地面采用深色砖材，起居空间地面采用灰黑色水磨石，皆为低反射率材料。

（2）降低蓄热、湿度（T_{LW}-，RH-）

① 主要功能空间抬起

地下空间为停车库，一层相比场地地坪抬高1m，通过组织排水、促进通风降低湿度，并且提高一层的卧室区的隐私性。

② 动态调节的缓冲空间

五层则通过混凝土空心模块围合出半室外院落区域，在卧室与室外间形成缓冲区。室内外的玻璃隔断是活动的，当半室外空间呈开放状态时，自然通风可以进入室内；当天气过热室内需要开启空调时，居住者可以将折叠在一侧的玻璃分隔展开，将卧室区与露台区分开调控，此半室外区域成为热缓冲区，减缓室外热量对室内卧室

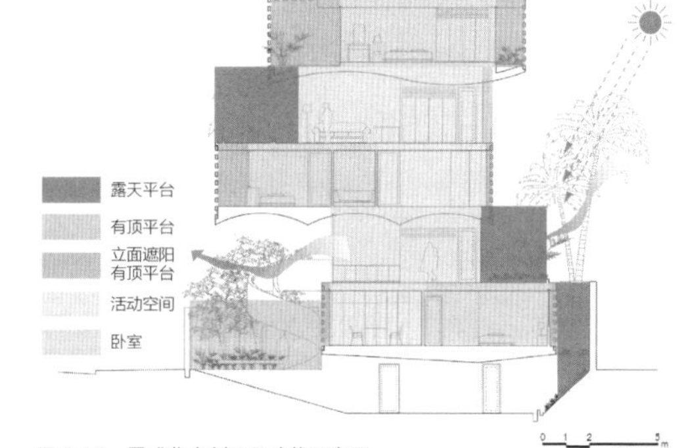

图 3-11　平盛住宅剖面及功能示意图

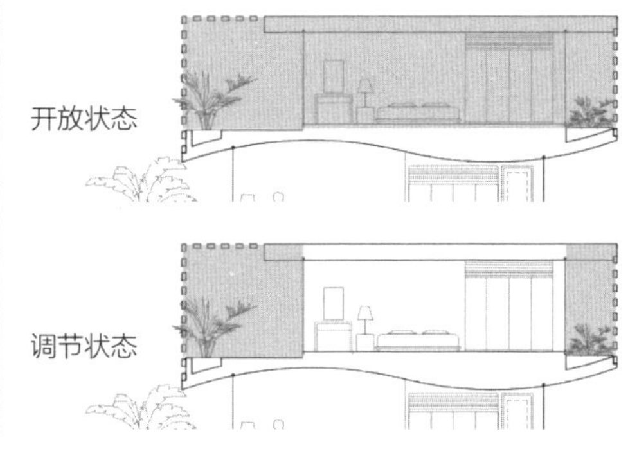

图 3-12　平盛住宅适应性热缓冲空间照片及分析图

区的加热。类似地，三层卧室区北侧的种植阳台、一层卧室区南侧的种植区也起到了类似的缓冲效果（图3-12）。

（3）促进自然通风（T_a-, v+, c-）

① 建筑空间-垂直院落

鉴于住宅的南侧有紧邻的其他建筑形成遮挡，住宅的2～5层均向北侧退让，可促进穿堂风在南北方向贯穿室内，同时留出种植空间，通过树木形成隐私隔断（图3-11）。

5. 身体分析与性能评价

（1）光环境与视觉舒适

使用 UDI对建筑进行光环境分析，将超过照度上限的时间百分比进行可视化呈现（图3-13），可以看到照度过高的区域边界明显，主要包括各层的露天平台或半室外院落，以及地下车库入口。一层入口处照度超上限时间比占60%左右，可见在上方体量的遮挡下，照度有所降低。对于布置在建筑中部的主要活动空间而言，光线主要以漫反射的方式进入室内，光环境较为均匀，有无玻璃对室内光环境影响较小。

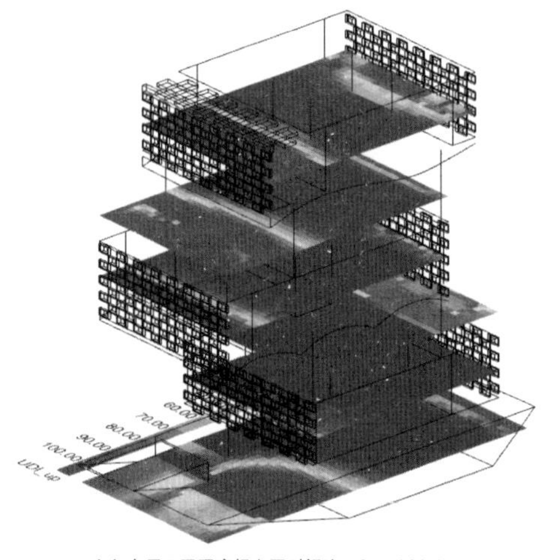

图 3-13　全年有用日照照度超上限时间比，0～100%

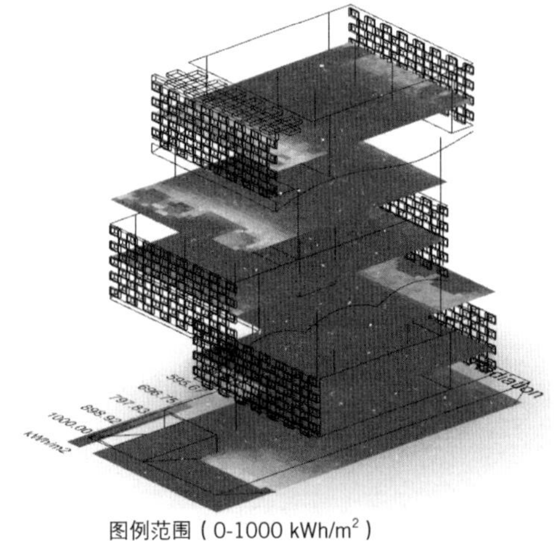

图例范围（0-1000 kWh/m^2）

图 3-14　平盛住宅全年累计太阳辐射获得

（2）热环境与热舒适

① 全年分析

场地处于五层建筑的街区中，周边建筑对场地形成遮挡，对场地进行无建筑时的年累计太阳辐射模拟，最高值可达1380 kWh/m^2，从临街侧向另一侧逐渐降低，但仍有近半面积超过1000 kWh/m^2。而场地上的建筑通过垂直错位的自遮挡，仅有四层的花园平台有较高的累计辐射（图3-14）。

由于建筑采用适应性的性能设计方法，自然通风和局部采用空调辅助这两种调控模式分别适用不同的情况。从全年热感觉时间比的空间分布看，当全建筑引入自然通风时，各层室内主要活动空间热感觉时间接近30%，尤其在12:00～18:00之间给人带来热感觉，而开敞平台的热感觉时间占全年40%以上（图3-15）。针对下午时段给人带来强烈的热感，使用可移动的玻璃幕墙将室内与室外进行分隔，辅助使用空调设备，则室内空间热感觉时间被大大降低至10%以内。室内调控空间的舒适时间可达70%左右。

② 最热周分析

典型年气象数据中的全年最热周为4月2日至4月8日，此时太阳轨迹接近正上方，以4月2日11:00为例（图3-16），太阳高度角接近90°，此时仅有四层室外平台辐照度最高，超过800W/m^2。此平台一周内累计热辐射最高为34 kWh/m^2，五层半室外平台次之，其余空间热辐射较低。

由于最热周太阳高度角较大，大量热辐射被屋顶或露天平台吸收，使得最热周热感觉地图与全年热感觉地图不同。在最热周内，自上午开始，建筑南北两侧的露天平台热环境最先变化，最高层的室内空间热感觉越来越强烈，13:00～15:00为整体热感最强烈的时段，至15:00，五层空间室内甚至比北侧室外空间更高。这证明了最高层空间对机械调控辅助方式的需求。16:00之后，热感迅速下降，这与建筑较低的蓄热性相关（图3-17）。

选取在不同层次空间的人进行适应性热舒适分析，比如1层北侧建筑入口处、二层近南侧室外平台处以及四层北侧近露天平台处。若建筑处于自由通风状态，最热周平均室外气温为29.4℃，对应的中性温度为26.9℃，80%舒适接受范围为23.4～30.4℃。模拟所得的身体平均辐射温度（MRT）与天

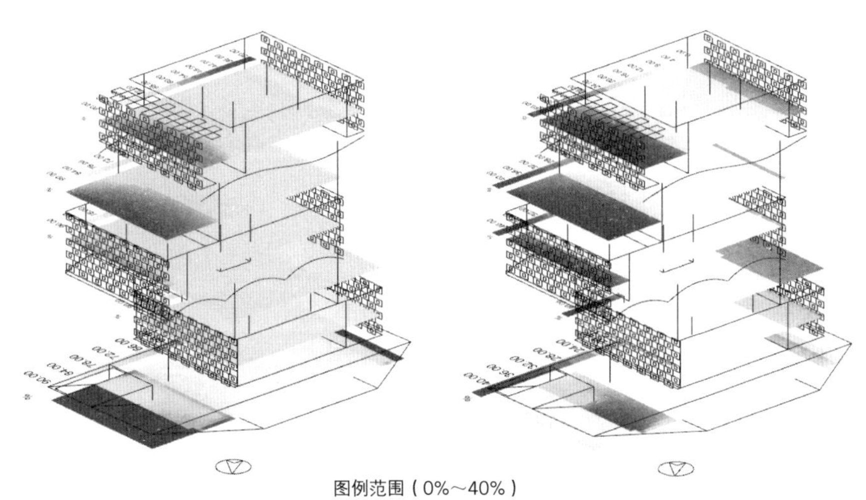

图例范围（0%～40%）

图 3-15 全年热感觉空间分布，（左）自然通风，（右）空调辅助

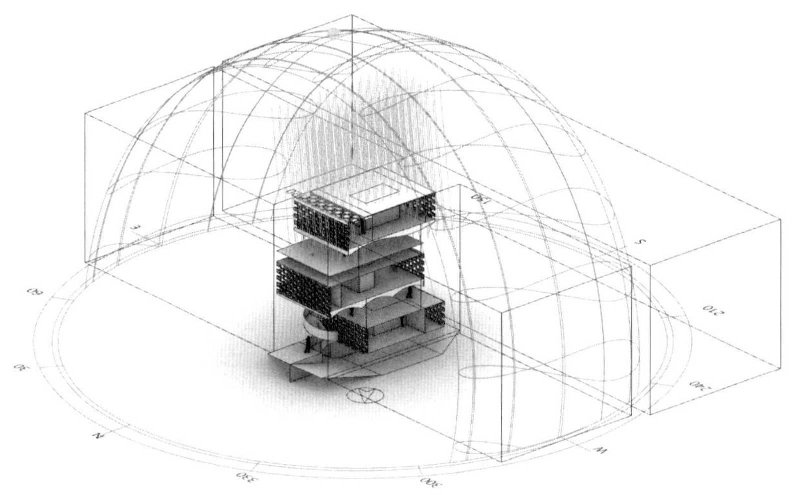

图 3-16　4 月 2 日 11 时太阳轨迹与光线方向

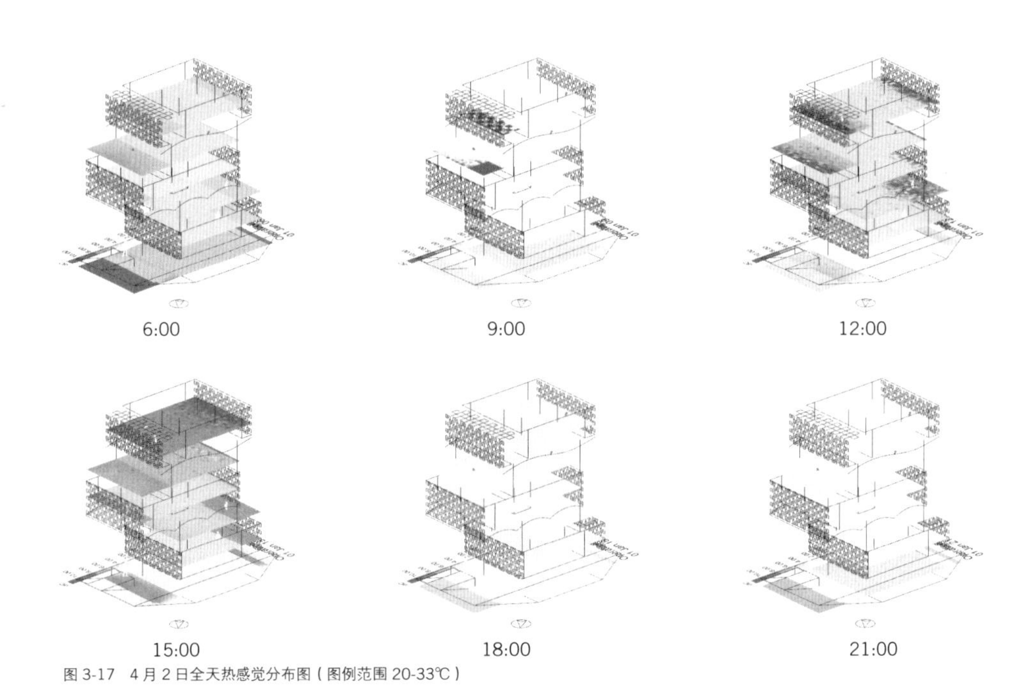

图 3-17　4 月 2 日全天热感觉分布图（图例范围 20-33℃）

空角系数呈正相关。则以进行模拟的最热周中午11点情况为例，若处于无风状态，三个位置的人都会有明显热感觉；但若有风速为1.2m/s及以上的自然通风，处于两个室内的人皆处于适应性舒适状态。

（3）身体感知、行为与认知分析

① 边界与自然过渡空间

在垂直与水平方向上，建筑室内与自然之间存在半室外或室外过渡空间。不同的空间边界感形成了不同层次的空间，其中包括自然过渡空间，对应家庭生活中不同功能、不同活动的场所。

水平方向上，通过使用空心模块遮阳立面、可调节式玻璃分隔等多种类型的界面，创造出建筑各层水平方向上（尤其沿平面长边方向）的光热环境变化，同时造成了光热感知的变化（图3-13）。不同的环境与空间功能相对应，人们夜晚在半室外露台纳凉，而白天在平面中间的起居空间活动或休息。

通过垂直院落的设置，建筑在垂直方向上也存在明显的空间层次。主要为起居与活动空间的二层、四层较为开敞，与外部气候无明显的垂直边界，便于引入穿堂风与自然景色，虽然在城市的高密度环境中各层空间被向上叠加，然而体现出了一种与传统热带生活契合的空间氛围（表3-6）。

表 3-6　平盛住宅舒适相关参数

图例范围：20～33℃	1F 北侧面南	2F 南侧面南	4F 北侧面北 0～100 W/m²
天空角系数	0.23	0.05	0.09
MRT（℃）	40.7	34.8	36.1
操作温度（℃）	35.1	32.1	32.8
舒适状态 - 无风	热感	热感	热感
舒适状态 -1.2m/s	热感	舒适	舒适
全年舒适时间百分比	62%	70%	67%

② 流线与动态感知

由于建筑在水平、垂直方向上的空间异质性，人们在建筑内随运动流线而获得的体验也具有明显变化。人们进入建筑的流线较为特殊，在地面层进入院落后，若是步行，则通过螺旋楼梯走至二楼起居室内。入口空间受到三层挑出体量的遮蔽，减少降雨或暴晒的影响，此流线增加了从室外到半室外、室内空间的过渡感，同时人在旋转上升时不断转变身体的方向，感受到热辐射在身体不同部位的不对称感。类似地，人们在同一层空间的水平位移或在不同层之间的走动都会带来明显的光热感知变化（图3-18）。这种动态的感知变化刺激会增加身体的热愉悦感。

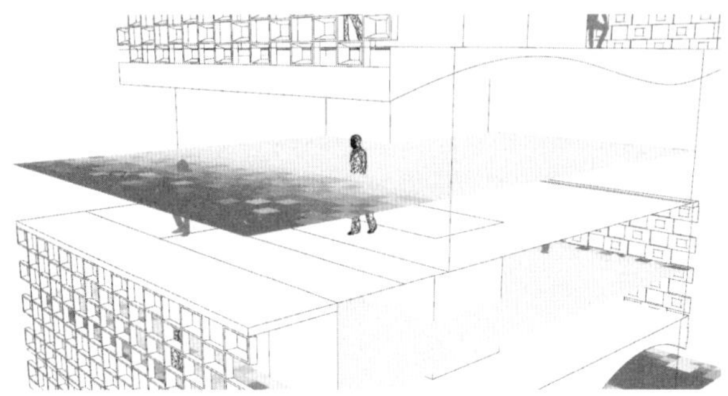

图 3-18　平盛住宅开放起居空间层及热感觉地图

③ 多重感知与场所

由于这栋住宅服务于三代同堂的两个家庭，因此需要两个活动层（2、4层）分别作为大家庭与小家庭的活动中心，联结家庭成员；同时这两层空间是感知最丰富的空间，通过材料、植物等元素的运用成为建筑内最开敞、最贴近自然的场所。

室内空间一部分光线被植物遮挡、一部分则通过漫反射进入室内，树叶在风吹动下发出声响，丰富的自然元素引发身体的感知。在这样的空间中，材料是营造氛围的重要元素，通过皮肤对材料的直接触觉，或是通过视觉引发间接的触觉而实现。建筑表面选取具有明显肌理的材料，比如刷成白色的砖墙，可见不同砖块之间的凹凸缝隙，以及具有纹理的水磨石地面和混凝土楼板等，这些材料的使用遵循光热调控策略对材料辐射性能、热性能的要求，同时引发身体的触觉感受，打破现代建筑材料的抽象感。

二层是人们从外部步行进入室内的必经之地，是利于人们交谈的起居与休闲空间，还可以进行种植活动；四层是开敞的餐厨空间，在炎热气候的夜晚，一家人聚集于此共进晚餐，凉爽的自然空间成为家庭生活的基础。

3.2　捕风塔原型（干热气候）

3.2.1　开罗传统住宅

捕风塔的建筑原型在干旱气候区较为常见，历史悠久的埃及开罗存在许多含有捕风塔元素的传统建筑，包括住宅及一些宗教建筑，比较典型的是马穆鲁克和奥斯曼时代（13～18世纪）的住宅建筑。建筑的空间布置、风格等特征在伊斯兰文化影响下得到发展，其气候适应性策略与当地社会习俗相呼应。

1. 气候特征分析

开罗位于埃及北部（北纬30.1°，东经30.9°），属于典型的热带沙漠气候，柯本气候分类为Bwh，常年炎热干旱少雨，全年平均温度20.7℃。全年各月平均气温在12～27℃之间，全年波动较大，气温年较差可达15℃。夏天高温可达40℃以上，最炎热的7、8月平均气温在22～35℃之间，昼夜差较大。一年中最冷月份为1月，平均气温在10～19℃之间。全年气温日较差较大。

太阳辐射：全年太阳辐射极强，一年中5～8月各月累计辐射近30kWh/m^2，其余月份降低至20kWh/m^{2}左右。其中法向直射辐射远高于漫射辐射，这与较低的云层覆盖率和相对湿度有关。从天空穹顶图可知，夏至日左右辐射强度最高（表3-7）。

相对湿度：全年干旱，平均全年降雨量在30mm。全年平均湿度为57.5%，各个月份的月平均相对湿度在49%～65%之间，变化幅度较小。而在每个月中，相对湿度变化幅度较大，最低在10%～20%之间，最高近100%。昼夜相对湿度差异较大，普遍而言下午更干旱。全年干球温度与湿球温度差值较大，适合采用蒸发冷却降温策略（表3-8）。

风向与风速：全年主导风向为北风，不同季节、不同时刻风向变化不大，基本在西北至东北范围内，并且风速也较为稳定，平均风速为3.4m/s。

2. 身体需求分析

对于当地的室外环境，UTCI全年热舒适时间百分比为54%，全年30%时间过热，主要出现在5～10月的白天；16%过冷，主要出现在11～2月的夜晚。在室内热环境调节方面，全年时间内得热与散热需求基本平衡。得热需求基本可通过被动式策略满足，被动式太阳取暖与直接太阳辐射可分别增加35%和11%的舒适时间。3～6月及9～11月通过遮阳即可满足部分散热需求，5～10月通过结合蓄热体围护结构的自然通风可补偿的大部分舒适时间，占全年30%（图3-9）。

对于过渡季节，比如3～5月及10～11月，较大的昼夜温差使白天存在散热需求、夜晚存在得热需求。

表 3-7 开罗（Cairo）主要气象参数

空气温度					空气湿度、流速		太阳轨迹及辐射		
年平均气温（°C）	最热月平均气温（°C）	最冷月平均气温（°C）	全年最高气温（°C）	全年最低气温（°C）	年平均相对湿度（%）	年平均风速（m/s）	夏至日太阳高度角（°）	冬至日太阳高度角（°）	年平均日累计太阳辐射总量（Wh/m^2）
20.7	27.1	12.4	39.8	2.6	57.5%	3.4	83.3	36.5	5704

表 3-8　开罗（Cairo）气象参数可视化

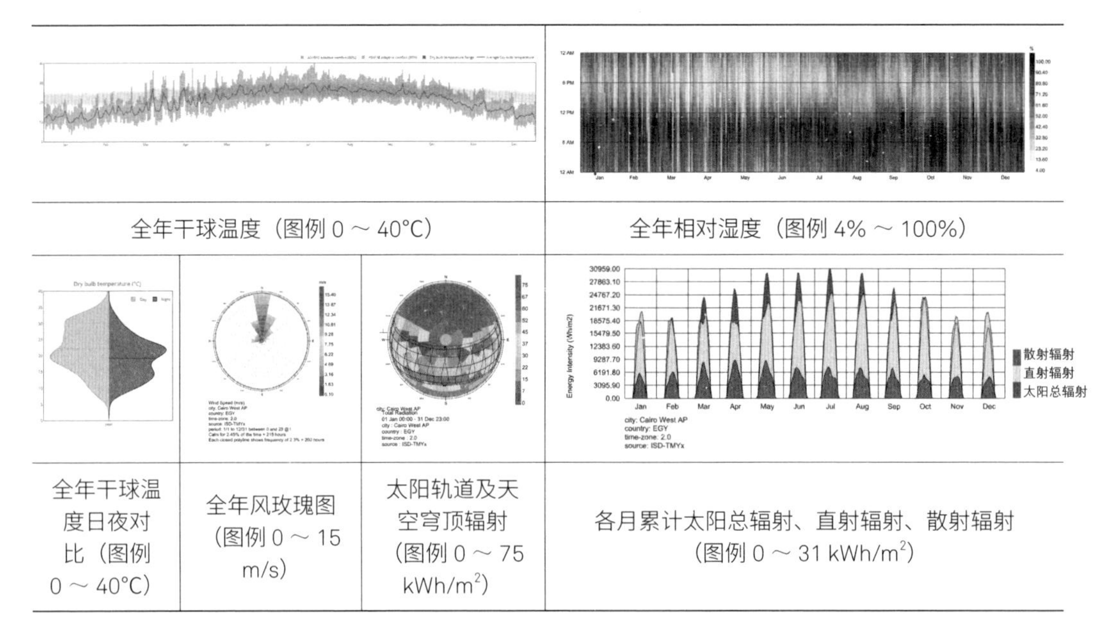

全年干球温度（图例 0 ～ 40°C）			全年相对湿度（图例 4% ～ 100%）
全年干球温度日夜对比（图例 0 ～ 40°C）	全年风玫瑰图（图例 0 ～ 15 m/s）	太阳轨道及天空穹顶辐射（图例 0 ～ 75 kWh/m²）	各月累计太阳总辐射、直射辐射、散射辐射（图例 0 ～ 31 kWh/m²）

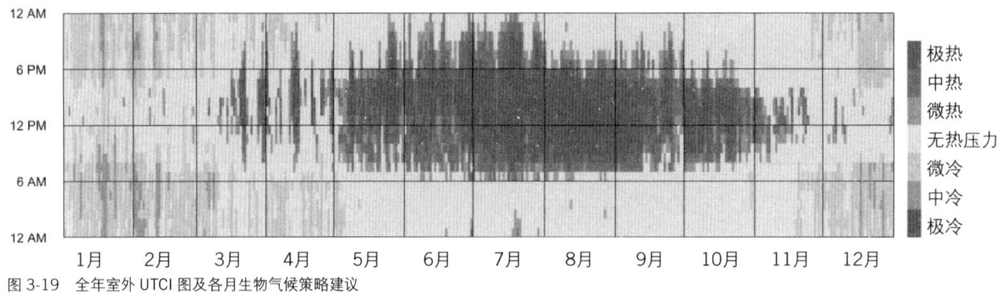

图 3-19　全年室外 UTCI 图及各月生物气候策略建议

3. 性能目标确定

开罗气候对人体带来不舒适的因素主要包括眩光、高温及较大的昼夜温差。相比于湿热气候，干热气候中对环境性能而言最关键的环境因素也包括太阳辐射，然而不同之处是还需要着重考虑昼夜温差需要。降低太阳辐射获得，同时包括可见光部分及热辐射部分（I-，T_{SW}-），通过使用高热质建筑材料进行蓄热，可以降低建筑内部的长波辐射温度（T_{LW}-），增加身体的辐射散热。由于环境相对湿度较低，可以采用蒸发冷却进行降温，同时相对湿度提高（RH+）。在对流散热方面，室外空气温度较高，需要降低气温，并且通过自然通风促进室外气流进入室内，同时有利于排出污染物、提升空气质量（T_a-, v+, c-）。

4. 性能设计方法

“捕风塔”建筑原型主要适用于干热气候，其特征为利用风道的设计加强自然通风，同时利用厚重、开口小的围护结构围合出与太阳辐射相对隔离的内部环境，外部热量进入室内具有一定的滞后性，总体性能策略与环境因素之间的关系如图3-20所示。

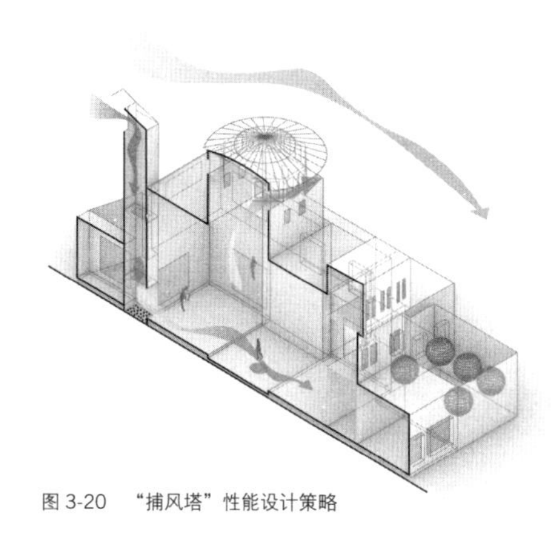

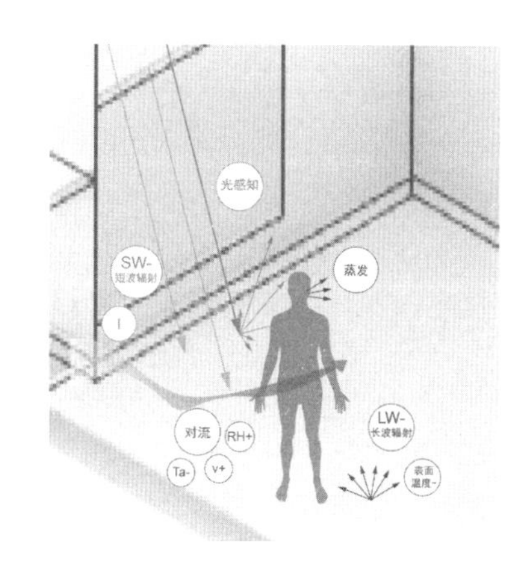

图 3-20　“捕风塔”性能设计策略

（1）减少太阳辐射（I-，T_{SW}-）

① 场地布局

开罗传统住宅以聚落的形式聚集，不同户之间的墙体紧密相连，街道高宽比较大，约为2，使街道在建筑的遮挡下受到太阳辐射较少。并且街巷沿南北方向顺应主风向，利于通风通过街巷。

以较简单的住宅类型为例，建筑北侧有一大一小两个院落，建筑主体部分为2层高，对北侧院落具有一定的遮阳效果。

② 建筑体形较紧凑

建筑体量沿南北方向展开，呈长条矩形体，屋顶为平顶。整体体形系数较低，开口较小，减少建筑围护结构与外界的热交换。

（2）热质量应对昼夜温差（T_{LW}+/-）

① 高热质材料

由于全年昼夜温差较大，尤其过渡季节白天有散热需求、夜晚有得热需求，采用高热质厚围护结构以应对昼夜不同需求。整体建筑外墙为500mm厚石灰岩墙，地面层地板也是石材，砖材用于部分墙、拱和穹顶等结构，木材用于建筑中的水平屋顶、遮阳立面、凉廊和天井等，这些材料蓄热性能较强，具有热惰性。白天所蓄的热量在晚上释放到室内，使空间的得热以满足夜晚的热舒适需求。

（3）促进自然通风，增加湿度（T_a-, v+, RH+, c-）

① 围绕内院的建筑空间布局

传统开罗住宅中含有内院，通常为一个无遮阴庭院，除此之外还可能包含遮阴凉亭和绿荫庭院（图3-21）。其中绿荫庭院位于弯曲的入口走道末端，而遮阴凉亭是一种被称为takhtabush的阿拉伯建筑元素，这是一个位于地面层的有盖户外休息区，位于无遮阴庭院和绿荫庭院之间，正面向无遮阴庭院开敞，并通过遮阳通道可通向绿荫庭院。由于无遮阴庭院比绿荫庭院更大，受到遮挡较少，因此那里的空气更容易加热。无遮阴庭院的热空气上升，由于热压通风效应，促使通过遮阴凉亭从绿荫庭院吸入凉爽的空气，促进通风。

② 与中庭结合的捕风塔

围绕在内部无遮阴庭院旁边的，除了遮阴凉亭，还有建筑的重要部分——即部分传统开罗住宅中

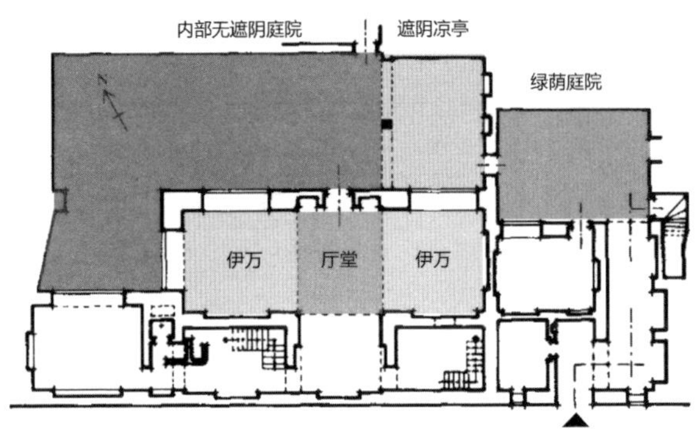

图 3-21　开罗传统民居平面布局分析

图 3-22　开罗传统民居厅堂内部

含有的一种典型厅堂，名为qa'a，常用于接待。厅堂由一个凹陷的中心区域（durqa'a）与两侧的带拱顶伊万空间（iwan）组成。中心区域为二层通高中庭空间，是接待的客人通过正门首先进入厅堂的空间，与两边空间比较低，呈凹形，通常放置有喷泉，利于冷空气聚集并进行蒸发冷却；上部带有木制六边形采光井（shukhsheikha）。两侧的伊万为一层空间，靠近窗边的部分带有抬起的休息区（ta-zar），这些是伊斯兰建筑的典型元素。

捕风塔（malqaf）结合在伊万空间靠近无遮阴庭院的一侧，朝向西北方向，通过吸引下降气流（downdraft）促进通风进入室内（图3-20），由于室外气温较高，通常在气流从上往下经过捕风塔通道时，对空气进行冷却处理，通常采用挂装有水的陶罐，利用水蒸发冷却作用给空气降温、增湿，并且在井底部放置有煤炭，过滤净化空气，而后由伊万空间进入室内，冷却的空气可进一步被中庭的喷泉冷却。同时，由于中庭为通高空间，顶部受到太阳辐射加热，由此通过烟囱效应促进热空气上升、排到室外，底部形成负压则可进一步促进捕风塔的下降风。

③ 界面-格栅空间

传统开罗住宅中含有一种带木格栅窗的悬臂式空间，名为mashrabiya，这个名字源于阿拉伯语“drink”，最初的意思是“喝酒的地方”。这个空间悬挂在立面或由梁支撑，由于木格子单元尺寸很小，能遮挡日照，也能引入部分光线进行采光，同时遮挡外部向室内的视线，保护空间私密性。同时窗户旁可以放置小水罐，当空气通过开口时，通过蒸发效应进行冷却（图3-22）。

5. 身体分析与性能评价

（1）光环境与视觉舒适

使用UDI对建筑一层、二层进行光环境分析，超过照度上限时间百分比较高的区域为室外区域，包括遮阴凉亭（图3-23）。室内区域则光环境适宜，除了靠近窗口的局部区域照度过高可能性较大，尤其二层临街面的窗户附近。然而由于建筑较小的窗墙比、较厚的围护结构与木格栅窗的应用，太阳辐射直射到的室内区域十分有限。

（2）热环境与热舒适分析

① 全年分析

场地所处的街区街道高宽比较大，街道受到热辐射较少，而由于建筑层数较低，周边建筑对场地遮挡较少。场地大部分区域年累计太阳辐射在1700 kWh/m^{2}以上，南侧靠近入口区略低。当建筑主体

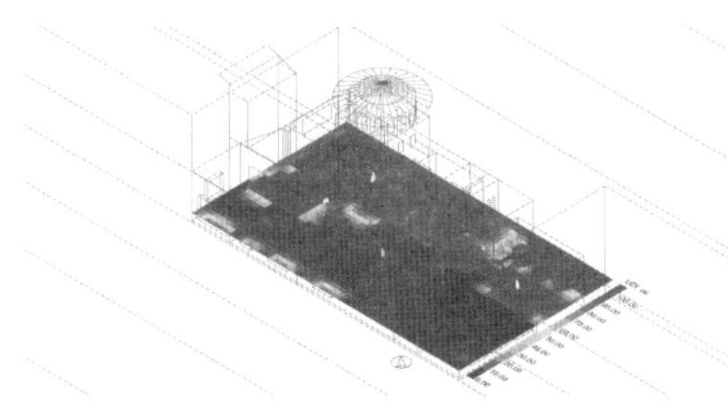

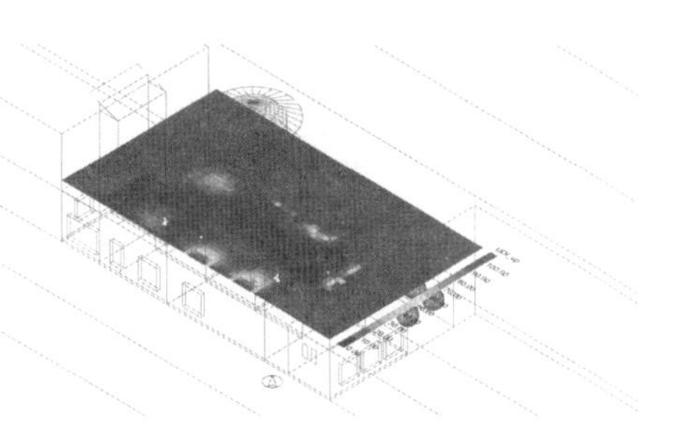

图 3-23 开罗传统住宅（左）一层、（右）二层全年超过 UDI 上限时间百分比

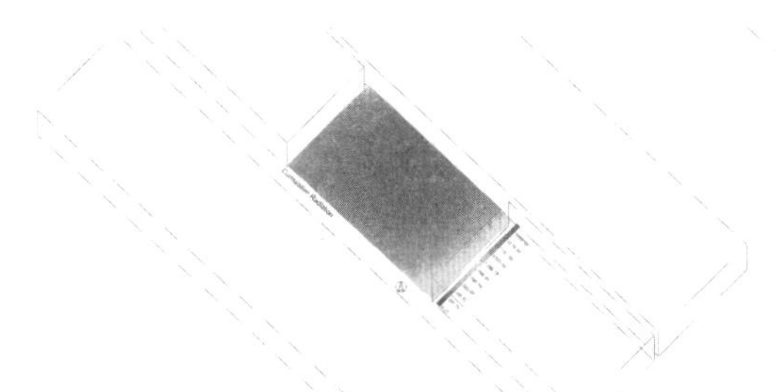

图例范围（0-2000 kWh/m²）

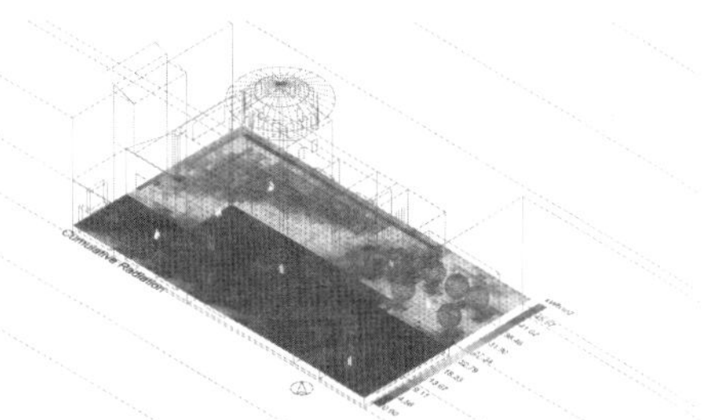

图例范围（0-1200 kWh/m²）

图 3-24 （左）场地无建筑时、（右）场地一层全年累计热辐射

放置于临街侧时，对北侧的院落空间形成了较好的遮挡，对应图3-21所示的院落布置，入口附近的绿荫庭院平均全年累计辐射值在500 kWh/m²左右，遮阴凉亭由于有顶覆盖，辐射值较低，而无遮阴庭院最高，在1100 kWh/m²左右，利于促进庭院之间的热压通风，并且可以证明南侧建筑主体体量对院落的遮阳效果（图3-24）。

从全年热感觉时间比的空间分布看，室外院落的热感觉时间比较大，与年累计辐射的分布相符，值得注意的是遮阴凉亭虽然受到辐射较小，但由于受到室外高气温的影响，也有较高热感觉，而绿荫庭院由于植物的遮阴及蒸发冷却作用，过热感觉出现较少。室内部分则较为均匀，除了南侧入口空间附近热感觉时间比较高（图3-25）。

② 最热周分析

7月13日至19日为典型年气象数据中的全年最热周，累计热辐射的空间分布规律与全年近似，然而热感觉的分布出现了区别。主要区别在于一层的南侧入口区与北侧一单层房间的热感觉时间占比较高。图3-26展示了一层入口区及中庭空间的气温与外部气温的对比，全天波动较小，白天温度较室外低、夜晚温度较高，并且在室外温度上升后延迟升温。从一天中的热感觉变化图可以看出（图3-27），早上至中午阶段室外热感快速升高，而热质量结构带来了强热滞后性，室内在12:00左右热感才逐渐开始升高，至15:00室外露天庭院热感开始下降，夜晚时由于热质量结构开始散热，室内外仍旧维持有较轻微的热感觉。

选取在室内外不同空间的人进行适应性热舒适分析，包括无遮阴庭院、遮阴凉亭、一层伊万窗边休息区（tazar）和中庭内。最热周平均室外气温为27.2℃，对应的中性温度为26.2℃，80%舒适接受范围为22.4～29.4℃，则以7月13日中12:00情况为例，只有室外露天院落的人都会有明显热感觉，MRT与天空角系数呈正相关。在凉亭或窗边的人可能会有轻微的辐射热不对称感（表3-9）。

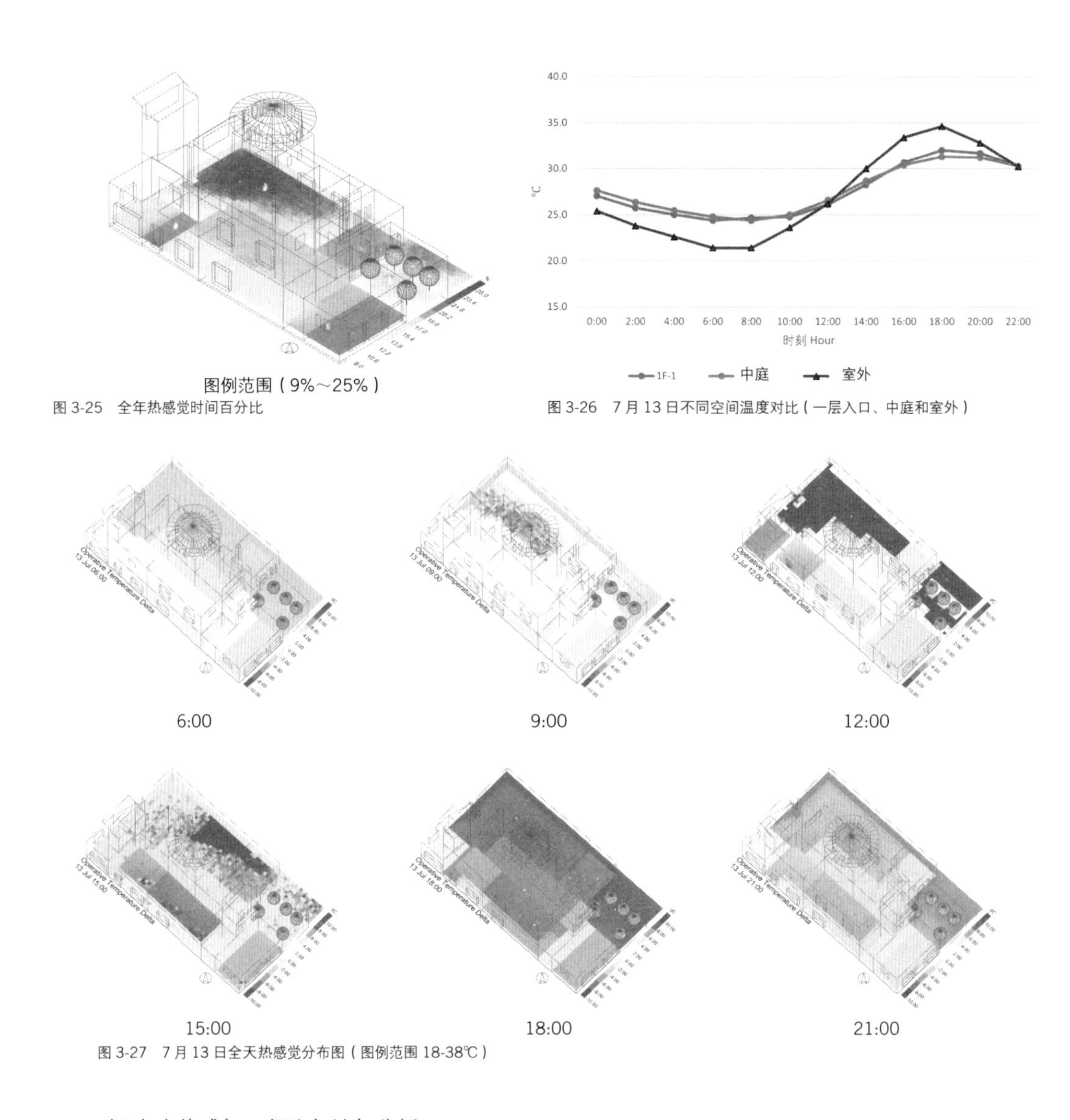

图 3-25　全年热感觉时间百分比

图 3-26　7 月 13 日不同空间温度对比（一层入口、中庭和室外）

图 3-27　7 月 13 日全天热感觉分布图（图例范围 18-38℃）

（3）身体感知、行为与认知分析

① 边界感与尺度

开罗传统住宅的内外空间主要由厚重的墙而区分开，同时也存在特殊的边界，比如遮阴凉亭takhtabush与带木格栅窗的悬臂式空间mashrabiya，前者为位于建筑内部与外部庭院之间的半室外区域，后者为建筑内多处可见的用于采光且阻碍视线的窗边区域，二者共同点是通过特殊的边界形成区别于建筑内其他房间的小尺度空间，通过视觉、直接触觉与热感共同带来包裹身体的边界感与庇护感，同时加强小空间中人们的冷热体验。比如在大厅qa'a内木格栅窗与厚墙之间形成的凹形空间，高度约与座椅同高，上铺设柔软垫子，主要用于接待男性客人；以及女性空间内的木格栅窗，凹形空间可用于卧躺休憩，具有热舒适感与愉悦感。

② 感知变化与动态体验

宗教传统影响建筑的空间布局及流线设计，家庭主人、女性与儿童、客人等分别对应不同的空间与流线。以主人接待客人进入厅堂qa' a的流线为例，需要从南侧入口进入建筑，而后往北依次经过绿荫庭院、遮阴凉亭、室外露天庭院，之后往南进入durqa' a厅堂空间，在这个流线中经历了不同遮阴程度的室内外空间，如图3-27所示，身体的热感觉可能会经历以下变化：室外的热感—室内回归舒适—遮阴庭院的微热感—凉亭的舒适感—室外的热感—中庭的凉爽感，热感知被不断调动，带来一种动态的热愉悦。

表 3-9 开罗传统民居舒适相关参数

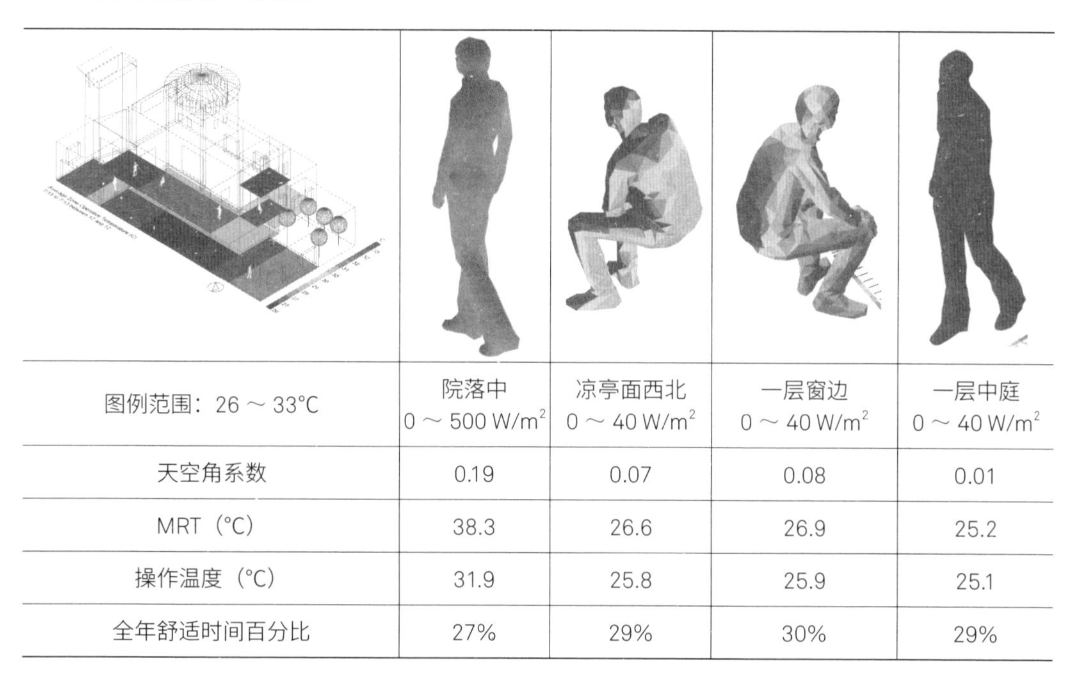

图例范围：26 ～ 33°C	院落中 0 ～ 500 W/m²	凉亭面西北 0 ～ 40 W/m²	一层窗边 0 ～ 40 W/m²	一层中庭 0 ～ 40 W/m²
天空角系数	0.19	0.07	0.08	0.01
MRT（°C）	38.3	26.6	26.9	25.2
操作温度（°C）	31.9	25.8	25.9	25.1
全年舒适时间百分比	27%	29%	30%	29%

在这个流线中人们会体验到极端冷热情况的转化，一种极端环境的体验在另一种极端的对比下会更加明显，两种极端体验的靠近会唤起一种愉悦感。甚至不需要直接体验，只需“被提醒”，都能增强对当下环境的感受。比如人们从街道进入室内，然后来到被高墙围起来的花园，在干旱高温中用花朵、树荫和喷泉提供冷却的庇护。高墙无法阻挡太阳与热空气，但墙界定了花园的边界，提供了隐私，并且使凉爽的感觉更加聚焦，强调了内部凉爽花园与外部沙漠热气候的区别。

③ 多重感知与中心

绿荫庭院与qa' a中庭是建筑内的感知中心与活动中心，具备丰富的环境要素。比如庭院中的绿植、水体蒸发冷却带来降温感，水流声刺激听觉与冷感形成联觉，风、光等自然元素在此交织；中庭内采光天井带来变化的光影，同样也有喷泉带来不断的流水声与冷却后的空气等，身体获得多重感知体验，增添人们对场所的喜爱感。外庭院与内中庭也都是住宅中的活动中心，厅堂中间的durqa' a是迎客区，然后主人接待客人在两侧的休息区（tazar）坐下并进行交谈。

庭院对伊斯兰文化而言具有宗教层面的象征意义，在寓言中庭院主人的身体被看作是庭院的土地，主人的生命过程在庭院的所有过程中得到反映，具有舒适、宜人环境的庭院在伊斯兰寓言中常与生死、精神追求相关联。

3.2.2 夏尔·戴高乐高中

项目位于叙利亚首都大马士革，由法国Lion建筑事务所与环境工程公司Transsolar合作设计，于2008年建成。占地面积4995平方米，总共包含35栋建筑，可容纳900名学生。此项目是现代建筑将捕风塔原型与现代功能、技术结合的典型案例。

1. 气候特征分析

大马士革位于叙利亚西南部（北纬33.4°，东经36.5°），属于干燥沙漠气候，柯本气候分类为BWk。夏季干燥炎热且湿度低，冬季凉爽。全年平均气温为18℃，气温年较差、日较差较大。7、8月平均干球温度最高，日均温度为27.9℃，昼夜温差可达19℃。12、1、2月平均气温最低，小于9℃。

太阳辐射：年累计辐射较高，其中5～8月最高，各月累计辐射为30 kWh/m^2，而11～2月较低。其中主要为法向直射辐射，而水平漫射辐射较低。

相对湿度：年平均相对湿度为52%，1月平均相对湿度最高，为76%，而5月最低，为37%，且各月内相对湿度变化幅度较大，大多数月份方差超20%。一天中下午及傍晚湿度较低，凌晨至中午时分湿度较高。并且如表3-11所示，全年干球与湿球温度差值较大，利于使用蒸发冷却进行降温。

风向与风速：全年主导风向为南偏西风，年均风速为4m/s（表3-10）。

2. 身体需求分析

对于大马士革的室外环境而言，UTCI全年舒适时间百分比为44%，有25%的时间处于有热感觉状态，31%的时间有冷感觉。对于建筑内部环境而言，4～10月通过被动式遮阳可以增加全年18%时间到达舒适区间，其间更炎热的情况需要再加上与高热质围护结构结合的自然通风、干热气候被动式策略，可分别再增加13%、9%的舒适时间。寒冷季节的得热需求主要可通过太阳能采暖而实现（图3-28）。

表 3-10　大马士革主要气象参数

空气温度					空气湿度、流速		太阳轨迹及辐射		
年平均气温（℃）	最热月平均气温（℃）	最冷月平均气温（℃）	全年最高气温（℃）	全年最低气温（℃）	年平均相对湿度（%）	年平均风速（m/s）	夏至日太阳高度角（°）	冬至日太阳高度角（°）	年平均日累计太阳辐射总量（Wh/m^2）
18.0	27.9	6.0	42.0	-6.2	51.6%	4.0	78.7	32.8	5534

表 3-11 大马士革气象参数可视化

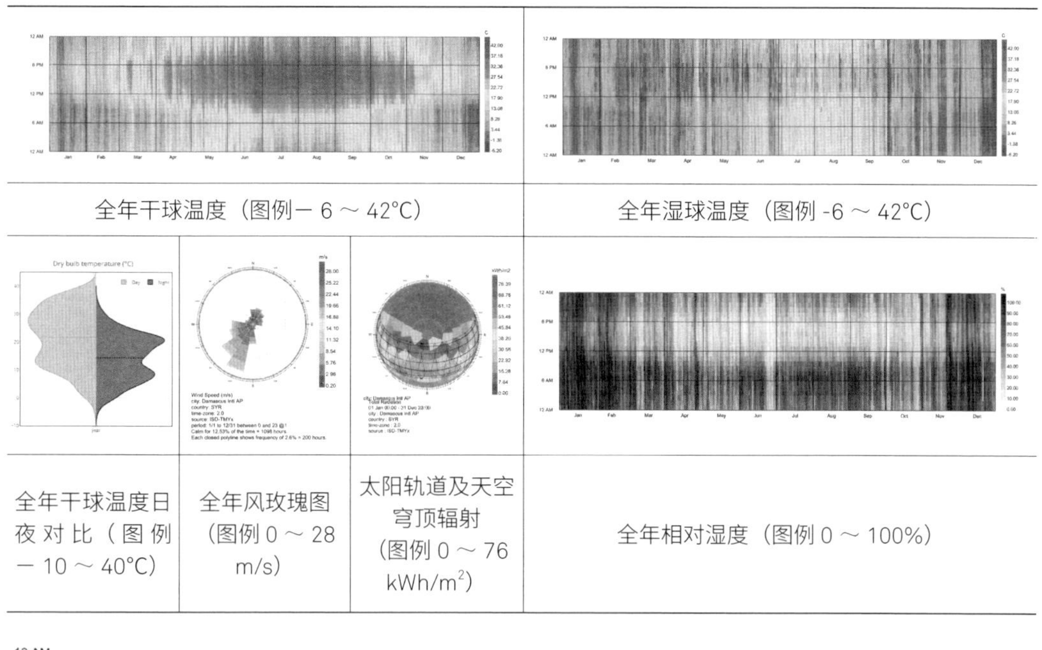

全年干球温度（图例－ 6 ～ 42°C）			全年湿球温度（图例 -6 ～ 42°C）
全年干球温度日夜对比（图例－ 10 ～ 40°C）	全年风玫瑰图（图例 0 ～ 28 m/s）	太阳轨道及天空穹顶辐射（图例 0 ～ 76 kWh/m^2）	全年相对湿度（图例 0 ～ 100%）

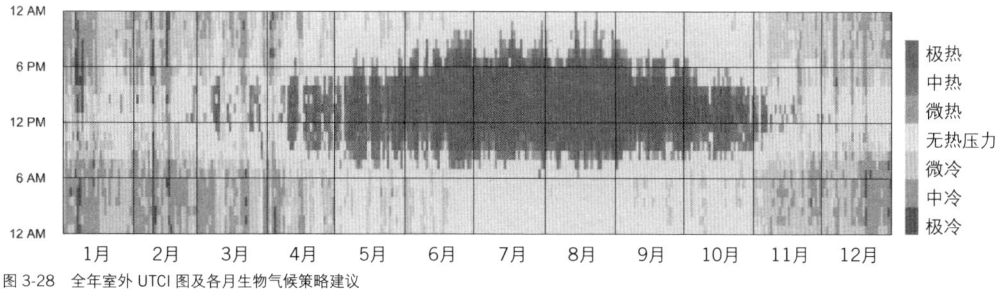

图 3-28 全年室外 UTCI 图及各月生物气候策略建议

3. 性能目标确定

大马士革气候对人体带来不舒适的因素与开罗气候具有相似性，而区别是冷感觉的时间占比略高于热感觉。因此需要重点考虑昼夜温差以及不同季节的策略调节。以散热需求为例，需要降低太阳辐射可见光部分及热辐射部分对建筑内部及人体的照射（I-，T_{SW}-），通过使用高热质建筑材料进行蓄热，可以降低建筑内部的长波辐射温度（T_{LW}-），若是需要减少内部散热，热质量的使用则有利于升高内部长波辐射温度。由于空气干球温度与湿球温度差值较大，可以采用蒸发冷却进行降温，同时相对湿度提高（RH+）。在对流散热方面，室外空气温度较高，需要降低气温，并且通过自然通风促进室外气流进入室内，同时有利于排出污染物、提升空气质量（T_a-, v+, c-），若是需要减少内部散热，则一般减少室内外通风，通过加热建筑内表面提高空气温度。

4. 性能设计方法

传统“捕风塔”建筑原型往往配合蒸发冷却对进入室内的空气进行降温，以及利用风道的设计加强自然通风。当代建筑分别在这两个环节都提出了优化策略，通过将主动式技术与被动策略结合，形成混合调控模式，一是提高了建筑对昼夜温差、散热与得热需求等不同性能需求之间的调节性，二是强化了能量使用的低熵策略，以进一步提高环境性能。设计目标是采用适用当地气候情况的低技术方法，解决通风与建筑环境调控，同时采用当地材料作为一种对传统建筑的当代呼应。

（1）减少太阳辐射（I-，T_{SW}-）

① 场地布局与单元式体量

整个校园包含多栋教学楼、行政楼、综合功能楼等，整体布局呈U形，沿东西方向的中轴线展开。中轴线上为露天场地，南北两侧沿轴线依次排列的是教学楼。所有的教学楼都是同样的两层建筑单体，单元体之间通过遮阴连廊而连接在一起。单体体量较小，单个体量约为7m（宽）×9m（长）×7m（高，不含烟囱高度）。体量之间距离较短，东西方向间隙的高宽比约为1.2，南北方向间隙高宽比约为3，减少室外场地受到的太阳辐射，以降低场地整体得热。从太阳轨迹图（图3-29）中可看出，夏至日（圆点示意，位于图中上方）左右太阳高度角较高，建筑较难对场地或其他建筑进行遮挡，而冬至日（圆点示意，位于图中下方）高度角较低，因此需要建筑排列错位，以获得适当日照。

② 场地布局-单元间绿植庭院

教学楼单元东西方向之间的场地被设计为绿植庭院，并且顶上配合可控制开合的顶棚遮阳构件，对昼夜、冬夏不同需求可以进行适应性调节。比如顶部遮阳在夏季的白天时展开，对院落进行遮阳；夜晚则收起，使院落顶部敞开，与天空进行辐射冷却降温。冬季则相反，白天使院落无遮挡，吸收太阳能并进行蓄热，夜晚热量释放时遮蔽院落，减少向天空辐射的热损失。这样的布局为教室周边提供了舒适的室外微气候，创造具有步行性、停留性的休憩空间。

（2）降低室内长波辐射得热（T_{LW}-，RH+）

① 高热质材质

建筑的外墙分为内外两层，内层为现浇混凝土，外层为轻质混凝土砌块，其中间由夹气层隔开，整体形成热性能优秀的热质量。教学楼单元的烟囱与建筑外围护结构连为整体，高热质材料的应用，可以在外界高温时吸收热量，减缓内部得热，然后在外界温度较低时，将热质量在白天储存的热能释

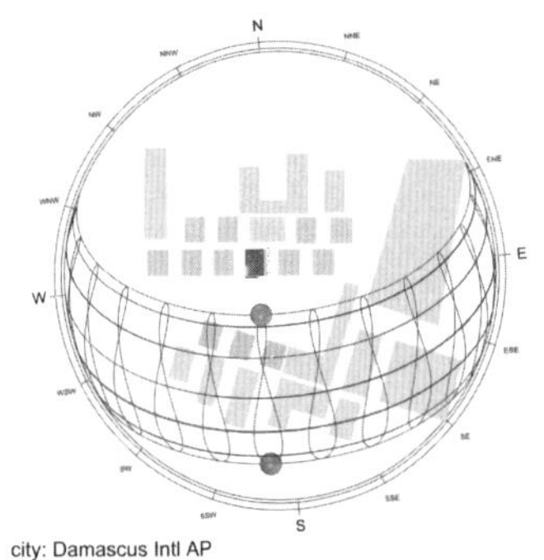

图 3-29　夏尔·戴高乐高中总平面图与太阳轨迹

图 3-30　轴线旁的教学楼单元

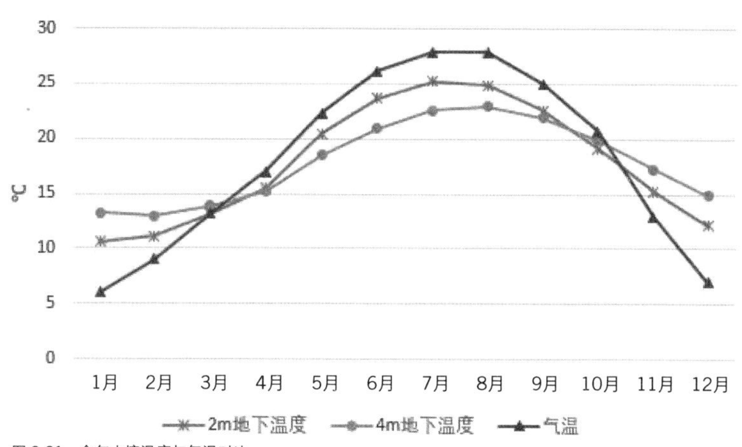

图 3-31 全年土壤温度与气温对比

放，整个过程配合烟囱的通风，促进室内热气流排到室外，夜晚时吸引凉爽的晚风冷却教室，同时热质量得到降温（图3-30）。

（3）动态调节促进自然通风（T_a-, v+, c-）

① 地源冷却

微型的地下管道埋藏在底层楼板下，进风口设置于教学楼一层抬起的楼板侧面，面向单元间庭院。由于土壤的温度相较于空气常年稳定（图3-31），通过管道增大引入的室外空气与土壤的换热面积，在夏天时利于冷却空气，而后将其送入建筑室内。冬天时则相反，土壤温度高于气温，起到提前加热进入室内的空气的效果。

② 适应性太阳烟囱

太阳烟囱用于促进经过教室的对流通风。烟囱朝向西南，对应主风向。烟囱上覆盖着黑色的聚碳酸酯板，以在顶部吸收太阳辐射并储存热量，这促进了烟囱效应，提升热压，将建筑内部的热空气拔高排出，吸引冷空气进入室内。在夏季白天，从室外进入的空气有两个来源：一是在教室单元间有遮蔽的庭院，那里的空气温度比旁边无遮蔽室外空间低；二是通过埋在地面层楼板底下的微型管道，使室外温度较高的空气经过连接地源的腔室，从而得到降温冷却，在室外温度过高的时候采用。在夏季夜晚时，烟囱与整个建筑围护结构作为热质量进行放热，室内热空气经过烟囱排出，在教室空间内形成负压、吸引室外凉爽空气进入，以对热质量进行冷却（图3-32）。

除了热压通风，烟囱同时还利用了风压进一步促进通风。通过在烟囱顶部加遮盖，使室外风从烟囱顶部的间隔经过时形成负压，从而促进室内气体从烟囱排出。

③ 适应性遮阳界面

除了庭院顶棚具有可开合的遮阳装置，教学楼单元东面的窗户同样使用可适应性调节的遮阴界面，通过采用可开合的百叶，在保证遮阳的功能下，还可以对通风状况进行控制，结合太阳烟囱对进入室内空气来源的选择，在需要使用地源冷却管道时则关闭窗户进风；在室外庭院温度适宜时直接引入自然通风。这属于一种具备灵活度的环境调控“选择模式”策略（图3-33）。

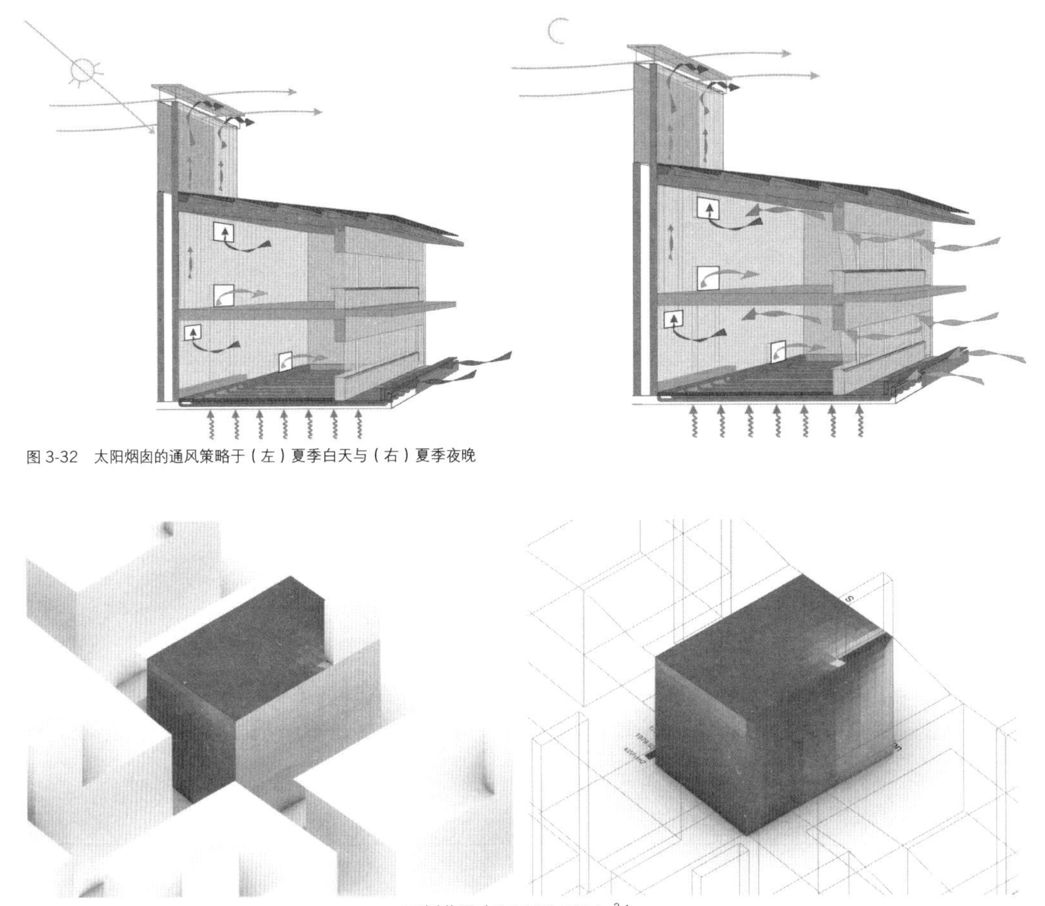

图 3-32　太阳烟囱的通风策略于（左）夏季白天与（右）夏季夜晚

图例范围（0-2000 kWh/m^2）

图 3-33　建筑外界面全年累计太阳辐射，（左）无院落遮阳（右）有院落遮阳

5. 身体分析与性能评价

（1）太阳辐射与视觉舒适

选取建筑群中轴线北侧的其中一栋教学楼，模拟建筑外围护结构全年累计受到的太阳辐射，如图3-33所示，建筑顶部受到的累计辐射远高于各个立面，接近2000 kWh/m^2，南侧立面次之，平均在1400 kWh/m^2，而其他立面则都在600 kWh/m^{2}以下。通过比对有无院落顶部遮阳的两种情形，可以发现在增加院子顶部的遮阳后，单栋教学楼东、西两面全年所受的辐射分别降低近400 kWh/m^2、500 kWh/m^2，由于建筑仅在东、西两面进行了开洞，其他界面无窗口引进太阳辐射，则使用院落顶部遮阳后，可以极大降低进入室内的太阳辐射。

在无遮阳情况下，院落全年累计辐射可达近2000 kWh/m^2，与之相应，照度也较高，对一层室内外及二层室内平面进行可见光环境模拟。由于二层廊道的遮挡，一层室内的光环境适宜，而二层室内靠近窗户部分有超50%白天时间照度过高，易造成眩光、影响学习环境。在庭院有遮阳装置的情况下，室内照度降低，全处于舒适区间（图3-34）。

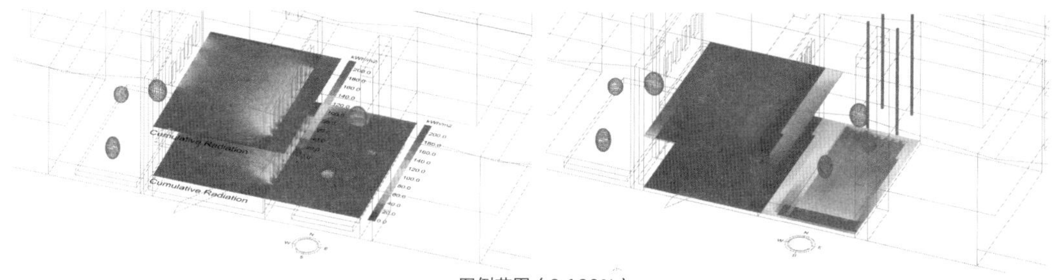

图例范围（0-100%）

图 3-34　建筑一、二层全年超有效照度上限时间百分比，（左）院落无遮阳（右）院落有遮阳

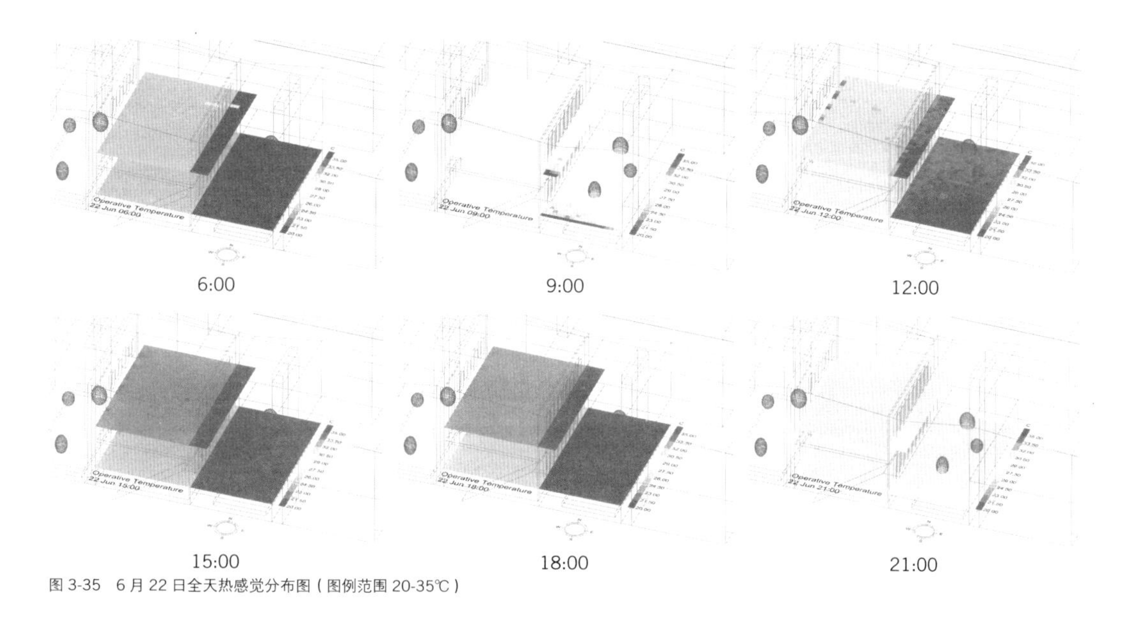

图 3-35　6 月 22 日全天热感觉分布图（图例范围 20-35℃）

（2）热环境与热舒适

对全年室内整体热环境进行舒适度分析，可以发现一层、二层室内空间皆在6～8月下午为使用者带来较强热感觉，考虑到学校此时一般为放假时期，相对而言对使用者影响较小。一年中其他月份的白天时段基本可以达到适应性热舒适范围。

以典型年最热周6月22-28日的全天室内热环境模拟为例（图3-35），自早9:00始建筑室内外热环境开始给人体带来比中性温度略高的热感，但仍处于舒适区间，环境不断蓄热，尤其室外热感觉迅速上升，至12:00与室内产生较大差异，这体现出高热质材料与结构带来的热滞后性；随后室内热感觉也开始上升，至16:00达到峰值。而后室内外热感觉开始缓慢下降，此时蓄热体开始放热，减缓了热感觉下降速度。

选取在室内外不同位置的人进行适应性舒适分析，包括一层走廊、二层走廊、一层室内与二层窗边位置。最热周月平均室外气温为26.2℃，对应的中性温度为25.9℃，80%舒适接受范围为22.4～29.4℃。通过太阳烟囱促进热压通风，室外气流经过地源冷却后进入室内，产生吹风感，同时风速的提升拓展了舒适区间， 0.6m/s的微风将范围扩大至22.3～30.5℃，1.2m/s风速则提高至

31.6℃。

以进行模拟的最热周内6月22日11:00情况为例，室内人处于舒适状态，而室外走廊的人都会有明显热感觉，当使用适应性遮阳后也可几乎达到舒适，然而一般使用者不会在走道停留过久，因此适当的热感觉也可增加动态热体验，带来热愉悦感。

（3）身体感知、行为与认知分析

① 边界与庇护感

如图3-30所示，校园内的多数建筑皆以柱廊的形式进行连接，使人们在教学楼、食堂等不同功能空间中移动时免受暴晒。对于教学空间而言，室内部分、廊道下的半室外空间与庭院形成明显的层次区分，同时也形成了具有明显层次区分的光热环境（图3-35）。庭院上方的适应性遮阳顶棚形成了动态的边界，当太阳辐射过强时，庭院被覆盖，则转变成了半室外空间，强化了庭院的中心感。

② 感知变化与动态体验

以图3-35所示的极热一天为例，建筑内部及庭院的光热环境具有高度昼夜变化性，学生们一般在中午之前爱在庭院附近活动，而最炎热的时节一般处于暑假阶段。师生们在上课与课间的动线往往对应着极端变化的光热环境，如表3-12所示，上课时在室内感到凉爽舒适，课间来到二层走廊处感受微风，依旧处于舒适范围，师生们可以在此交谈，而到一楼庭院处则有微热感，人们往往课间时出到庭院短暂放松后便回到室内。

表 3-12　夏尔·戴高乐高中舒适相关参数

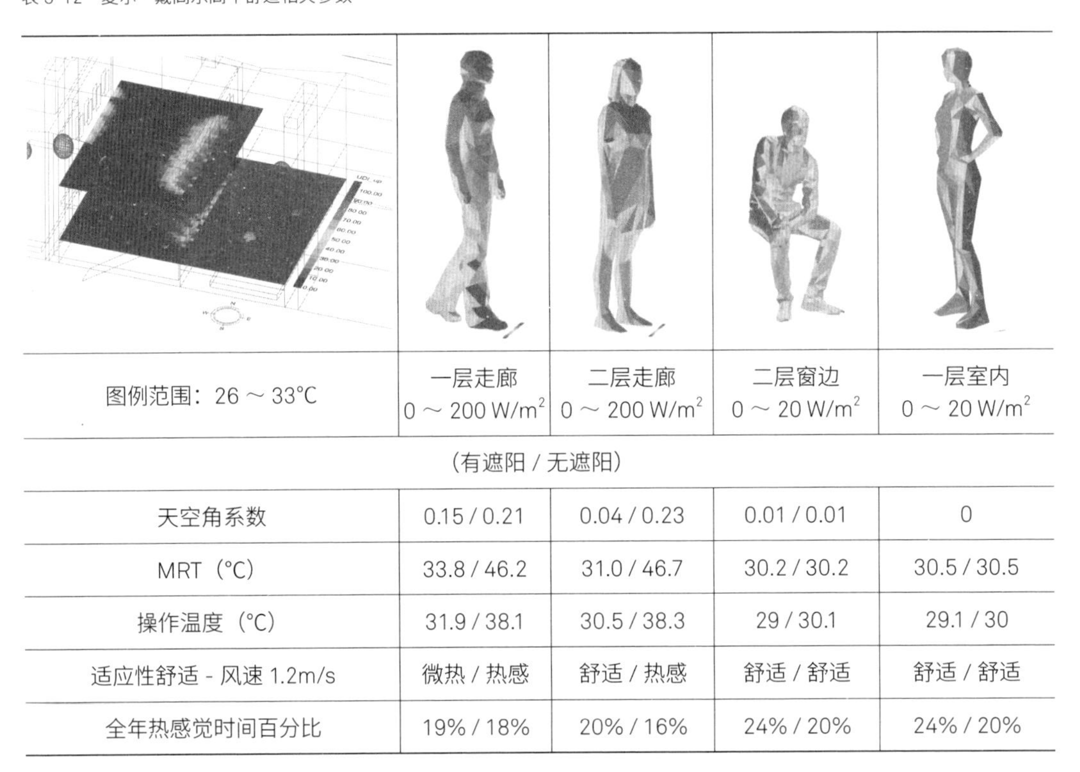

图例范围：26～33°C	一层走廊 0～200 W/m^2	二层走廊 0～200 W/m^2	二层窗边 0～20 W/m^2	一层室内 0～20 W/m^2
（有遮阳 / 无遮阳）				
天空角系数	0.15 / 0.21	0.04 / 0.23	0.01 / 0.01	0
MRT（°C）	33.8 / 46.2	31.0 / 46.7	30.2 / 30.2	30.5 / 30.5
操作温度（°C）	31.9 / 38.1	30.5 / 38.3	29 / 30.1	29.1 / 30
适应性舒适 - 风速 1.2m/s	微热 / 热感	舒适 / 热感	舒适 / 舒适	舒适 / 舒适
全年热感觉时间百分比	19% / 18%	20% / 16%	24% / 20%	24% / 20%

③ 多重感知与场所

教学楼单元为教学活动发生的主要空间，而建筑单元之间的庭院与廊道为课余时间的社交空间，同时也是多重感知聚焦的中心。人对空间的使用行为是对环境产生认知的目标，对空间功能承载的认知具有特定性与灵活性。在建筑空间中，身体作为环境使用的主体，除了对环境产生感受，同时也受到空间环境的影响而产生身体行为，并且这种行为反过来也会成为空间氛围的一部分，对其他空间使用者产生影响。“入身”（Einleibung）指的是超越自身的躯体，与外界事物及他人建立起协调关系，人通过身体交流，与周围的感知对象发生互动。

在夏尔・戴高乐高中校园中，空间秩序与环境调控策略相对应，营造出的空间氛围与学校功能相符。庭院中布置有绿植，围绕庭院的一圈石阶有高有低，低的石阶可供学生坐下休憩、交流，高的石阶也可作为台面，供学生临时放置物品、快速午餐或谈话。同时植物的遮阴与蒸腾作用带来的冷却效果，庭院顶棚对过量太阳辐射的遮挡，这些可见的实体元素、不可见的热环境感知要素都激发了人们对院落及廊道空间的使用，以庭院为中心则形成了师生们社交活动的场所，引起人们对空间功能承载的认知，并参与到活动中去。

3.3 热池原型（温和或寒冷气候）

3.3.1 古罗马浴场

公共浴场是古罗马时期的一种重要建筑类型，是当时罗马人日常生活中的重要活动场所。古罗马浴场在概念、设计及使用中体现了热力学建筑理论，属于热力学建筑原型中的热池。它以一种现代建筑较少使用的，且现代传热学科也难以描述的方式，强调了建筑中人体的生理学反应。同时，浴场中使用的环境调控方法为现代的环境性能策略提供了启发。其中，建于公元2世纪初的卡拉卡拉浴场是规模较大、功能最丰富的浴场之一。

1. 气候特征分析

罗马位于意大利西部沿海地区（北纬41.8°，东经12.6°），属于典型的地中海气候（柯本气候分类Csa）。全年气候较温和，年平均干球温度为15℃，夏季干热，冬天温和湿润。气温年较差较大，冬夏两季区别明显，最炎热的7、8月平均每日气温在14～35℃之间；12、1、2月为凉爽阶段，每日气温在10℃以下，最冷的1月平均每日气温在3～12℃之间。

太阳辐射：全年整体太阳辐射不高，且各月差别较大，5—8月相对较高，月累计太阳辐射值可达23 kWh/m^2，9月开始逐渐降低，11～2月基本在7 kWh/m^2以下。各月水平漫射辐射累计值差异较小，而差异主要来源于法向直射辐射（表3-13）。

相对湿度：全年平均湿度在52%，夏季较干，日均最低可至40%。一天中主要在下午时段湿度最低，凌晨至清晨湿度较高（表3-14）。

风向与风速：全年风向较为平均，夏季平均风速3.1m/s，风向主要为西、西南、南、东南；冬季相对多风，平均风速3.8m/s，风向主要为西南与东北。

2. 身体需求分析

对于四季分明的罗马而言，UTCI全年室外热舒适时间百分比较高，达到52%，全年15%时间过热， 33%过冷。对于建筑内部热环境而言，在部分6—9月白天时段有散热需求，而全年皆有得热需求，尤其12月、1月、2月三个月完全需要主动采暖设施才足以达到热舒适需求，而其余月份可辅以太阳能采暖（图3-36）。

表 3-13　罗马主要气象参数

空气温度					空气湿度、流速		太阳轨迹及辐射		
年平均气温(°C)	最热月平均气温(°C)	最冷月平均气温(°C)	全年最高气温(°C)	全年最低气温(°C)	年平均相对湿度(%)	年平均风速(m/s)	夏至日太阳高度角(°)	冬至日太阳高度角(°)	年平均日累计太阳辐射总量(Wh/m^2)
15.3	24.2	7.6	35.1	-4.0	51.6%	2.8	71.5	24.8	3503

表 3-14　罗马气象参数可视化

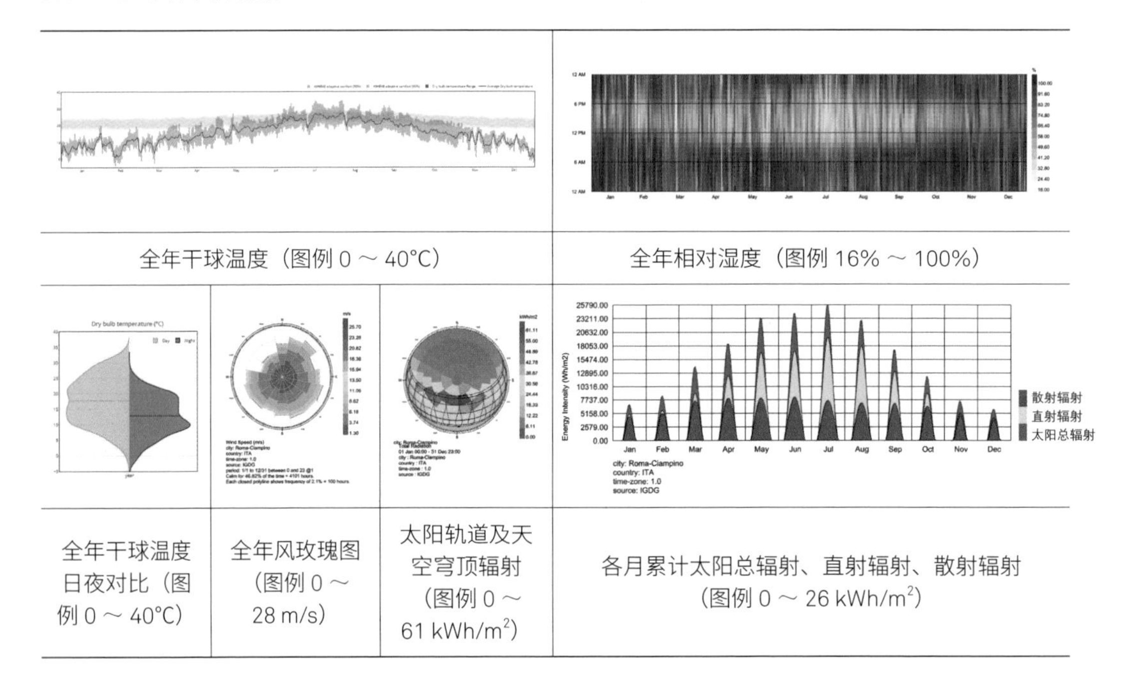

全年干球温度（图例 0 ～ 40°C）

全年相对湿度（图例 16% ～ 100%）

全年干球温度日夜对比（图例 0 ～ 40°C）

全年风玫瑰图（图例 0 ～ 28 m/s）

太阳轨道及天空穹顶辐射（图例 0 ～ 61 kWh/m^2）

各月累计太阳总辐射、直射辐射、散射辐射（图例 0 ～ 26 kWh/m^2）

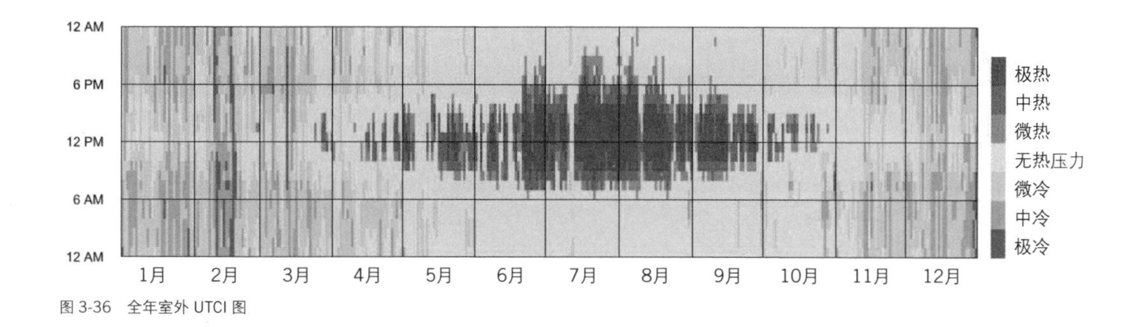

图 3-36 全年室外 UTCI 图

3. 性能目标确定

对于罗马全年气候而言，不舒适时间比较低，其中冷感觉的时间高于热感觉，因此需要重点考虑冬季全部时间及过渡季节部分时间的得热需求。考虑到冬季的太阳辐射强度较低，更需要增加太阳辐射的获得（I+，T_{SW}+）；通过使用高热质建筑材料进行蓄热，减少室内向室外的散热，室内使用热源，可以提高建筑内部的长波辐射温度（T_{LW}+）；相对湿度偏低，可以适当提高，冬季时较适中（RH+）；由于室外空气温度较低，需要防风、增强建筑气密性、减少空气渗透、加热室内空气，有利于人体通过对流得热，但仍需要相应的通风策略以保证空气质量（T_a+, v-, c-）。

4. 性能设计方法

“热池”建筑原型的特点是将对水的利用与建筑结构体结合，使能量的传递与空间形成完美协同，并且能满足当地文化下人们对空间的使用习惯。热浴池在两千多年前就出现，其中最关键的部分是集中供热系统，它与地板下的空间和墙体结合，配合不同功能的空间组织，对水池与空间进行加热，为沐浴者带来舒适、健康与享乐的空间。

（1）增加太阳辐射（I+，T_{SW}+）

① 场地布局与流线

整个卡拉卡拉浴场的场地包括围绕四周的辅助建筑，入口位于北侧，浴场主体建筑靠北侧，平面为长方形，且沿中轴线两侧完全对称，建筑体尺寸为长228m，宽166m，高38.5m。流线布置与沐浴者的生活习惯相关。沐浴者通常先在运动场和日光浴庭院活动，身体产生汗水后进入热水浴室。中轴线上，按照沐浴者的流线顺序依次经过热水浴室（caldarium）、温水浴室（tepidarium）、冷水浴室（frigidarium），如图3-37所示，热水浴室为平面中凸出的圆形房间，位于最南端，而后依次向北进入其他浴室。进入三者的目的不同，分别为热蒸发汗、温水洗澡、冷水冲净同时起到增强体质的效果。

热水浴室通常是整个浴场温度最高且最潮湿的地方。沐浴者有时会先进入旁边干燥的汗蒸区让汗液开始蒸发，再进入高温热浴池。温水浴室是一个拥有拱顶的中央大厅，其他功能空间围绕组织在周围，而冷水浴室通常在北端。热水浴室及温水浴室都使用罗马创新发明的地下供暖系统（hypocaust）来对水池及整个房间进行加热。一般主要的火炉放置于最高温的热水浴室底部，而后热气依次输送到其他温度需求降低的房间，提高了对废热的利用率。

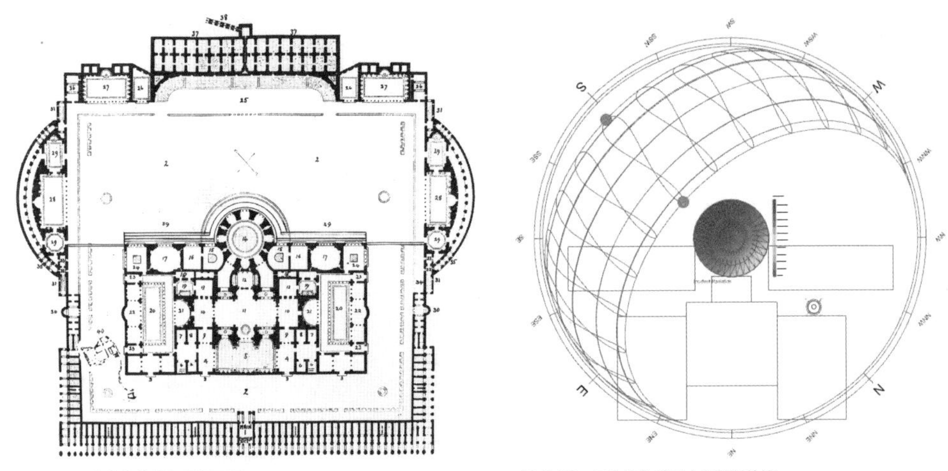

图 3-37　卡拉卡拉浴场总平面图

图 3-38　卡拉卡拉浴场太阳辐射轨迹

② 热水浴室朝向与体形

热水浴室是整个主建筑中体量最大、温度最高的房间，展现了具有代表性的性能设计策略，比如加热系统与太阳辐射利用，并且考虑到整个建筑群过于庞大与复杂，因此选取具有较独立体量的热水浴室作为进一步分析的对象。

热水浴室位于建筑最南端，南边为院落，因此无遮挡、利于接受直射的太阳辐射（图3-38）。内部为一个具有大水池的大厅，且穹顶由混凝土筑成。通过宽大的侧窗引入自然光线，同时让沐浴者可以享受太阳浴。

（2）辐射加热、对流加热（T_{LW}+，RH+）&（T_a+, v-, c-）

① 建筑空间-整体热炕系统

卡拉卡拉浴场整座建筑采用一种特殊的热炕系统（被古罗马命名为hypocaust）进行供暖，这种热炕系统通过在地下烧煤或木头来加热水，直到19世纪仍然被使用。这套主要位于地下部分的热炕系统由三个主要部分构成：火炉（praefurnium），在沉降楼板上的假地板层（suspensura），热气管道（tubuli）。位于热水浴室下方的火炉燃烧木头或煤将水加热，然后热水通过地下管道被运输到不同浴室相应的池子里。火炉在燃烧的过程中产生热废气，这些气体在假地板层与沉降层之间循环，将沐浴者接触的假地板层加热，或是往上通过嵌在墙体内的方形陶管将墙体加热，由于热水浴池不含烟囱，最终气体从别处通过烟囱排到室外。地面、墙体和拱顶内有一层空心砖，可作为管道传输热烟，让热气流进而加热浴池周围的建筑表面（图3-39）。

热气被温度更低的窗户和穹顶冷却，但最终温度最高的气体聚积在顶部。因此穹顶的高度可被看作一种被动式的温度调节器。这种热炕系统被看作现代辐射板的“起源”。

② 界面与材料

热水浴室采用的是大理石地面，由于被底部空心砖内的热气通过对流加热，地面温度较高，因此沐浴者通常需要穿木屐一类的拖鞋以防止脚底被烫伤。已有研究对热质量的建筑结构及其辐射效果的分析较缺乏，值得注意的是hypocaust热炕系统不仅含有地下的部分，而是与建筑整体结构结合，拱将加热系统延伸到上方，且穹顶也是重要的热界面。

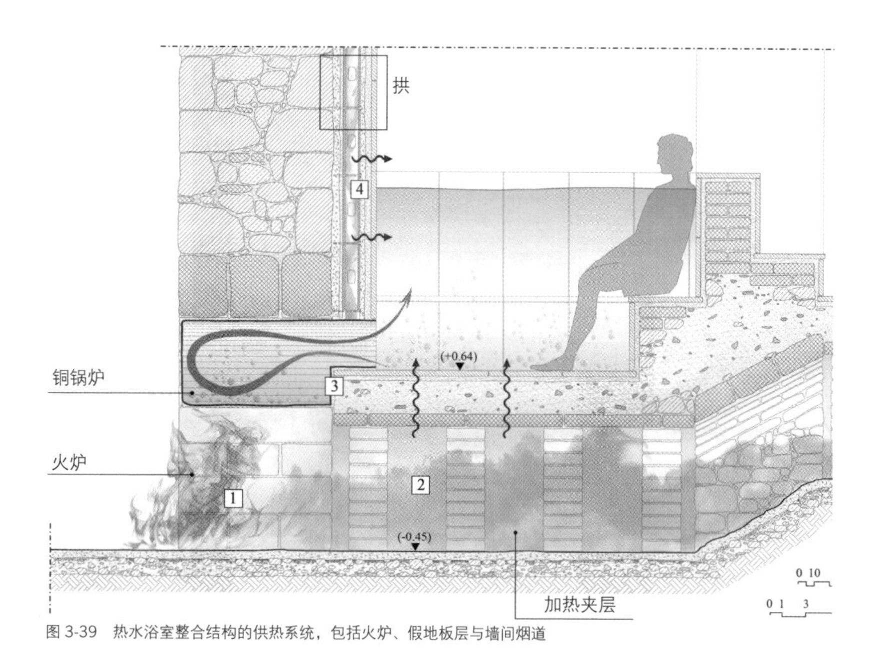

图 3-39 热水浴室整合结构的供热系统，包括火炉、假地板层与墙间烟道

5. 身体分析与性能评价

（1）太阳辐射

由于热水浴室位于建筑主体最南端，且一半体量突出，圆柱形的体量增加了受太阳辐射的表面。对全年累计太阳辐射值进行模拟，建筑界面中屋顶累计辐射最高，可至2200 kWh/m^2，立面朝南向最高1300 kWh/m^2（图3-40）。热水浴室的立面有较大的圆拱形开洞，便于太阳辐射直接照射进入内部，对水体、身体直接加热，主要能照射到热水浴室中最外一圈的、单元式的小型热水池。由于墙体较厚，自然采光难以到达更深的内部空间。其余短波辐射被围护结构吸收后通过长波辐射释放出来。

同样对典型年最冷周（2月10日—16日）的太阳辐射状况进行模拟，以14:00的辐照度分布状况为例，呈现出与图3-41十分相似的规律，外侧间隔凸出的小型浴池能受到的辐照度为50 W/m^2，远高于内部。

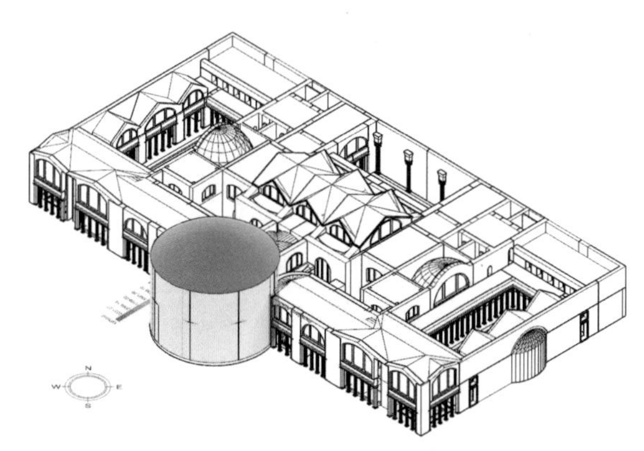

图 3-40 热水浴室外表面全年累计热辐射

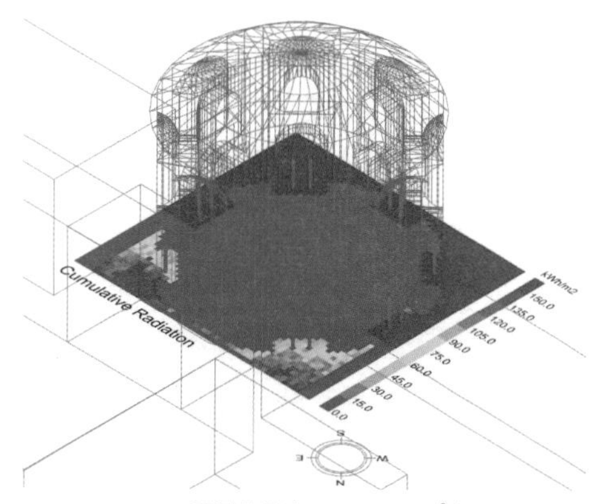

图 3-41 热水浴室内部全年累计热辐射

（2）热感觉与舒适

热水浴室中同时有外部太阳辐射、内部热炕系统、浴池和身体等热源存在，整个空间内有复杂的热力学互动过程。由于罗马时期未有温度标，因此参考的文献记录中与温度相关的数据源于推断，相应的结论也只能适用于整体热环境情况（图3-42）。

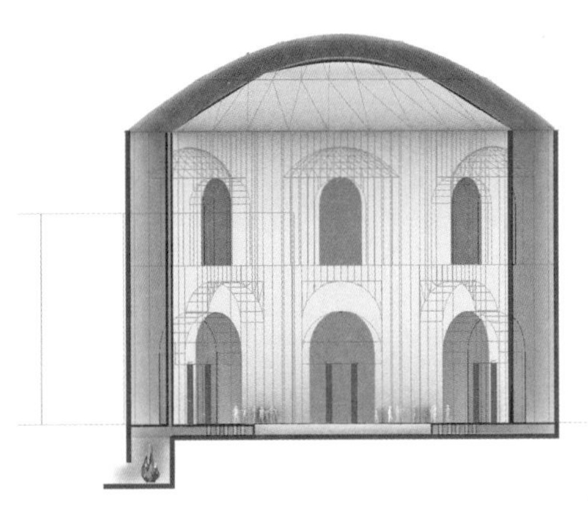

图 3-42　热水浴室热力学系统，加热建筑内表面及水池、身体

热水浴室地下的火炉有七个之多，烟气温度推测可达90℃。冬天场景下，室外气温设置为10℃。热水浴室中的水温和蒸汽温度可超35℃，湿度可达100%。通过对室内空间平均辐射温度进行模拟（图3-43），从平面上看外圈小型浴池与中心浴池上方的辐射温度较高，在垂直方向上，则平均辐射温度随着高度的上升而增加。底部靠近浴池区域，即人的活动区域约为30～35℃，不断升高到顶部可达40℃以上。这印证了之前的猜想，即建筑内界面，尤其顶部，虽然不是热炕系统直接包含的元素，但也是空间中重要的热活性界面。

对沐浴者的热感觉进行评价存在一定难度，首先难以用现代一般通用的舒适模型去评价入浴者的生理——因为他们追求高温与出汗感；其次单一的静止人模型也无法考虑入浴者在浴场的活动、运动轨迹，以及多人之间的相互影响。

在单个空间内采取简化的热辐射模型，假设人感受到的风速、相对湿度较为稳定，重点是研究建筑材料热特性及表面温度，以及周围人群身体温度对被研究身体的影响。使用光线追踪模拟工具，量化身体与周围空间表面的几何关系，计算身体与墙面、穹顶、地面的角系数（图3-44，表3-15）。分别假定两个分别位于靠近浴室北侧、靠近半室外小浴池的人进行计算。由于穹顶相对人而言较高，人对顶的角系数为0.1左右，而对地面与墙面的角系数较为相近，根据处于空间位置的不同而有所变化。

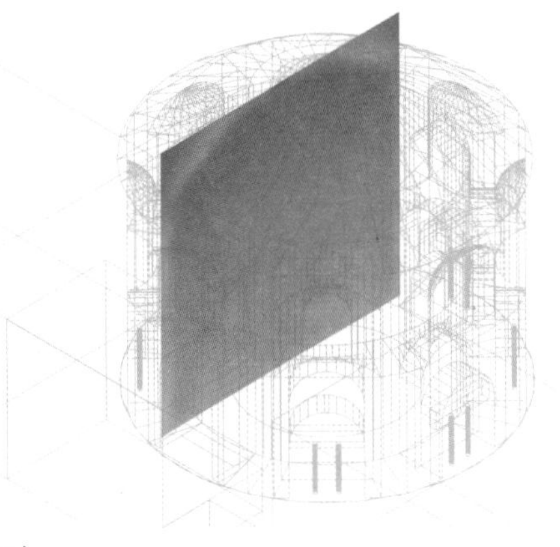

图例范围（16～43℃）

图 3-43　热水浴室平均辐射温度分布图，（左）1.1m 高平面，（右）剖面

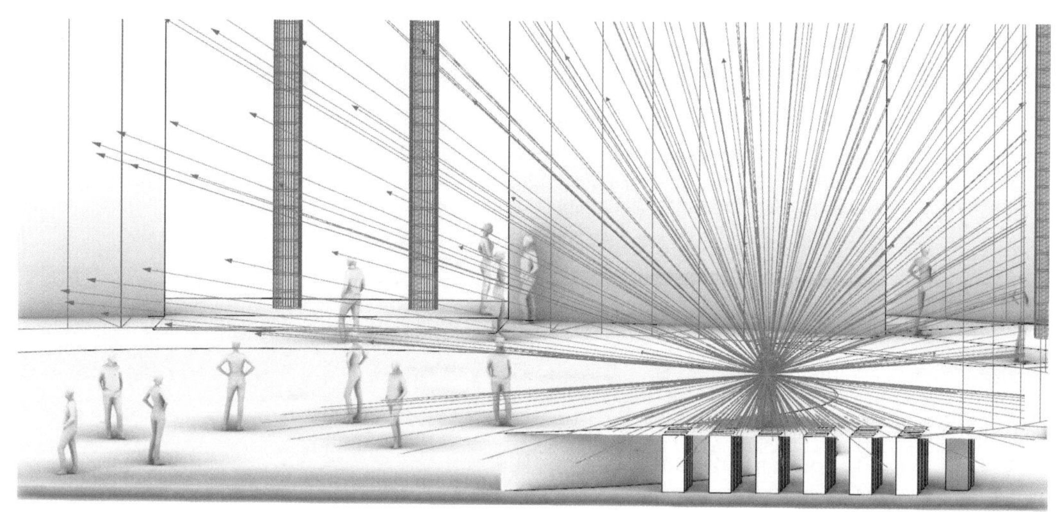

图 3-44　使用射线追踪模拟对身体与周围空间表面几何关系的量化研究

为了量化周围人群表面温度的影响，分别对两种情形进行身体平均辐射温度模拟，以进行模拟的最冷周内2月10日14:00情况为例，在室内靠近建筑群一侧与靠近室外一侧的两个位置，考虑周围人群与受试对象之间的热力学互动可以带来0.6～1.2℃甚至更高的MRT提升，人群密度越大则影响越大。目前已有的热舒适模型均不适用于评价浴场中沐浴者的舒适状态，因此这里计算出PMV指标仅用作参考，可得沐浴者在PMV指标下皆处于过热状态，而实际上这对古罗马沐浴者来说实际上是一种享受过程。

（3）身体感知、行为与认知分析

① 边界与包裹感

热水浴室为建筑中体量最大的穹顶空间，高大的穹顶与厚墙等建筑形式在视觉上区分出建筑内外的边界。在这样的大尺度空间中，身体热感与视觉可感的水蒸气共同加强了身体的包裹感，消除了大尺度空间与身体的疏离感。

② 感知变化与热愉悦

当身体处于变化的外部刺激时，非稳态热环境创造出皮肤温度在空间上或时间上的差异，身体可能会感觉到一种热愉悦，而这与有机体的内在状态有关。相关的例子存在于长久以来的人类生活习惯和爱好中，比如北欧人喜欢在极热的桑拿后去凉爽的海水中游泳，在两种极端的冷热环境中转化，将更能体会到适应性与舒适感。同时，这种差异可以造成一种“热麻醉”（thermal allesthesia），这与热环境的享乐性质相关，适用于浴场等休闲功能的空间。比如在卡拉卡拉浴场中，人们先通过运动让身体出汗，甚至再使用汗蒸室进一步加强出汗，在这样极热的状态下进入热水浴室，即使是远离热中性的状态也能带来舒适感和愉悦感，还能在一定程度上促进人体健康；同时热水浴室中由于室外太阳辐射或室内散热的影响，可能有身体的一侧会受到更多得热，轻微的热不对称性也能促进热愉悦体验。

随着太阳辐射方向及强度的变化，浴室光热环境在时间维度上发生变化；如图3-43所示，内部空间为非均匀热环境，中心大浴池和边缘近开口处形成明显的热感知节奏变化。

③ 多重感知与场所

古罗马公共浴场是当地人们生活中的重要活动场所，人们来此不仅是为了获取热量与清洁身体，更是为了进行社交活动，同时享受运动与交流知识。热水浴室是公共浴场的中心，其中热水池是最重要的感知中心——身体与热水或热地板的接触直接导热，使身体获得强烈的热感，通过触觉而获得的感知最即时、直接，同时视觉与触觉可感的水蒸气试图阻碍正在出汗的皮肤继续出汗，则进一步加强了热感，同时视觉、听觉对热感的联觉提升了人们在这个热场所中的沉浸感，强化了热愉悦。

作为重要的活动中心，古罗马公共浴场是社会政治价值的表现。古罗马人的普通公寓往往在冬天时难以被加热，室内较冷，起初只有富裕家庭能在自己家中拥有浴室。后来出现了公共浴室，所以浴场起初最主要的目的是给人们提供热量，人们沐浴后保留着身体的热量回到家中。将公共浴场向公众免费开放是一个伟大的平等主义决策，这样中心式的热场所将人们吸引，于是浴场发展成为重要的社交场所。富丽堂皇的浴场内部到处充满了大理石、雕塑等物品，让在这里锻炼、沐浴的身体感受到愉悦。浴场的热品质成为平等主义的重要基础。

表 3-15　罗马热水浴室舒适相关参数

	靠近建筑群 图例：28 ～ 37°C		靠近室外 14 ～ 37°C	
天空角系数	0.1 顶 , 0.48 地面 , 0.42 墙		0.08 顶 , 0.45 地面 , 0.47 墙	
是否考虑周围人群影响	未考虑人群	考虑人群	未考虑人群	考虑人群
MRT（°C）	32.2	32.8	24.1	25.3
PMV/PPD	3.09 / 99%	3.22 / 100%	1.45 / 48%	1.69 / 61%

3.3.2 瓦尔斯温泉浴场

瓦尔斯温泉浴场是著名现代建筑师卒姆托的代表作品之一，位于瑞士格劳宾登州的瓦尔斯村，处于阿尔卑斯山脉斜坡上。其特点为建筑与自然景观的融合、对当地石质材料的应用和纯净的空间形体，给予游客丰富的身体体验。

1. 气候特征分析

瓦尔斯位于瑞士东部（北纬46.8°，东经9.2°），属于温带大陆性湿润气候，柯本气候分类为Dfb。气温年较差较大，全年月平均气温通常在-2～19℃之间，年平均气温为8.5℃。6月、7月、8月三个月为温暖季节，其中7月最热，干球温度在9～34℃之间。寒冷季节为12、1、2月，平均气温在0℃，其中2月最寒冷，干球温度在-8～-2℃之间（表3-16）。

太阳辐射：全年整体太阳辐射不高，且各月差别较大，5～8月相对较高，月累计太阳辐射值可达24 kWh/m^2，8月开始逐渐降低，12～1月基本在7 kWh/m^{2}以下。各月法向直射辐射差异较大。

相对湿度：全年较湿润，年平均相对湿度为80%，其中较寒冷的半年（9月～2月）月平均相对湿度在80%～90%之间，而较温暖的半年（3月～8月）月平均相对湿度在66%～77%之间（表3-17）。

风向与风速：全年主风向为北向与南向，其中冬季以北偏西为主，平均风速为5 m/s。

2. 身体需求分析

根据室外热舒适UTCI指标评价结果，全年有43%的时间处于舒适区间，43%的时间有冷感觉，夏季室外有热感觉。而考虑建筑室内热舒适，基本无过热情况，有供暖需求。10～3月共6个月需要利用主动式采暖设备，可使全年42%时间的达到舒适区间，4～9月可主要通过被动式太阳采暖，辅以直接太阳辐射，分别增加全年39%、11%时间达到舒适区间（图 3－45）。

表 3-16 瓦尔斯（Vals）主要气象参数

空气温度					空气湿度、流速		太阳轨迹及辐射		
年平均气温（°C）	最热月平均气温（°C）	最冷月平均气温（°C）	全年最高气温（°C）	全年最低气温（°C）	年平均相对湿度（%）	年平均风速（m/s）	夏至日太阳高度角（°）	冬至日太阳高度角（°）	年平均日累计太阳辐射总量（Wh/m^2）
8.5	19.1	-2.4	33.6	-15.1	79.6%	5.0	66.1	19.7	3977

表 3-17　瓦尔斯（Vals）气象参数可视化

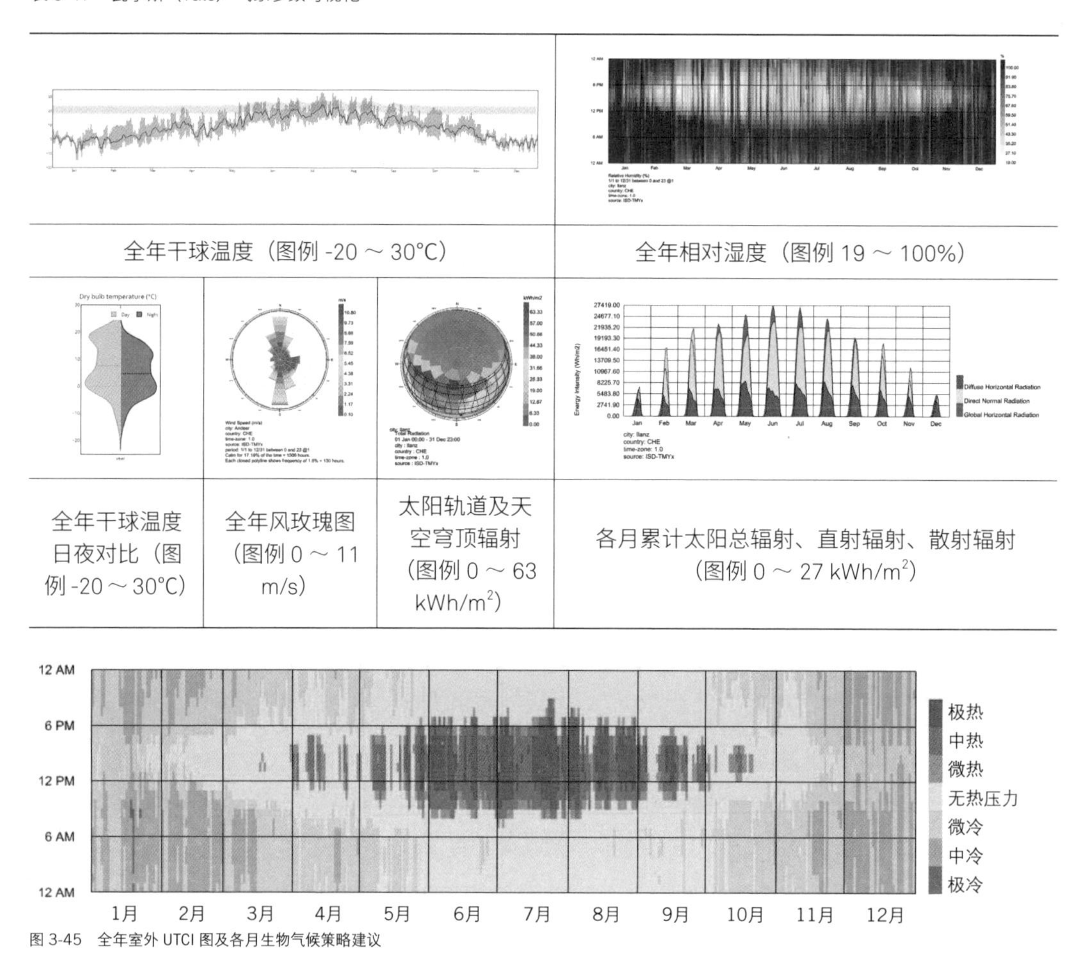

全年干球温度（图例 -20 ～ 30℃）	全年相对湿度（图例 19 ～ 100%）

全年干球温度日夜对比（图例 -20 ～ 30℃）	全年风玫瑰图（图例 0 ～ 11 m/s）	太阳轨道及天空穹顶辐射（图例 0 ～ 63 kWh/m^2）	各月累计太阳总辐射、直射辐射、散射辐射（图例 0 ～ 27 kWh/m^2）

图 3-45　全年室外 UTCI 图及各月生物气候策略建议

3. 性能目标确定

对于瓦尔斯全年气候而言，主要的不舒适状态为冷感觉，因此需要重点考虑得热需求。尤其冬季需要增加太阳辐射的获得（I+，T_{SW}+）；需要增加热源，通过使用高热质建筑材料进行蓄热，减少室内向室外的散热，提高建筑内部的长波辐射温度（T_{LW}+）；相对湿度需要降低（RH-）；由于室外空气温度较低，需要防风、加热室内空气，有利于人体通过对流得热，但仍需要相应的通风策略以保证空气质量（T_a+, v-, c-）。

4. 性能设计方法

瓦尔斯温泉浴场可被视作“热池”热力学建筑原型的当代典例，在设计时也参考了古罗马浴场的空间秩序。并且瓦尔斯当地具有丰富的地热能，可提供温泉让人享受，同时这由可再生资源加热的泉水同样也是加热建筑、调控环境的关键。建筑中具有不同温度、不同功能的浴池，相应的空间布局围绕着水而布置，整个建筑通过材料与空间的组织，与水形成身体感知的容器（图3-46）。

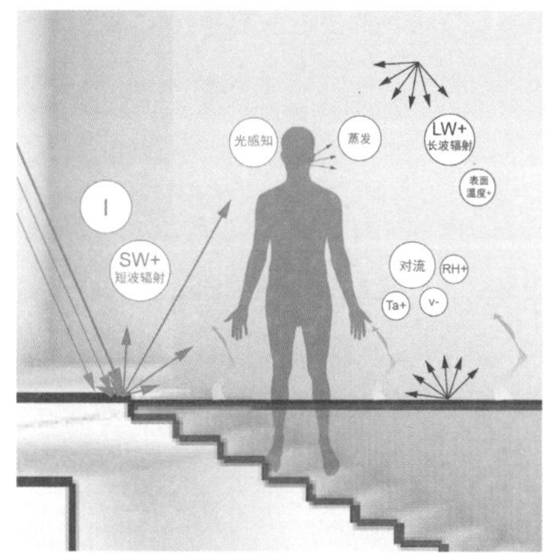

图 3-46　“热池”性能设计策略

图 3-47　瓦尔斯温泉浴场场地实景

（1）增加太阳辐射（I+，T_{SW}+）

① 场地布局与朝向

场地位于斜坡上，周围建筑群包括宾馆和一个小型传统村落。建筑平面为矩形，南北方向的长边沿等高线布置，如石头般嵌入地形中。建筑拥有二层体量，入口位于西北角，与旁边的旅馆通过地下走道相连。地面层体量主要位于北侧，包括大小多个浴室，而浴场的室外泳池则位于南侧，以求最大化受到太阳辐射（图3-47）。

② 顶部分缝与天窗

北部主要功能体量较大，实际上由一个个较小的石质体量构成，并且通过结构设计，使体量之间保留缝隙，便于自然光进入室内。而对于内部中心空间——室内泳池，阵列的顶部天窗引入较多自然光进入泳池空间，并且辅助人工灯的使用，根据室内氛围的需要，对光的色温进行调节。

（2）辐射加热、对流加热（T_{LW}+，RH+）&（T_a+, v-, c-）

① 嵌入地形的场地

建筑场地原为采石场，当地独特的片麻岩在地质构造中与泉水关系紧密，而新建的建筑需要将地底下的温泉引出，这启发了建筑师同样将片麻岩“延伸”到地面，使建筑成为一种嵌入山脉中的“洞穴”，展现出人与自然之间和谐、谦卑的关系，同时也更利于使用地热能加热建筑。

② 根据温度进行建筑空间组织

建筑内部以室内泳池为核心空间，外部以室外泳池为核心，两个泳池周围布置了小型石室，其内部用于不同类型的洗浴休闲功能，以温度为主要特征要素，空间的组织依据热力学原理进行。室内泳池水温32℃，周围有15℃的凉池、30℃的“花浴石室”、36℃的喷泉石室，室外泳池冬天水温36℃，周围有42℃高温的“火石室”、42℃的土耳其蒸浴室等。在良好的空间组织下，温度较高的浴室耗散出的废热，可继续用于加热次热的浴室石质结构。

（3）界面与材料

整个浴场采用当地的片麻岩与混凝土建成。片麻岩是一种在地质变质过程形成的岩石，经过围绕在岩石周围地壳的高压与高温作用而产生一种层状的效果。通过对石材切片工艺创新开发，将石材切成薄片，形成石材层压的围护结构，混凝土墙体与片麻岩薄板构成浴场的复合承重结构。这样的高热质材料与浴场中流淌的泉水一起形成了遍布建筑的蓄热体结构，利于吸收并保存太阳辐射带来的热量，同时减缓建筑散热。

5. 身体分析与性能评价

（1）太阳辐射与视觉舒适

由于建筑部分嵌入山体中，外露出的界面较少，对整个体量而言，其中屋顶受到的全年累计太阳辐射最高，为1400 kWh/m^2，接下来为南侧墙面、东侧墙面和北侧墙面。对建筑地面层进行模拟，则仅有室外部分明显受到较多累计热辐射，东侧窗边区域也受热较多，屋顶分缝为室内带来少部分太阳辐射。对于室外部分，春夏半年累计单位辐射最高可达1060 kWh/m^2，相比之下秋冬半年明显降低，最高仅为350 kWh/m^2（图3-48）。

典型年的12月1日～7日为最冷周，12:00太阳高度角较低，位于南侧的室外水池获得最高照度，可达28100 lx，而室内水池较低，仅为100 lx左右，屋顶缝下方升高至200 lx左右，在平面上可明显看出屋顶分缝引入室内的直射光线（图3-49）。室内整体自然采光较少，需要依赖照明设备。相比之下室内水池东侧临窗的开放空间照度较高，全年超有效照度上限的时间比也较高，若长时间停留易引起眩光等视觉不舒适问题。

（2）热环境与热舒适

在仅考虑长波辐射的情况下，建筑空间的长波平均辐射温度分布如图3-50（左）所示，南侧的室内汗蒸浴室温度最高，入口后的西侧辅助空间温度较低，而下斜坡进入沐浴空间后，以室内泳池为

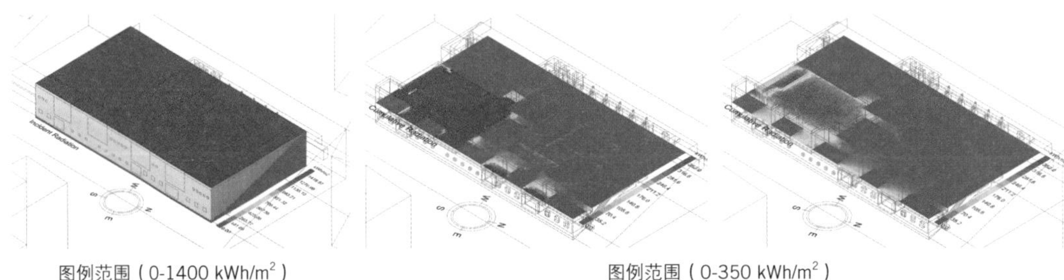

图例范围（0-1400 kWh/m^2）　　图例范围（0-350 kWh/m^2）

图3-48　瓦尔斯温泉浴场累计辐射，（左）全年，（中）春夏半年（右）秋冬半年

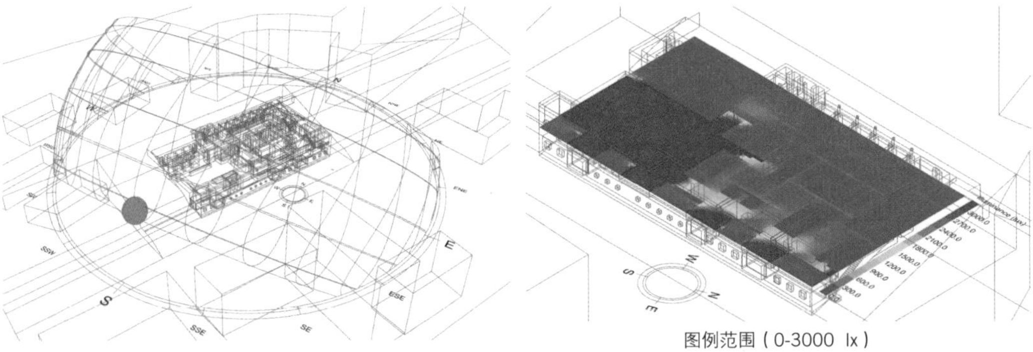

图例范围（0-3000 lx）

图3-49　最冷周中午12时，（左）太阳轨迹，（右）平面照度值

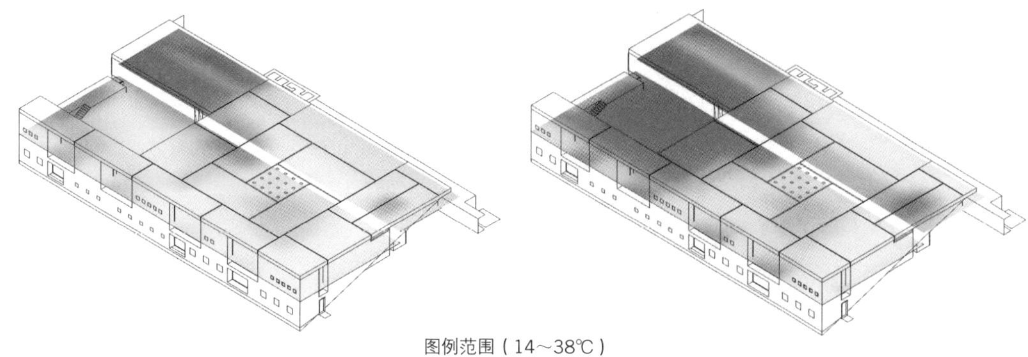

图 3-50 最冷周中午 12 时（左）长波平均辐射温度，（右）平均辐射温度

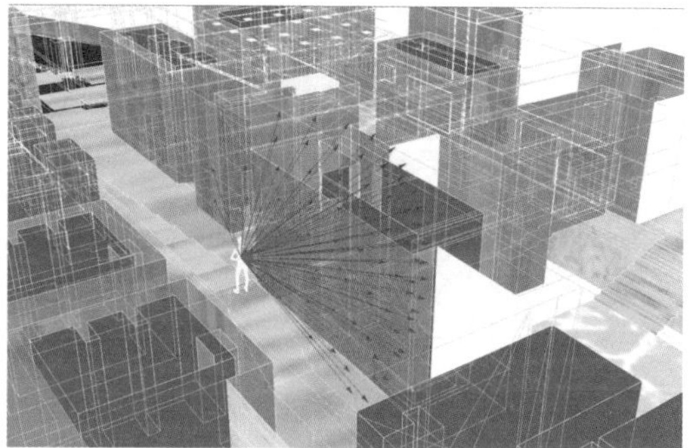
图 3-51 用于计算身体与热表面角系数的射线追踪可视化

中心，周围的小体量石室温度存在上升或下降的变化，形成了围绕中心的非均匀热辐射环境，温差大致在5℃左右。结合短波辐射的影响后，室外区域的平均辐射温度明显升高，可达38℃，室内平均有2～3℃的升高。

当沐浴者在浴室空间时，蓄热体建筑结构以石室体量为单位在空间中分布，且从多个方向对身体进行覆盖，身体的辐射温度与身体与墙体的相对位置、几何关系都有紧密关联。使用射线追踪模拟工具，分别计算处于不同位置、朝向的身体与周围热活性墙面的角系数（图3-51）。以位于室内中心泳池靠东侧通道处、位于中心泳池靠西侧斜坡的人为例，由于前者处于突然缩窄的通道中，对两侧石室墙面的角系数较大，为0.53，相应的身体在此处时MRT为30.2℃，属于室内环境中较高的温度；后者仅有身体单侧面向热墙，对热墙角系数为0.25,则被蓄热墙体加热升温幅度较小。

以模拟最冷周内12月1日12:00情况为例，在室内、室外选取了4个位置，进行MRT计算与PMV指标评价（表3-18）。与古罗马浴场的分析类似，目前已有的热舒适模型均不适用于评价浴场中沐浴者的舒适状态，因此这里计算出PMV指标仅用作参考。室外的人有明显辐射热不对称感，考虑室外部分的风速较高、相对湿度较低，由于对天空角系数较大、受太阳辐射较多，有较强热感觉。处于室内的人基本处于PMV为1～2的较热范围，但是对于沐浴者而言仍旧是热舒适且愉悦的状态。

（3）身体感知、行为与认知分析

① 边界感与尺度

建筑内存在许多小尺度的石室体量，比如15℃的凉池、30℃的“花浴石室”、42℃高温的“火石室”等。人们进入小空间之后身体与建筑内表面的距离缩小，且各界面皆为实心厚墙，石质表面有自然纹理，同时配合内部较暗的光线，形成了类似洞穴的小尺度空间。在其中，身体通过触觉对冷热的感知得到强化，热愉悦感与静谧感结合，带来一种神秘感，让人的思绪被暂时从现实中抽离开，强化空间的精神性。

表 3-18　瓦尔斯温泉浴场舒适相关参数

	室外浴池旁	室内浴池临窗	室内浴池	室内斜坡
图例范围：16 ～ 39°C				
短波辐照度				
图例范围	0 ～ 90 W/m^2	0 ～ 90 W/m^2	0 ～ 3 W/m^2	0 ～ 3 W/m^2
角系数	0.45- 天空	0.23- 天空	0.53- 热墙	0.25- 热墙
MRT（°C）	32.4	28.3	30.5	27.5
PMV	3.4	1.6	2	1.4

② 流线与动态感知变化

相比古罗马浴场从运动空间到热水、温水、冷水浴室的线性流线设置，瓦尔斯温泉浴场的流线设计则更自由，引导人们经过更衣室后来到主要的浴场空间，沐浴者更多是处于一种漫步的状态，感受空间序列中的体验变化。建筑运用不同的、互相交织的系统——热量、水和材料——来创造调动多重感知的空间节点与序列。

当沐浴者从更衣空间走出，在到达浴池之前，先感受到空间尺度的扩大，并且引导人们从山体内侧逐步走向东侧有自然采光的区域。沐浴者需要经过长斜坡，考虑人体衣着水平极大下降，这里整体热感觉比更衣区有所上升。身体在运动中感受到倾斜感，强化了身体与建筑的接触，而后进入室内中心浴室，其中热感觉明显强于其他空间，人们开始享受沐浴（图3-52）。在中心泳池周围有冷水浴

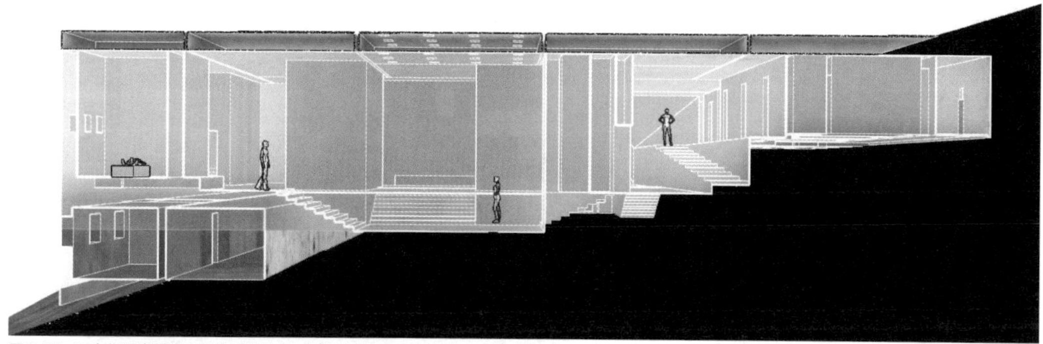

图 3-52　瓦尔斯温泉浴场空间热感觉地图 - 沿短边剖面，图例范围 14 ～ 38 ℃

图 3-53　瓦尔斯温泉浴场空间热感觉地图 - 沿长边剖面，图例范围 14 ～ 38 ℃

室、理疗间等不同温度、功能的空间，可以体验从热感到冷感的快速转变（图3-53），若来到室外泳池，即使是寒冬，在太阳辐射与地热温泉的加热下，也能在寒冷的室外气候中拥有极热体验，带来热愉悦与促进健康的效果，回应传统北欧文化中的沐浴方式，体现了建筑材料、技术与自然及人文环境的融合。

沐浴者从冷水浴室中迅速转移到温水甚至热水浴室中，享受两种极端环境下的安全感，而不会危害健康，反而可以增强人的健康并提升对寒冷的抵抗力。在热水中沐浴后，即使位于气温较低的室外，身体也不会觉得寒冷，一是因为太阳辐射增加了身体的热量获得，二是沐浴后的身体保存着来自热水的热量。

③ 多重感知与场所

瓦尔斯温泉浴场让现代人体验根植于欧洲文化中古老的沐浴方式，建筑对地域感、历史性的表达首先通过建筑质料而呈现，浴场中主要使用的石材、混凝土与山体融为一体，形成天然洞穴一般的空间，这种与环境地质建立的紧密联系给人带来最直接的触动，通过视觉与皮肤直接、间接触觉使身体产生感知。

光影也属于建筑质料，是与材料实体相比的“空”的部分，屋顶的分缝为室内较暗环境带来边界清晰的光影划分，并且通过辅助人工灯装置调节光的色彩，同样也带来视觉与肌肤综合的知觉体验。

在浴场中起到重要联结作用的是室内及室外两个主要的温泉，以几种方式刺激着身体感知：温泉中蕴含来自地热的能量，传递到身体中，沐浴者获得皮肤与水接触而带来直接的热感觉；热水蒸发变成气体，同时提升空气中的相对湿度，为出汗的身体表面带来一层无形的“压力”，减缓身体的蒸发散热，进一步提升热感觉；热水同时也加热建筑中的墙等蓄热体，热墙与身体的角系数更高，能更均匀地给身体进行辐射热传递；水流动的声音也刺激着身体的听觉，更突显空间的静谧感；以上皆为非视觉可见的感知，同时形成的水蒸气冷凝后形成了氤氲蒸汽。以上的肌肤触感、身体热感、听觉、视觉形成联觉，这种原始的综合知觉与建筑质料二者融合，形成身体与空间的和谐（图3-54）。桑拿的蒸汽与火炉的火类似，对古老时代的人类而言是非常神秘的现象，带来一种纯净的体验，可以为人们带来精神领域的力量。

图 3-54　建筑质料与多重感知交织的瓦尔斯温泉浴场

泡温泉或桑拿对于许多欧洲寒冷地区的人而言已成为生活中的重要活动。身体与空间场所之间的联系通过对场所的仪式化使用而得到加强。在设定的时间，以特别的方式使用场所，并形成习惯，则通过身体互动完成了对场所的塑造。仪式化的使用不仅仅可以加强对场所的喜爱，还让场所成为人们生活习惯中的重要元素。综上，建筑对环境品质的塑造，在感知、行为层面上建立与身体的互动，并且启发了文化、精神层面的认知。

3.4　温室原型（温和或寒冷气候）

3.4.1　东北井干式民居

井干式民居指的是由圆木交叉搭接作为构造形式的房屋，多分布在林业资源丰富的地区，我国东北长白山地区即是其一。当地气候严寒，木材可以被用来快速搭建成民居，同时有富余可用来燃烧取暖，体现了“建构”与“燃烧”两种模式的并存状态。这种民居可以被视作热力学建筑原型“温室”的一种，强调内部的保温与蓄热。

1. 气候特征分析

东北井干式民居大多位于吉林省东部长白山地区，尤其现有的长白山井干式民居主要分布在抚松县内。抚松（北纬42.3°，东经127.3°）属于温带大陆性季风气候，柯本气候分类为Dwb。

温度：全县年平均气温3℃，气温年较差较大，全年各月平均气温在-16～20℃之间，四季分明。寒冷季节为12月、1月、2月，平均气温在-12℃，其中1月最寒冷，干球温度在-36～1℃之间，春秋两季空气活动也较活跃。6月、7月、8月为温暖季节，其中8月最热，日干球温度在3～29℃之间（表3-19）。

太阳辐射：全年各月累计太阳辐射基本在19 kWh/m^{2}以上，波动较小，其中4～7月较高，可达24 kWh/m^{2}以上，6～8月漫射辐射增强，与干湿情况相关。年平均日照2352.5小时。

相对湿度：降水量充沛，年均800 mm左右。全年干湿季分明，年平均相对湿度为66.4%，其中10月～5月的月平均相对湿度为60%左右，4月最干燥，平均低于50%；而6月～9月的月平均相对湿度在70%～80%之间，其中8月最湿润，平均值达81%。

风向与风速：全年主风向以偏南风为主，尤其寒冷季节的冷风主要为南偏西和南偏东方向，年平均风速为2.9m/s（表3-20）。

2. 身体需求分析

根据室外热舒适UTCI指标评价结果，全年有27%的时间处于舒适区间， 64%的时间则有冷感觉。考虑建筑室内热舒适，少有过热情况，主要有供暖需求。10～3月共6个月需要利用主动式采暖设备，可使全年48%时间的达到舒适区间，4～9月可主要通过被动式太阳采暖，辅以直接太阳辐射，分别增加全年36%、9%时间达到舒适区间（图3-55）。

表 3-19　抚松主要气象参数

空气温度					空气湿度、流速		太阳轨迹及辐射		
年平均气温（°C）	最热月平均气温（°C）	最冷月平均气温（°C）	全年最高气温（°C）	全年最低气温（°C）	年平均相对湿度（%）	年平均风速（m/s）	夏至日太阳高度角（°）	冬至日太阳高度角（°）	年平均日累计太阳辐射总量（Wh/m^2）
3.2	19.6	-15.9	28.9	-35.7	66.4%	2.9	70.3	23.9	4340

表 3-20　抚松气象参数可视化

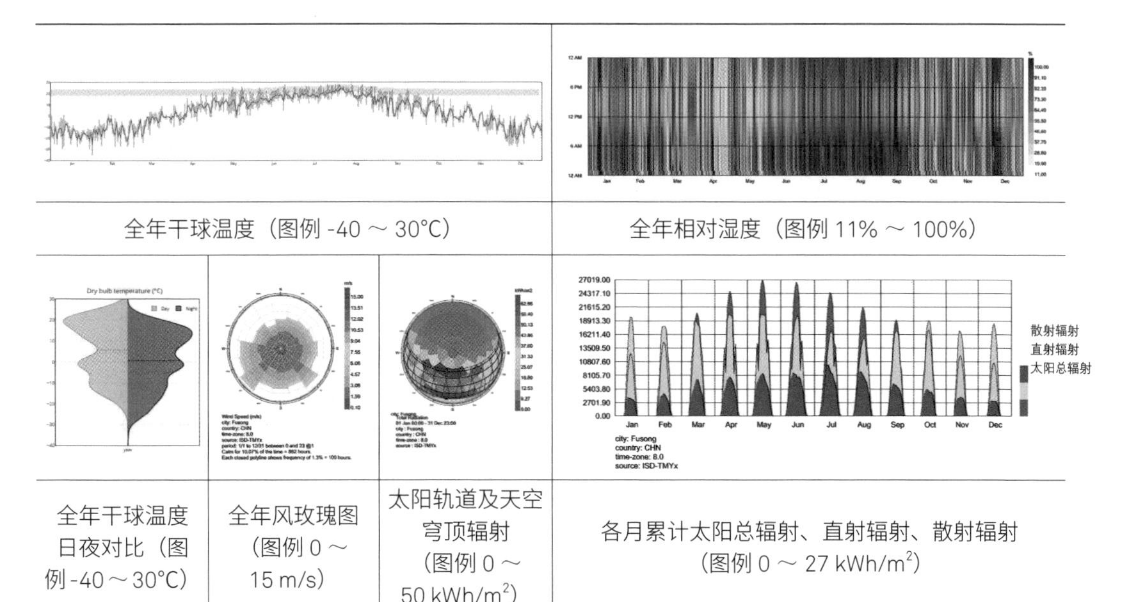

全年干球温度（图例 -40 ～ 30°C）

全年相对湿度（图例 11% ～ 100%）

全年干球温度日夜对比（图例 -40～30°C）

全年风玫瑰图（图例 0 ～ 15 m/s）

太阳轨道及天空穹顶辐射（图例 0 ～ 50 kWh/m^2）

各月累计太阳总辐射、直射辐射、散射辐射（图例 0 ～ 27 kWh/m^2）

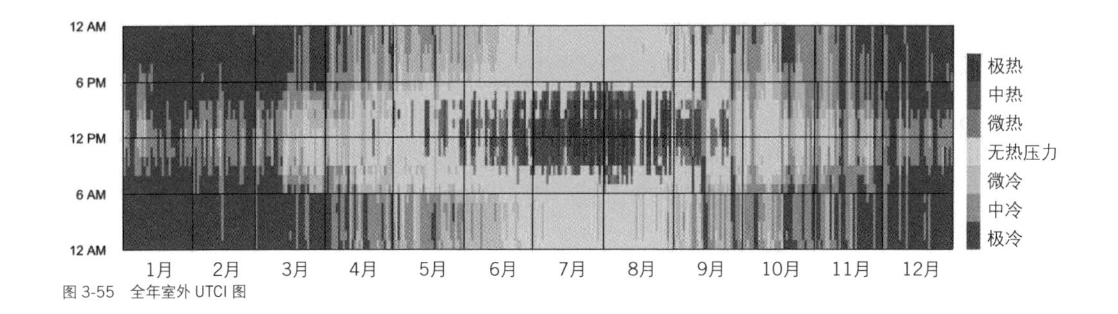

图 3-55　全年室外 UTCI 图

3. 性能目标确定

全年主要需要得热以达到热舒适状态，因此需要增加太阳辐射的获得（I+，T_{SW}+）；同时还需要增加热源，通过使用高热质建筑材料进行蓄热，减少室内向室外的散热，提高建筑内部的长波辐射温度（T_{LW}+）；可以适当提高相对湿度，减少人体蒸发散热（RH+）；由于室外空气温度较低，需要防风、增强气密性，同时加热室内空气，有利于人体通过对流得热，但仍需要相应的通风策略以保证空气质量（T_a+, v-, c-）。

4. 性能设计方法

东北井干式民居主要采取的是“保温型”与“再生型”复合的环境调控模式，使用较厚围护结构、较小窗墙比，提高保温性能，同时室内需要使用除太阳能之外的热源，且建筑热质量具有较好的蓄热性，减少室内热量散到室外。由于一般使用传统方法，比如燃烧，增加室内热源。而建筑整体气密性较高以防寒风，所以空气质量成为需要特别解决的问题，往往使用烟囱等构件。燃烧、蓄热及排烟几种功能相关的建筑元素被组成一个整体系统，在东北井干式民居中即为热炕系统，以高效地完成能量传递（图3-56）。

（1）增加太阳辐射（I+，T_{SW}+）

① 场地布局松散

场地选址与布局主要考虑太阳辐射要素，往往在向阳缓坡或台地中。在院落里，主要居住建筑通常位于北侧，建筑南侧为空地，旁边有小型仓储建筑。整体布局尽量减少对进入室内自然光的遮挡。

② 建筑体形紧凑

建筑体形紧凑，减少与室外空气接触的散热面，南面窗墙比为0.14，北面更低。由于冬季降雪较多，坡屋顶利于积雪滑落。

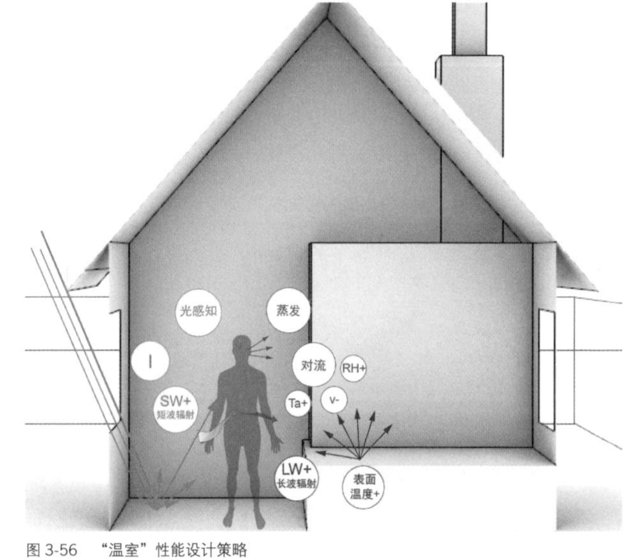

图 3-56　“温室”性能设计策略

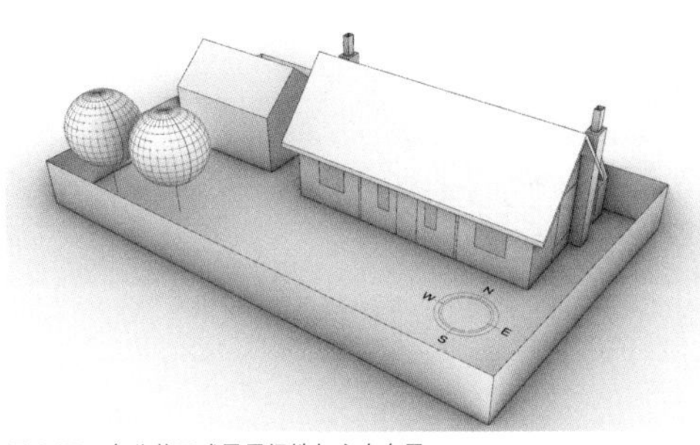

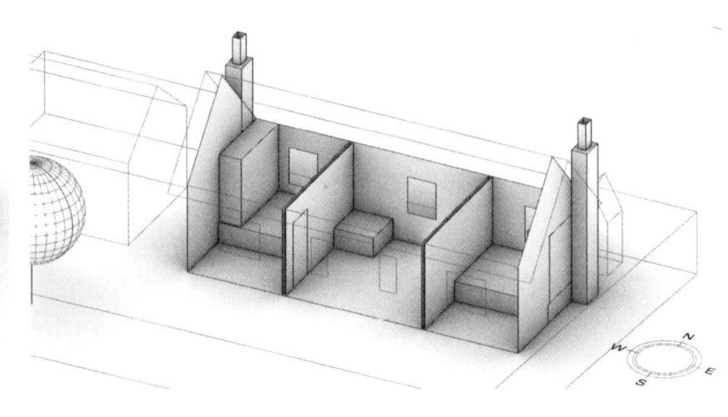

图 3-57　东北井干式民居场地与室内布局

（2）辐射加热（T_{LW}，$RH+$）

① 建筑空间布置

建筑多以鼎厨间为中心，围绕其进行空间布置。首先根据家庭人口数量和需求确定灶台数量以及炕的大小，然后依据鼎厨间及灶台布置进行炕的布置，从而确定建筑房间数量和大小。以较常见的“一”字炕为例，以鼎厨间为中心，左右共3开间，鼎厨间内含2个灶台，分别连接左右两个房间，便于使灶台中燃烧产生的热量往两边输送（图3-57）。

② 热源应用

灶台与炕分别用于日常做饭、采暖及睡眠，多位于房间北侧，这主要有两方面原因。一是室内空间南侧受到太阳辐射比北边多，北边更易让人产生冷感觉；二是北侧的井干式墙体背阴，更易潮湿，容易发生沉降，因此需要更多热量补偿。

③ 热质量材料

当地木材以松木为主，坚硬且耐腐蚀，处理为圆木后，则进行不同方向的交叉叠搭而成墙体，烟囱部分也是由圆木搭成。先在圆木之间用抹泥填缝，而后外用黄泥抹面，少数会在表面刷白漆。高密度的木材与泥形成良好的热质量结构，保温性能较好。屋面则多用切割造圆木后余料制成的木板瓦铺设。

（3）对流加热与空气调节分离（T_a+, $v-$, $c-$）

① 热炕系统结合烟囱

中国的热炕系统是世界上最早出现的使用热气流与辐射的建筑加热系统，以一种集成系统的方式实现室内烹饪、睡眠、供暖与通风，是环境调控、功能场景与文化习俗等多个层面下的建筑重要元素。热炕主要由灶台、炕体与烟囱三个部分组成，灶台散发的热量伴随着气流通过烟气管道进入房间内的炕，热气直接加热炕的表面，即与人直接接触的部分，在热量充分耗散后气体从烟囱排出（图3-58）。因此，炕底部的烟气管道排布影响了气体在炕中停留的时间，从而影响了热量传递的效率。

5. 身体分析与性能评价

（1）太阳辐射与视觉舒适

建筑较少受到遮挡，屋顶受到全年累计辐射为1900 kWh/m^2，南侧界面次之，可达1100 kWh/m^{2}左右。对室内光环境而言，南、北侧的窗户附近区域皆较有可能产生眩光，南侧窗户较大，则对应区域范围也较大。北侧的照度主要来源于天空漫反射辐射进入室内（图3-59、图3-60）。

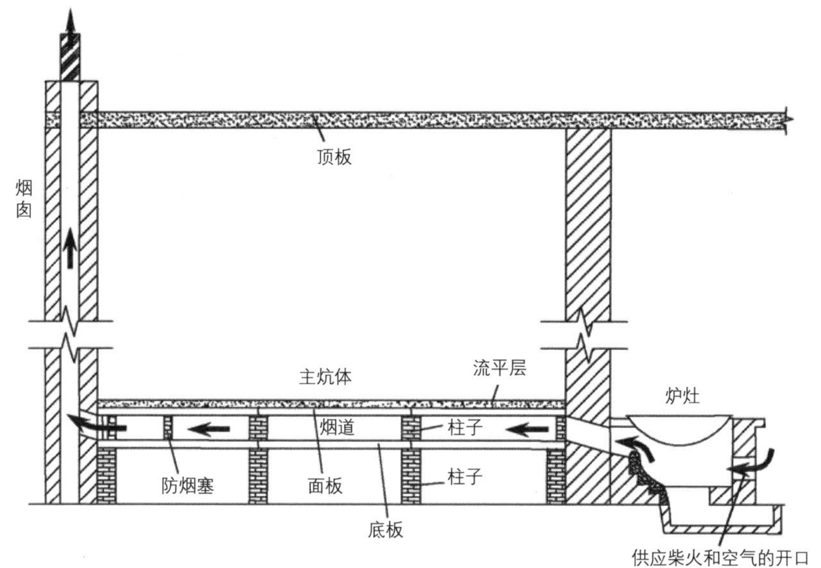

图 3-58　灶台 - 炕 - 烟囱系统

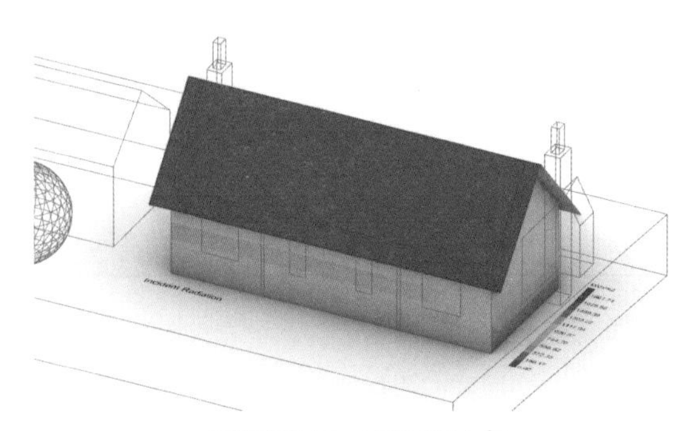

图例范围（0～1900 kWh/m²）

图 3-59　东北井干式民居全年累计太阳辐射

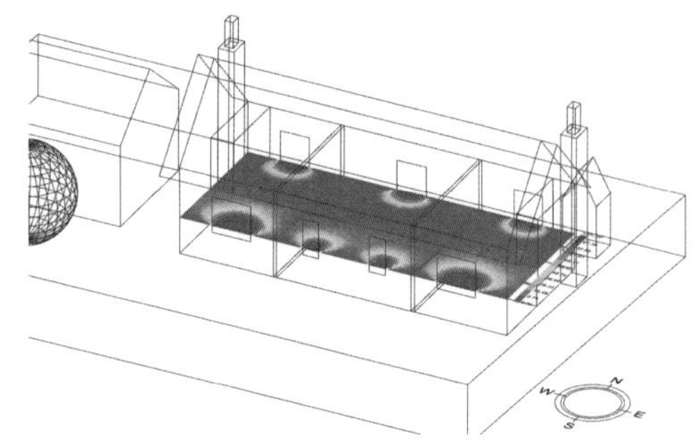

图例范围（0～100%）

图 3-60　东北井干式民居全年超有效照度上限时间百分比

（2）热环境与热舒适

建筑室内受到的全年累计辐射远小于室外，在30 kWh/m²以下。选取典型年全年最冷周（1月20～26日）进行分析，中午12时太阳高度角为当天中最高，太阳辐射仍能对室内窗边较深区域产生明显影响，基本位于房间内炕南侧区域的人都会受到辐照度160 W/m²左右。室内的长波平均辐射分布主要受到灶台和热炕的影响，灶台处可达22℃，炕上次之，鼎厨间整体空间长波平均辐射温度较高（图3-61）。

将短波辐射与长波辐射叠加后，可以看到室内平均辐射温度的分布受太阳辐射影响很大，室内大部分区域的1.1 m高度处都可达到20～22℃的MRT（图3-62），建筑室内北侧整体MRT较高，南侧则受到太阳直射区域的影响，形成了间隔的热区域。在垂直分布上，由于炕放置于较低位置，因此空间近灶台高度处MRT较高，可达近28℃，随着高度上升，MRT逐渐下降，灶台边1.1 m 处为22℃，顶部为18℃左右。左右两间房在炕上MRT最高为22℃左右，但随高度上升下降速度比鼎厨间快，上部空间

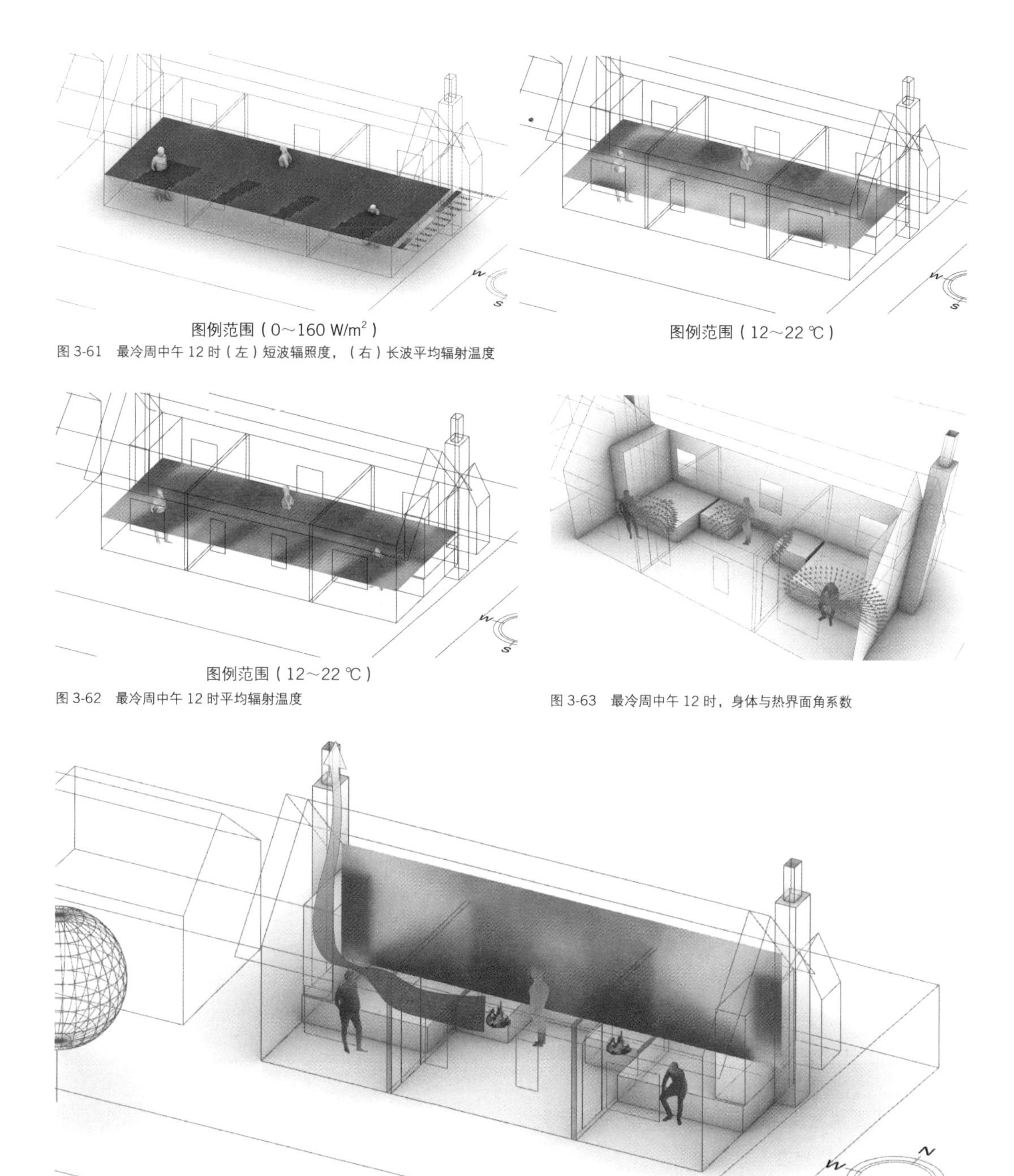

图 3-61 最冷周中午 12 时（左）短波辐照度，（右）长波平均辐射温度

图 3-62 最冷周中午 12 时平均辐射温度

图 3-63 最冷周中午 12 时，身体与热界面角系数

图 3-64 最冷周中午 12 时平均辐射温度的垂直分布

MRT在17℃左右。

当居民处于室内时，主要通过辐射热传递的方式获得热量，因为热气流从灶台通过烟气管道最终从烟囱排出，热气首先加热炕以及建筑表面，然后热界面通过辐射加热身体和室内空气。因此，身

体热感知与身体与热界面的几何关系有关，通过射线追踪模拟可以计算不同位置人对热界面的角系数（图3-63），坐在炕上的人明显角系数更大，身体MRT也最高（表3-21）。

以最冷周其中一天1月20日12:00情况为例，在室内选取了3个位置进行MRT计算与PMV指标评价。MRT与身体对热界面的角系数呈正相关，对天空角系数影响短波辐射获得，也有一定影响。站于卧室和站于鼎厨间的人都处于舒适状态，有轻微的辐射热不对称，站于卧室窗前受到太阳辐射在身体左右两侧产生较高辐射温度差异，但对舒适度影响较小。与之类似，在鼎厨间的人在上下方向的辐射温度差异对舒适影响较小，因为人一般更易于接受脚部比头部更热的状态。而坐在炕上的人整体处于微热感觉状态，同时上下方向辐射温度差异更大，不满意百分比（PD）约为10%，对舒适感造成轻微的影响。

表 3-21　东北井干式民居舒适相关参数

图例范围 12 ～ 36℃			
位置	站于卧室	站于鼎厨间	坐在炕上
角系数	0.07- 天空 0.11- 热炕	0.05- 天空 0.08- 热炕	0.04- 天空 0.22- 热炕
MRT（℃）	24.4	21.1	35.9
辐射热不对称（℃）/PD	33 / 8%	15/ 5%	18/ 10%
PMV	0.03	0.02	0.8

（3）身体感知、行为与认知分析

① 尺度与边界感

此类民居的内外具有明显边界，室内重要元素——炕，通过高度差异在室内进一步划分出了炕上空间。建筑的加热方式对人们的活动与行为产生重要影响。不同于朝鲜族发展出的将整间房地面抬升变为炕，东北民居中炕往往对应较小尺度的空间，通过提供让身体直接与热炕接触的场所，极大增强了身体与外界的热交换，是热感知与活动的聚焦中心。

② 感知变化与动态体验

如图3-61与图3-62所示，室内光热环境受到太阳辐射影响极大，因此随着昼夜与四季变化，室内光热环境存在时间维度上的变化性，同时也存在空间维度上的异质性。

人们在不同的空间位置中会感受到极大的热感差异，比如在鼎厨间或卧室内，在卧室的地面站立或坐于炕上，如表3-21所示，由于与热源及热表面相对几何关系的变化，身体整体MRT和辐射不对称性都在较大范围内波动。人们通过位置及姿势的调整获得舒适的热感觉，与各空间的活动相对应。

③ 多重感知与中心

身体的感性活动具有社会性，人们日常行为与活动的空间模式与热环境品质相关，以具有炕的东北井干式民居为例，炕是居民在室内的主要活动空间，人们在炕上进食、饮酒、做家务活，甚至孩童可在其上玩耍。身体与炕直接的接触不仅获得的令人舒适的热量，也通过触觉让身体与建筑产生直接联系。

炕成了建筑的感知中心——除了触觉导热，炕上的衣服与毯子、放置着食物与酒的小桌，这些物品与随之带来的声音和味道在视觉、触觉、味觉与嗅觉上共同强化了身体对热的感知，带来温暖感，将此空间塑造成为重要的家庭活动场所，并加深了人们对这种温馨和睦场所的喜爱之情。

在汉族民居中，“一”字形的炕与空间秩序相关，中间的堂屋等级最高，强调中心对称的平面，房间内无炕的地方为穿鞋活动区，与汉族的立式生活习惯相关。通过图3-64的分析，空间形制、炕的布置决定了室内热环境的空间分布，不同高度、不同位置的热体验对应着当地人的生活习俗。相比之下，朝鲜族民居里的炕存在铺满整个房间地面的形式，与坐式生活习惯相符合，比如人不穿鞋在空间内活动等。由此可见热环境与人们生活习惯、文化习俗的相关性。

3.4.2　帕米欧疗养院

帕米欧肺结核疗养院是芬兰著名建筑师阿尔瓦・阿尔托（Alvar Aalto）的代表作之一，于1933年建成。当时欧洲面临由环境问题引发的市民健康问题，阿尔托的设计出发点即是让建筑本身作为“医疗设备”，成为治疗过程的一部分，其中拥有干净空气以及充足阳光的环境则是建筑需要提供的基本功能。考虑芬兰属于北欧，地处北极圈附近，总体气候寒冷，疗养院通过创新的环境调控策略为患者创造了安静、宜人、健康和舒适的环境，体现了建筑在各尺度上的人文关怀。由于其环境调控策略属于“保温”模式，并且医疗功能通常要求与外界更隔离，因此此建筑可被认为是现代的热力学原型中的“温室”。

1. 气候特征分析

帕米欧位于芬兰西南部（北纬60.3°，东经22.4°），属于温带大陆性湿润气候，柯本气候分类为Dfb。全年气温年较差较大，通常在-9～22℃之间，平均气温为6℃。6月、7月、8月为温暖季节，其中7月最热，日干球温度在12～22℃之间。寒冷季节为12月、1月、2月，平均气温在2℃，其中2月最寒冷，干球温度在-8～-2℃之间。

太阳辐射：全年各月累计太阳辐射量差异大，3～9月较高，在11～21 kWh/m^{2}之间，10～2月低于6 kWh/m^2，尤其11月、12月、1月太阳辐射极低，小于2 kWh/m^2。年平均日照2352.5小时（表3-22）。

相对湿度：全年较湿润，年平均相对湿度为83%，其中较寒冷的半年（9月～2月）月平均相对湿度为90%左右，而较温暖的半年（3月～8月）月平均相对湿度在70%～80%之间（表3-23）。

风向与风速：冬季风向为南偏西与北偏东，夏季主风向为南偏西，冬季风速较夏季高。

表 3-22　帕米欧主要气象参数

空气温度					空气湿度、流速		太阳轨迹及辐射		
年平均气温（℃）	最热月平均气温（℃）	最冷月平均气温（℃）	全年最高气温（℃）	全年最低气温（℃）	年平均相对湿度（%）	年平均风速（m/s）	夏至日太阳高度角（°）	冬至日太阳高度角（°）	年平均日累计太阳辐射总量（Wh/m^2）
6.1	17.3	-4.7	26.0	-20.2	82.8%	2.8	52.7	6.1	2725

表 3-23　帕米欧气象参数可视化

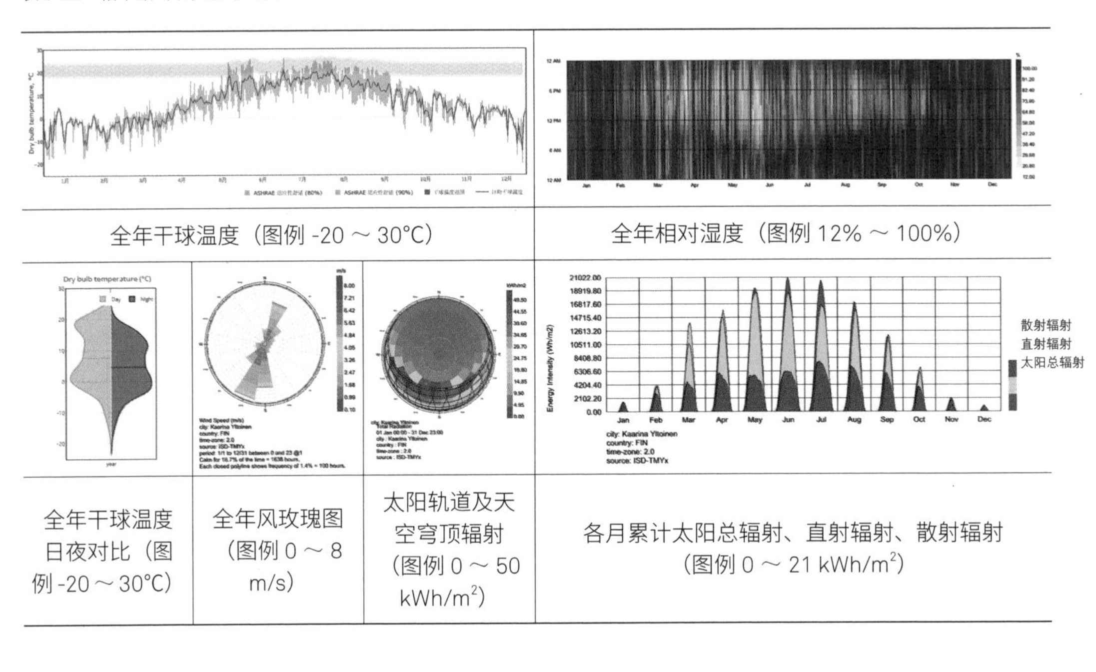

全年干球温度（图例 -20 ～ 30℃）			全年相对湿度（图例 12% ～ 100%）
全年干球温度日夜对比（图例 -20 ～ 30℃）	全年风玫瑰图（图例 0 ～ 8 m/s）	太阳轨道及天空穹顶辐射（图例 0 ～ 50 kWh/m^2）	各月累计太阳总辐射、直射辐射、散射辐射（图例 0 ～ 21 kWh/m^2）

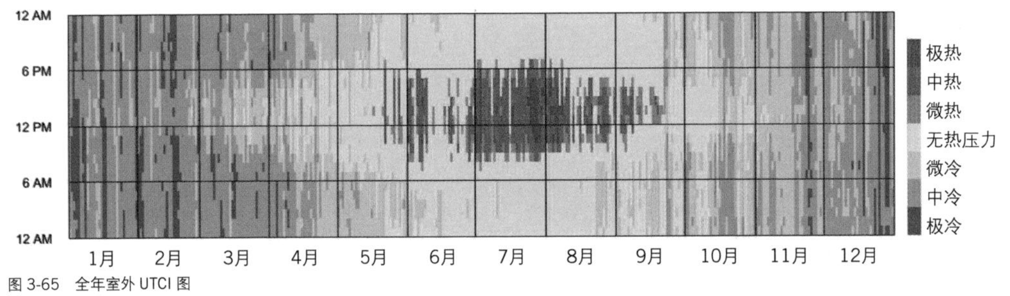

图 3-65　全年室外 UTCI 图

2. 身体需求分析

根据室外热舒适UTCI指标评价结果，全年有33%的时间处于舒适区间，7%的时间会产生热感觉，60%的时间则可能有冷感觉。考虑建筑室内热舒适，基本无过热情况，主要有供暖需求。10～4月共7个月需要利用主动式采暖设备，可使全年63%时间的达到舒适区间，5～9月可主要通过被动式太阳采暖，辅以直接太阳辐射，分别增加全年30%、6%时间达到舒适区间（图3-65）。

3. 性能目标确定

医疗建筑中病房等空间的采光照度最低要求为450lux，而由于平均日累计太阳总辐射值较低，进入室内的自然采光较少，需要增加太阳辐射获得（$I+$）；全年室内供暖需求较高，需供暖以达舒适的时间占99%，需要增加太阳辐射获得，同时增加室内热源（$T_{SW}+$，$T_{LW}+$）；全年相对湿度较高，须降至70%以下，尤其医护空间需要较干燥的环境以减缓病菌滋生、维护清洁环境（$RH-$）；室外气温低于室内，进入室内的空气需要被加热以不让患者产生冷感觉，同时室外吹入的风速需要降低，避免让患者产生直接吹风感。然而同时，一定的自然通风仍是需要的，可起到促进病房内更新新鲜空气、废气通过出风口排出，降低空气中可能含有的有害成分浓度（T_a+，$v-$，c-）。

4. 性能设计方法

帕米欧疗养院主要采取的是“保温型”与“再生型”复合的环境调控模式，尤其为了保证环境的清洁与人体健康，采用了当时较为先进的一系列室内环境调节设备。在建筑形式上，尽可能地增加对太阳能的利用，并且使用较厚围护结构，具有较好的蓄热性，减少室内热量散到室外。并且考虑到患者的身体往往更为脆弱，对室内热环境、空气质量的调控更为精细。

（1）增加太阳辐射（$I+$，$T_{SW}+$）

① 场地布局-分叉式组团

疗养院位于山丘上，体量布局顺应地势，由四个不同功能的区块交错连接而成，平面呈树枝状。最南侧的区块为病房楼和日光治疗区，享有最开阔的视野和景色，同时可让每间病房都获得充足的日照。考虑主风向为南北方向，一字排开的病房在获得自然通风时，可以尽量防止交叉感染。病房楼北侧是公共区及入口接待厅，将北侧的辅助功能和设备间与南侧功能连接起来。

② 建筑体形

建筑体形紧凑、体量简洁，尽量减少散热。最南侧的病房楼进深小，约为8米，而病房区南北向边长为84m，日光区为26m左右，以增加各层楼获得的太阳辐射。病房楼有7层高，共有145间病房，每间病房可容纳2张病床。病房区的最高层放置了可供患者休息的躺椅，屋顶后缩，增加顶层受到的太阳辐射。采光病房区东侧的日光治疗区则为开放平台，布置躺椅给患者进行日光治疗，同时由于采用了特殊的结构设计，减少各层露台支撑结构对阳光的遮挡。

③ 建筑空间

病房在走廊的南侧，拥有最好的朝向、享有最多自然采光及自然景色。病房的设计从患者的角度出发，重点考虑患者斜躺及平躺在床上时对环境的感受与相应的需求。为了最大引入太阳辐射进入室内，采用了与楼层同高的窗户，但由于医生从卫生的角度出发，要求窗户不能落地，于是通过结构性的调整使地面向上形成斜坡，在视觉上维持落地窗的效果，却避免了清洁卫生的死角。对在病床上的患者而言，天花板的材料与颜色对光感知影响较大，因此使用淡蓝色的天花板，利于形成漫反射，使室内光线更柔和，还能起到镇静情绪的作用。人工光源的布置考虑减少眩光，保证视觉舒适。

（2）辐射加热与空气调节分离（T_{LW}+，RH+，T_a+，v-，c-）

① 热源应用

除了太阳能外，建筑群中位于北侧的锅炉房和供暖设备可为整个疗养院提供服务。在区域基础设施完成之后，疗养院的电力、排污与供暖等系统得到完善。

② 病房的热调节与空气调节

为了保证在减少对流散热、提高热舒适的同时，促进空气更新、提高空气质量，病房内采用了创新型顶棚辐射供暖系统，朝向病床末端，加热患者的脚部，避免了头部加热过度而引起的不舒适感。病房的窗户仅有两小扇为可开启，并且为双层窗户，开启时自然风进入室内，减缓了风速，不会直接吹向患者。病房出风口设在走廊一侧、位于门口上方，在自然风流入后，促进废气进入沿走廊的排气管道。

③ 高热质材料与整合系统的结构

病房楼墙体为混凝土厚墙，使用高热质材料进行蓄热，将白天吸收的短波辐射转化成长波辐射释放出来。当时较为先进的各种设备系统整合并不是建筑的“附件”，而是与混凝土结构形成整体，比如服务于供水、供暖、排污和消毒的管道井系统被整合于混凝土结构的双层墙体内。

5. 身体分析与性能评价

（1）太阳辐射与视觉舒适

建筑较少受到遮挡，屋顶受到全年累计辐射为1300 kWh/m^2。若比较各层平面，病房区顶层与日光区各层春夏半年累计受到太阳辐射最多可达1000 kWh/m^{2}左右，而秋冬半年相比之下极少，小于350 kWh/m^2（图3-66）。

根据病房采光相关标准，将病房内照度需求定为450lx，则全年病房内达到日光自治的时间比例较高，最靠近窗户区域可达70%（图3-67、图3-68）。针对单间病房，考虑床的位置以及人平躺着的时候和斜躺时候的眼睛平面，进行照度模拟。则从靠窗病床开始往北侧的区域，日光自治时间百分比降低至50%左右。

通过光线追踪可视化，选取典型时刻，比如最冷周12月22日的早上、中午、傍晚，全天仅有12:00直射光线进入室内，其余时间皆为漫反射（图3-69）。进入室内的直射太阳辐射在室内进行漫反射，病床与窗户之间靠东边墙一侧的区域照度较高，在100～300 lx之间，而病床上的人眼睛处照度较低，不容易引起眩光。

（2）热环境与热舒适

同样以最冷周中午时为例，短波辐射强度较低，近窗区域最高不到3 W/m^2，太阳辐射对建筑加热

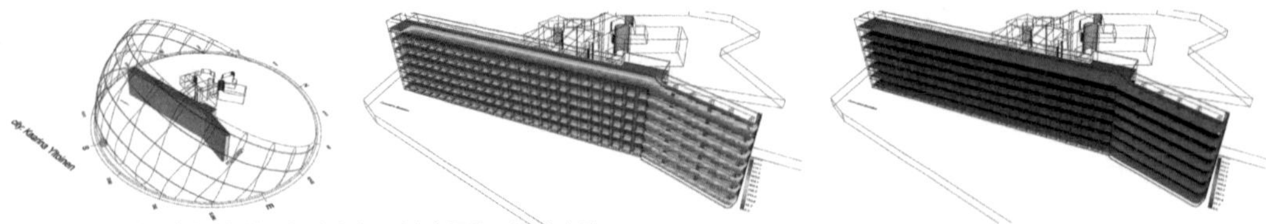

图3-66　病房楼累计太阳辐射，（左）全年，（中）夏季，（右）冬季

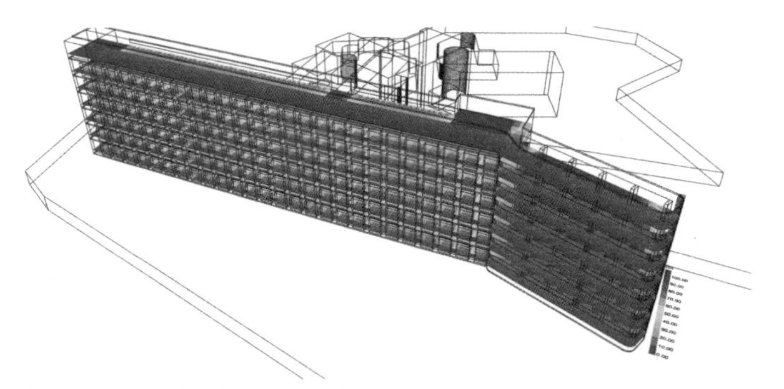
图 3-67　病房楼全年日光自治（图例 0 ～ 100%）

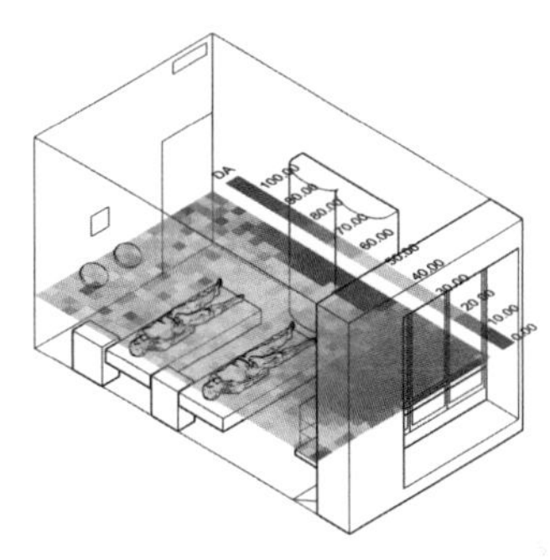

图 3-68　病房全年日光自治（图例 0 ～ 100%）

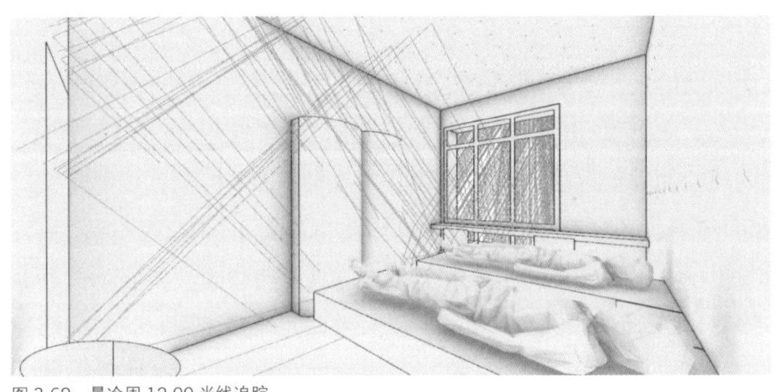
图 3-69　最冷周 12:00 光线追踪

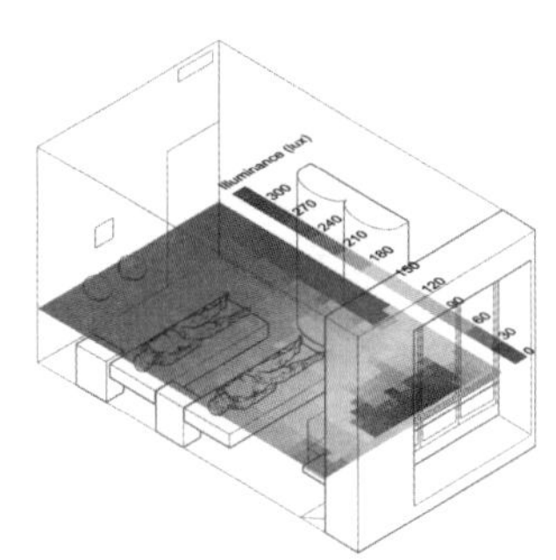

图 3-70　最冷周 12:00 照度分布（图例 0 ～ 300 lx）

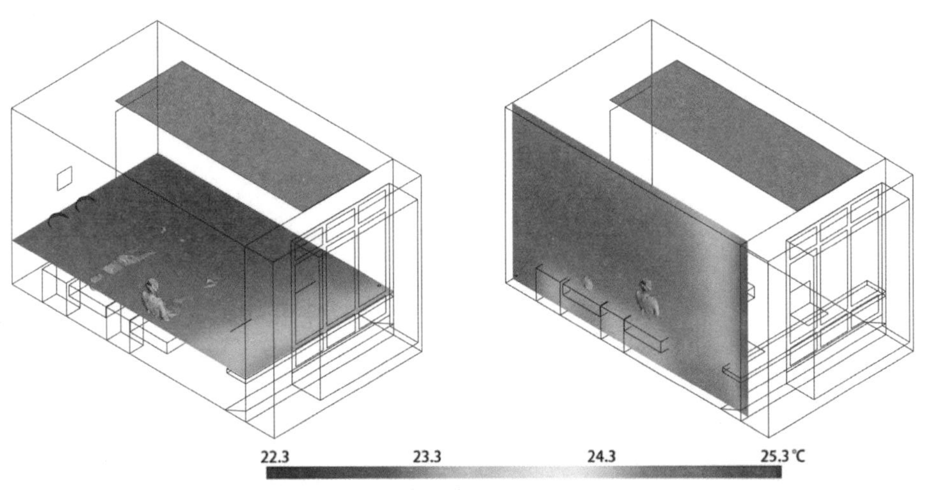

图 3-71　最冷周中午 12 时平均辐射温度分布（左）1.1m 水平面，（右）垂直面

程度有限，需要在室内开启顶棚辐射供暖系统。通过对单间病房进行能耗模拟，得到内表面温度，可以分别进行空间内长波平均辐射温度与短波平均辐射温度模拟（图3-70）。

如图3-71所示，空间内MRT在1.1m高的水平面上范围为23.1～25.2℃，叠加短波辐射后变化很小，南侧靠窗上升了0.3℃左右，最后整个平面的MRT范围23.2～25.3℃，病床尾部及旁边走道区

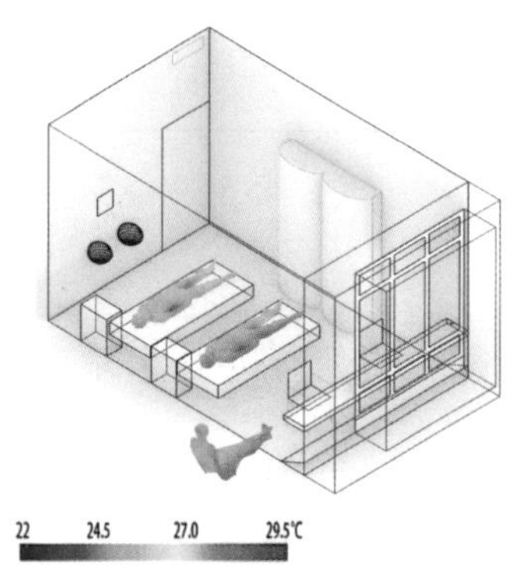

图 3-72　最冷周中午 12 时人体平均辐射温度（图例范围 22 ～ 29.5℃）

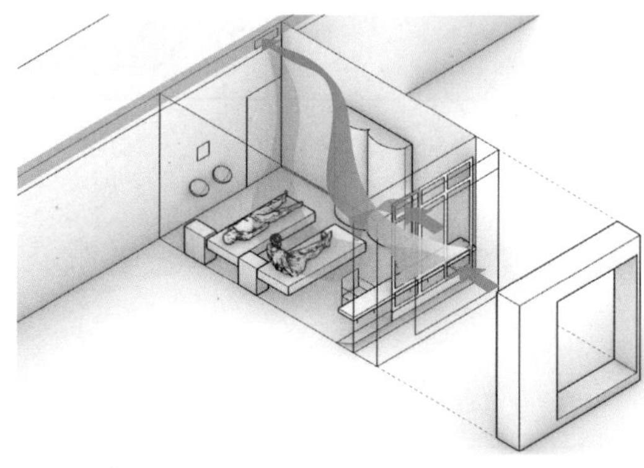

图 3-73　病房新风策略

MRT最高，越靠近窗边则越低，两张病床上的人皆处于MRT较高的区域。垂直方向上MRT几乎未受到短波辐射影响，最终范围为22.4～25.0℃。未出现MRT有明显的高度变化，整体的空间分布较均匀。

对平躺在病床的人而言，身体不同部位的辐射温度变化差异较大，与各表面的方向、位置有关，如图3-72所示，比如手臂内侧与腿部内侧的位置MRT明显较高，这与身体自身不同部位之间的相互影响有关。由于这些部位对其他身体部位的角系数较大，意味着身体自遮挡程度较大，则受到自身体温影响也较大。由于辐射传热系统不需要依赖空气为介质，从窗户进入的自然通风不影响辐射加热效果。因为患者可能对风较为敏感，受到调节后的风速较低，不会为患者带来明显吹风感，在这个基础上促进房间内空气循环，清除污染（图3-73）。

以最冷周内的12月22日12:00情况为例，在室内选取了2个病床上的患者以2种不同姿势进行休息时的状态，进行MRT计算与PMV指标评价（表3-24）。MRT与身体对顶棚热界面的角系数呈正相关。三种状态的人都处于舒适状态，辐射板偏一侧的布置并未引起辐射热不对称，脚部比头部略热的状态未带来不舒适感，靠近窗一侧病床上的人热感觉略微降低。

表 3-24　帕米欧疗养院舒适相关参数

图例范围 12 ～ 36°C			
位置	躺于远离窗的病床	躺于近窗的病床	靠坐于近窗的病床
辐射顶板角系数	0.14	0.12	0.14
MRT,°C	25.5	25.4	25.5
辐射热不对称 （下 - 上 ,°C）	2.1	1.5	1.2
PMV	-0.1	-0.2	-0.1

（2）身体感知、行为与认知分析

① 边界与庇护感

在患者的住院期间，与自然环境的亲近感是在生理、心理上促进患者恢复健康的重要元素之一。病房楼南侧的优美景色可为患者带来生动感，建筑边界在将自然元素进入室内的同时，却要保持与室外的气候隔离，因为患者脆弱的身体需要在精细控制的环境中得到疗养。病房窗户对光线、气流的控制以及除菌考虑都展示了建筑边界层面的独特考量，带给对患者的庇护。

② 感知变化与动态体验

如图3-69所示，室内随着时间受到变化的太阳辐射影响，然而太阳辐射对整体热环境的影响不大，则变化的光线带来生动感，但不影响室内的舒适度。空间中以病床为中心，创造较均匀热环境，但通过辐射板的位置使躺在病床上的人获得轻微辐射不对称的感知（图3-71），这种程度的不对称可以增加身体对热感的意识，但仍保持在舒适范围内，以促进患者产生热愉悦与对环境的喜爱感。

③ 多重感知与中心

在患者的疗养康复过程中，最重要的身体感知是清洁感及其相关的联觉，包括热感知、自然感知等，有助于从生理上辅助治疗，并从心理上也促进患者的积极心态，有利于恢复。清洁感从上述多个有关阳光、空气等要素的环境调控策略中体现而出，同时需要补充的是，病房中对水池等许多细部的设计，也体现了阿尔托对患者的细致关怀。水池的凹形倾斜弧度经过严格的设计，消除了洗手时水流的溅滴声，减少对听觉的刺激，为患者创造静谧的休憩环境。与之类似，顶棚热辐射系统对患者的身体进行加热时，不需像空气调节设备一样通过热气流进行热量传递，因此减少了吹风感以及可能带来的不舒适热感觉。

病床形成感知中心，天花板与墙面的静谧色彩、床头的植物、弱化的噪声、微风感，共同增强了清洁感及人体在生理和心理层面的健康。如果说其他居住类、休闲类建筑往往通过对多种环境要素的调控加强对身体的刺激，以调动身体在空间中的感觉与知觉，那么帕米欧疗养院则正好相反，环境调控的目的是减弱对身体的刺激，以利于病体的疗养，但同时这种保护也加强了身体的清洁感。

本章是对建筑环境性能设计策略的提取与分析，从身体视角出发，选取了不同气候分类下典型的建筑案例，包括传统与现当代建筑，基于第2章的原型与方法分类，借助工具，研究了不同的环境要素如何影响身体需求，和如何影响建筑各个层面的性能策略与形式表达。基于对案例的分析，如表3-25所示，本章对提取的性能设计策略进行系统整合，建立身体互动、性能目标与建筑形式之间的对应关系，形成性能设计方法的基础。

表 3-25 传统与当代案例的性能设计策略总结

气候 - 原型 - 案例	身体需求与性能目标	性能设计策略	身体感知、行为与认知
湿热气候 - 遮阳棚：斯里兰卡庭院住宅，越南平盛住宅	身体过热、多眩光；需减少太阳辐射得热，减少材料蓄热，促进自然通风	布局、体形、界面遮阳，庭院天井等水平 / 垂直方向的缓冲空间，低热质材料	室内外空间层次与各向异性带来丰富感知变化与动态体验，水体、植物、光影、温度等多重感知塑造场所
干热气候 - 捕风塔：埃及开罗住宅，叙利亚法语学校	身体过热、多眩光；需减少太阳辐射得热，促进自然通风，注意昼夜差异	捕风塔结构与太阳烟囱促进通风，配合蒸发冷却，高热质材料降低昼夜温差，土壤保温 / 冷，界面遮阳	靠增加风速提高热舒适范围，感知在时间与空间上的变化带来丰富体验，庭院成为感知与活动中心
温和气候 - 热池：古罗马浴场，瓦尔斯温泉浴场	身体过冷，需增加采光；增加太阳辐射得热，周围物体辐射加热、减少对流散热	布局、体形尽量获得自然采光，地源供暖，通过水体与高热质建筑结构形成辐射系统	身体在时间与空间上的极端冷热变化、身体局部的热差异带来热麻醉与热愉悦感，多重感知联觉使浴池成为感知中心与社交场所
寒冷气候 - 温室：中国东北井干式住宅，芬兰帕米欧疗养院	身体过冷，需增加采光；增加太阳辐射得热，周围物体辐射加热、减少对流散热、排出废气	布局、体形尽量获得自然采光，界面减小散热，热源与高热质建筑材料形成辐射系统，对流加热与空气质量调节分离	小尺度空间对身体感知的加强与精细化调节，聚焦在热场所的行为活动发展形成群体文化

第 4 章
身体视角的热力学建筑实验与应用

基于第3章在传统及现当代热力学建筑原型中对环境性能设计方法的提取研究，可以发现对于一些复合环境性能目标的设计策略仍较为缺乏，或受限于技术条件难以实施，比如在降低湿度的同时需要实现辐射冷却的矛盾（T_{LW}-，RH-）、面对不同季节需求时可自适应调节室内太阳辐射获得的策略（I+/-、T_{SW}+/-）等。因此本章将介绍基于以下几组性能目标进行策略提出、方法优化与适用性拓展方面的实验研究。

4.1 “遮阳棚”里的热主动界面[1]

本节介绍一个由几何形式和材料为主导因素而设计的实验性冷却建筑原型，通过实地测量与模拟从而对其性能进行优化与验证。该冷却建筑原型为一个在炎热湿润环境中独立存在的冷却亭（cooling pavilion），在新加坡进行搭建与测试。此冷却亭作为一个特殊的案例，便于进行实验以测试其几何、形式等设计参数对冷却效果的影响。它是室外场地中的半封闭空间，通过辐射热传递的方式对空间进行冷却，为湿热气候下的户外环境提供舒适（长波辐射温度T_{LW}-、相对湿度RH-）。因此，冷却亭的形式、材料和细部都经过精心设计，以创造最佳冷却效果。此项目提供了契机，得以研究几何形状对环境、建筑与身体之间热力学互动的影响，具体量化研究参数包括角系数、材料发射率与反射率和身体几何形状，以及它们对平均辐射温度的影响。通过将模拟和传感器数据收集的结果进行比较，此研究展示了测量和计算辐射传热的挑战与其对性能设计的潜力。

4.1.1 湿热气候下的辐射冷却策略

辐射冷却是一种有效利用能源的建筑环境调控方法，通过热主动表面冷却建筑物。近几十年来，辐射冷却获得较多研究关注，由于其能够使用少于传统空调系统的能量来提供热舒适性。它的作用依赖于使用者和周围表面之间的红外辐射热交换，并且可以通过将水管与建筑的楼板、天花板或墙壁结合来实现。加州大学伯克利分校的建筑环境中心（Center for the Built Environment）已经进行了超过十年的辐射冷却研究，验证其节能潜力和建筑应用可行性。辐射冷却可以在室内空气温度相对较高的情况下实现热舒适，因此可以节约能耗。使用辐射冷却还有一个重要的潜力，即能够与自然通风相耦

---

1 本节实验与普林斯顿大学 C.H.A.O.S 实验室（Forrest Meggers, Eric Teitelbaum 等）、宾夕法尼亚大学 Thermal Architecture Lab （Dorit Aviv 团队）合作完成，作者在其中负责文献综述与调研、实测与模型校准、热辐射模拟及结果分析，部分内容由期刊论文发展而来：Dorit Aviv, Miaomiao Hou, Eric Teitelbaum, Forrest Meggers. Simulating Invisible Light: A Model for Exploring Radiant Cooling’s Impact on the Human Body Using Ray Tracing. Simulations （2022）：00375497221115735.

合，这对于传统的空气调节冷却系统是不可能实现的。

然而一直以来，辐射冷却的适用条件较受限制。尽管它在炎热气候中展示出节能潜力，但由于结露的风险，往往只能在相对干燥的气候中使用。在潮湿环境中，干球温度与露点温度的较小差距限制了空气和冷却面之间的温差，导致限制了系统的冷却能力。因此，辐射冷却策略难以在炎热潮湿的气候中使用，对应环境性能目标中同时降低长波辐射温度、降低湿度（T_{LW}-, *RH*-）的难度。为了解决这个问题，R・N・莫尔斯（R・N・Morse）提出了一种膜辅助的新型辐射冷却面板。通过使用一种对长波热辐射透明的膜覆盖在冷却面外侧，将冷却面与温暖、潮湿的空气隔离开，则冷却面可以通过辐射传递给人带来冷感觉，却不会直接接触到热湿空气导致冷凝。本项目对莫尔斯的膜辅助冷却面板进行扩展实验研究，进一步测试了材料选择和几何形状对整体冷却效果的影响。

辐射热传递占建筑环境中人体总热传递的一半左右，然而这种形式的传热在建筑设计和建筑业内并没有被很好地理解，一个原因是与空调系统及室内恒温环境调控思想的盛行引起的。另一个阻碍辐射系统被更广泛地使用的原因是人体辐射热交换的复杂性，这取决于身体的每个表面和所有周围建筑物表面的几何角系数。虽然已有多种方法可以简化计算，但面-面交换的细微差异也会对热舒适度有较大影响。更好地量化这些影响有利于优化建筑性能设计方法，这需要数据传感收集和模拟工具的支持，用于分析和可视化热交换对人体的影响。

与易于测量的空气温度相比，辐射热量没有简单的直接测量方法。MRT是一个成功的概念，以类似空气温度的方式量化了辐射热量，便于研究人员和从业者在影响感知和评价热舒适时使用此参数。然而，简化MRT的测量，比如使用黑球温度计等工具，以及简化MRT计算的方法，这二者都导致了对整个空间内高度复杂的辐射热交换的过度简化。研究表明，黑球温度计对MRT的估算可能导致结果偏差甚至误差。本项目并不在于证明每个性能分析都需要基于一个完整的几何模型，使用更准确的工具以更好地说明辐射传热能以多种方式影响空间中不断变化的热感知，同时为建筑环境性能设计启发新的方法。

4.1.2　辐射冷却建筑原型与身体感知

1. 辐射冷却建筑原型设计

在冷却亭的搭建实验中，尝试仅依靠辐射冷却面的使用，在湿热环境中提高热舒适性。为了解决湿热气候下辐射冷却导致的冷凝风险，新的冷却面系统通过使用对红外辐射透明的聚乙烯膜来防止冷凝，将附着了毛细水管的建筑冷表面与热潮湿空气分离开。每个辐射冷却面板尺寸为 1.2 m × 2.1 m，冷却亭由框架结构结合十个模块化冷却面构成，在顶部和垂直方向上分别布置了 2 块、8 块面板，将空间进行围合（图 4-1）。整个平面布局呈中心对称，分别在北边和南边留出了入口。冷却亭的设计遵从了湿热气候“遮阳棚”的建筑原型，采用较大挑檐以减少太阳辐射对内部造成过热或眩光（*I*-、T_{SW}-），同时南北向的出入口设置利于自然通风对流穿过空间（*v*+, *c*-）。空间的围合方式主要考虑让人位于内部时，受到外部热辐射的影响尽可能小，即对室外热环境的角系数尽可能小（T_{LW}-, *RH*-），于是最终采用图 4-1 所示的布局，南北两侧伸出的冷却面不仅能增加身体与冷却面的角系数，同时对入口起到了引导的作用。

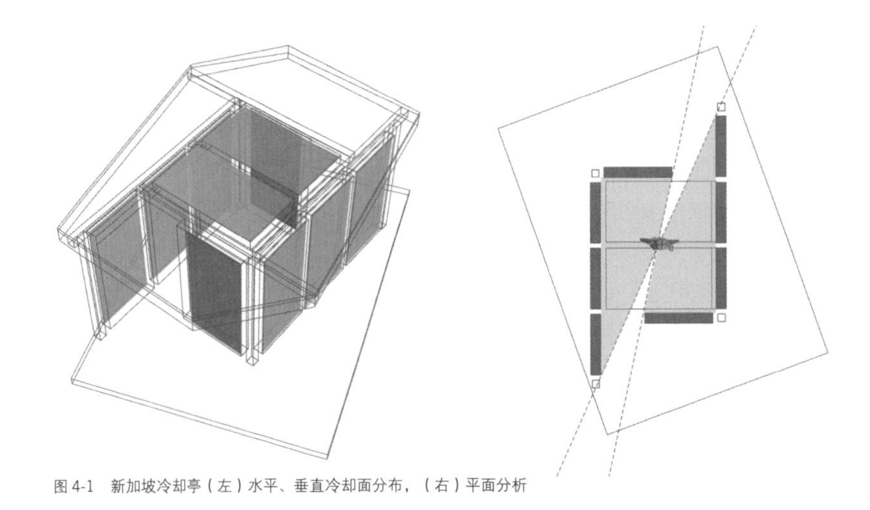

图 4-1　新加坡冷却亭（左）水平、垂直冷却面分布，（右）平面分析

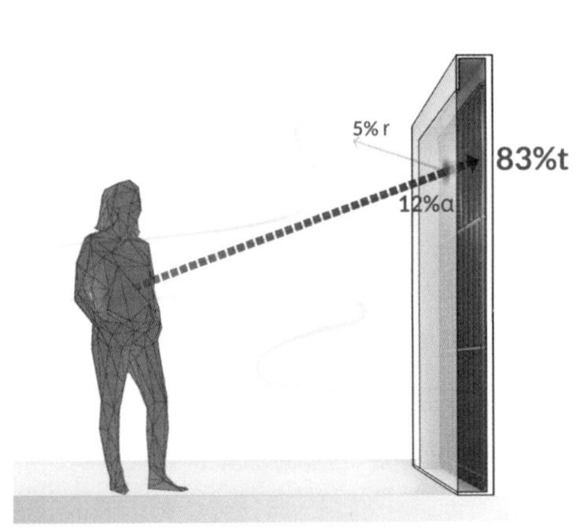

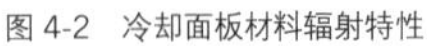

图 4-2　冷却面板材料辐射特性

图 4-3　冷却亭内部实景

如图4-2和图4-3所示，一个模块化冷却面由一个木制框架为基础设计与组装，输入冷水的毛细辐射管布置在朝向内部空间的一面上，再覆盖一层聚乙烯膜使整个框架封闭，冷却面与膜之间有空气隔开，冷却水的温度由可自定义变速的冷却器决定。该膜在红外辐射波段范围内拥有83%的透射率和5%的反射率。这使冷却面不会直接接触到湿热空气，则不会产生冷凝，却能达到低于露点温度的冷却效果，从而减少或消除调节空气的需要。

2. 辐射冷却建筑原型实验设置

冷却亭搭建完成后，对其进行环境数据采集以进行相关实验。在实验中用到了几种类型的传感器，表面温度用一种无接触式红外线温度传感器SMART（±0.5℃，301℃）及红外辐射照相机（FLIR，±1℃）进行测量，以及使用PT100热敏电阻器（±0.1℃，306℃）测量空气温度。对冷却亭在8月开始的半年内运行期间进行环境数据采集，并取8月的数据用于模拟计算。由于在实际试验中，红外透明膜过于薄，难以准确测量其温度，因此使用膜背后冷却面的表面温度，这可通过热成像技术测量得出。

模拟使用的材料特性为：在长波辐射波段，波纹金属地板的反射系数为0.5，而所有其他材料的反射系数非常小，皆设置为0.05。以上数据输入用于模拟长波平均辐射温度的空间分布以及全身体模拟。

（1）空间MRT分布

根据ISO 7726的MRT测量指南，选取三个高度的水平面进行空间MRT计算：离地面0.6m，1.1m，1.7m。在各个高度，使用20 × 50的网格在平面上生成计算采样点。并且选取沿冷却亭长边方向、通过冷却亭入口的垂直面，使用40 × 25的网格生成采样点。基于射线追踪法，每个采样点在各个方向上均匀地发射1280射线。所有暴露在空气中的表面都已进行三维建模并转换成网格模型，该模型总共包括27352个网格面，并且每一个网格面都被设置了相应的表面温度和材料特性（包括不透明表面的反射率和发射率）。如前文所介绍，从采样点发出的反向追踪射线在各个界面之间弹跳四次，每次弹跳都有相交的表面。利用在每个交叉点处的平均温度值和反射率、发射率系数，计算采样点处的MRT，然后基于网格上所有采样点的MRT创建颜色梯度进行可视化分析（图4-4）。

以上方法用于计算长波辐射部分，要得到最终MRT还需要与短波辐射部分进行叠加。空间中短波MRT的计算可以使用前文介绍的空间平均球面辐照度模拟方法，使用与长波辐射计算同样的采样点，然后依据当地气象数据输入法向直接辐照度与漫射反射辐照度，可计算得出各采样点的短波MRT。

最后，将长波辐射与短波辐射叠加，并且可以将辐照度（W/m^2）转化为温度表达（℃）。

（2）全身辐射温度模拟

对于全身模拟，使用了两种不同的人体网格模型：一个为坐着的人，另一个为站立的人。将身体模型放置于图4-4中所示的位置与朝向，共有3种模拟情况。对于每个情况，进行了两次模拟：首先，忽略身体对辐射热传递的自遮挡进行模拟；其次，考虑身体自身温度及发出的辐射，基于测量数据将皮肤和衣物温度设置为平均值30℃。

除了对身体进行基于整体热环境的MRT模拟，为了进一步研究亭中水平冷却板与垂直冷却板分别对身体降温的影响，选取亭子中特定的冷却面板用于模拟，则假设其余面板处于非工作状态，假设其表面温度等于空气温度。于是确定了两种实验的情形，如图4-5所示，第一种情形是选取两块垂直活性面板，第二种情形是选取两块顶面水平活性面板，并且站立于空间中的人与垂直板的距离等于人与

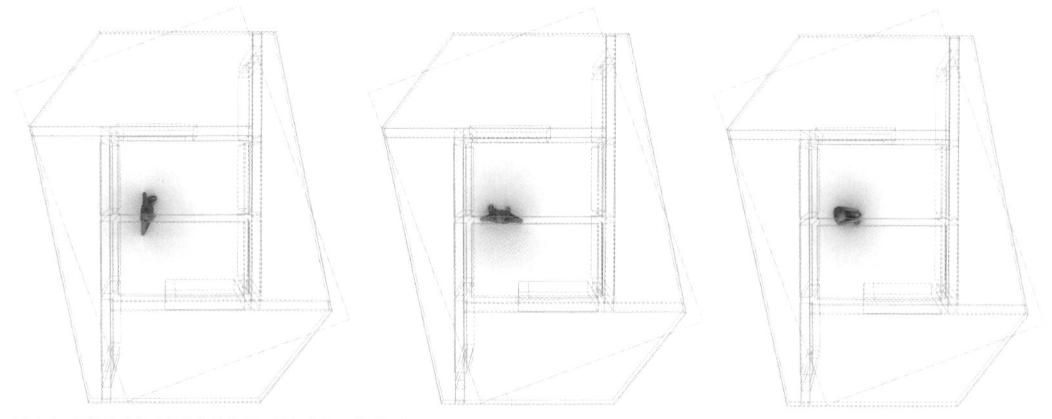

图 4-4 根据身体在冷却亭内的位置、朝向确定三种模拟情况

图 4-5 （左）冷却面板材料辐射特性，（右）冷却亭内部实景

水平板的距离。在这两种情况下，由于冷却板的面积与温度相同，用于冷却的能量消耗也是相同的。

（3）结合实测对模拟进行验证

为了验证结果，我们将模拟的MRT与高精度仪器测量的MRT进行了比较：6向辐射强度计（APOGEE，SL-510-SS；0.12 mV/m^2；1%的测量重复性；5%校准不确定度；+/- 0.3℃）。根据ISO 7726平面辐射测量标准将在6个方向上的测量值进行平均计算。在六个方向上的平面辐射温度，即向上、下、左、右、前、后，根据对应的投射面积系数进行加权平均以计算中心点的MRT。该仪器放置在距离地板1.85 m高处，并且分别距离直角处两块辐射冷面48cm和22cm的距离。此外，另外三个也用于验证的黑球温度计被放置在与6向辐射强度计相同的位置，但在不同的高度（0.1m，0.6m和1.1m共三个），如图4-9所示。根据黑球温度计而计算的MRT还需输入来自风速仪的空气速度，混合对流被证明可以提高基于黑球温度计而计算MRT的准确性。6向辐射强度计仅测量长波辐射，并且将其测量位置的MRT与模拟结果进行比较。然而，该验证方法仅限于空间中的一个点。 MRT模拟方法在受控的气候室中进一步验证，并与多个点的测量结果差值较小。用于验证的数据于1月16日13:00至14:00测量，具体参数如下，主动冷却面板温度：18.3 ℃；周围地面温度：43 ℃；天空温度：24 ℃；周围环境温度：40 ℃；非活性建筑表面平均温度：29.5 ℃；空气温度：29.5 ℃。这组数据输入用于将模拟与验证的测量值进行比较。

3. 辐射冷却建筑原型实验结果

对应实验方法中的三个部分，结果部分由MRT空间分布、模拟验证、全身MRT模拟三个部分组成。

（1）MRT空间分布

短波辐射的空间分布主要受太阳位置的影响。新加坡（1.4° 纬度，103.9° 经度）位于北热带区的南部，在测量和模拟的时刻（8月15日，下午3点），太阳光线来自北向。北入口周围的半室外区域在1.1米高处受到可达4 W/m^{2}的太阳辐照度，如图4-6左所示。冷却亭内部的矩形平面区域具有相对均匀的辐射分布，其范围为0.5～1 W/m^2。与短波部分相比，长波辐射和最终的MRT分布（图4-6中）以亭子中心呈近似旋转对称。两个最内角附近区域具有最低的长波MRT，因为这些区域的空间采样点从角系数上来看，主要被冷却面覆盖。结合短波和长波部分后得到最终的MRT空间分布图（图4-6右），空间中的MRT的范围为21.4～31.5 ℃，其中在两个内角区域出现最低值21.4 ℃，在对外部热环境暴

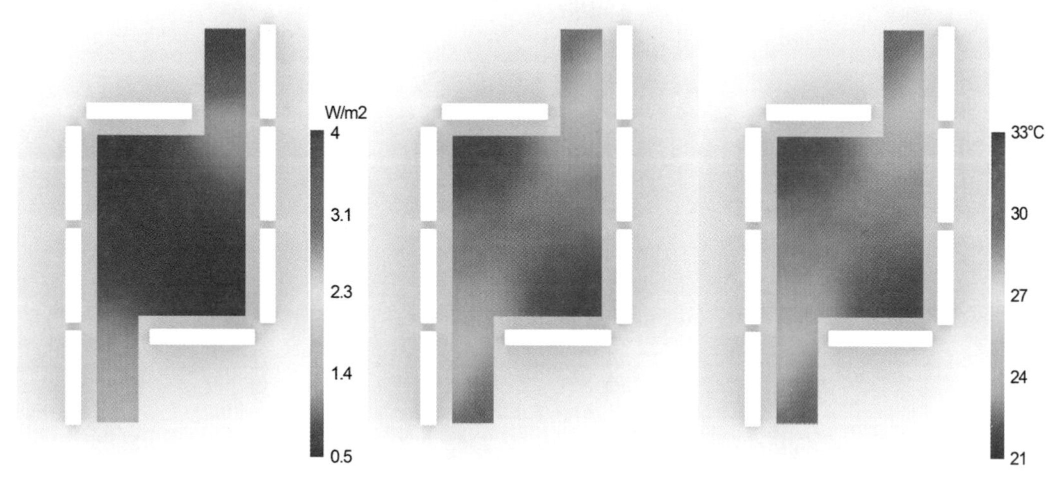

图 4-6 1.1m 高水平面的空间分布（左）短波辐射，（中）长波辐射，（右）MRT

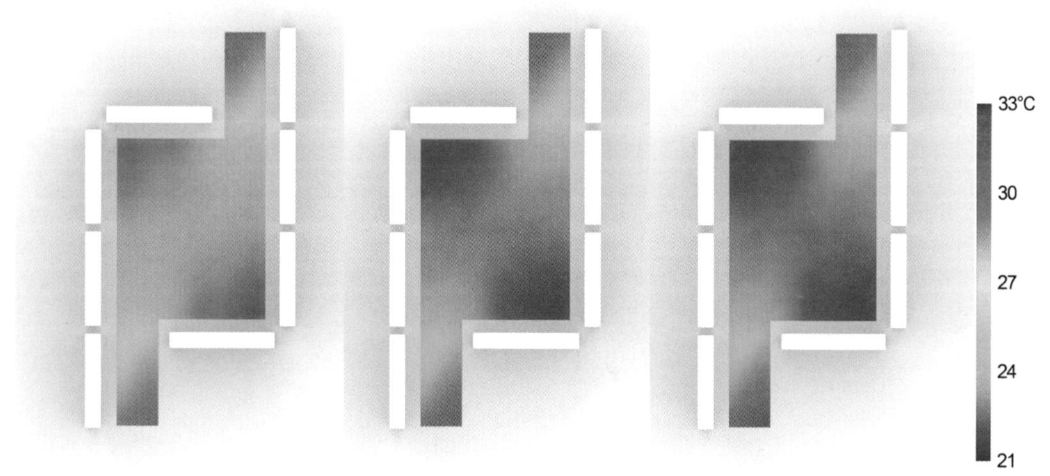

图 4-7 MRT 空间分布（左）0.6m，范围 21.8-31.1 ℃，（中）1.1m，范围 21.4-31.5 ℃，（右）1.7m，范围 21.3-32.1 ℃

露最多的半室外区域出现最高值，变化幅度超过10 ℃。随着人从空间内部向开口移动，受到冷却面的包围越来越少，则MRT明显升高。

从MRT的垂直分布上来看，在内部区域中，地面上方0.6m高处的MRT总体比1.1m和1.7m高（图4-7）。0.6m高处的所有采样点的平均MRT比1.7m处的高0.5 ℃，主要由MRT的长波部分导致，因为较低处对地板的角系数较大，对天花板的角系数较小，而地板的表面温度高于垂直和顶部的冷却面。然而，可以在垂直的MRT分布图（图4-8）中观察到，由于地板具有较高反射率，地板表面温度对MRT的影响小于外部环境对室内MRT的影响，近入口处沿前后方向的辐射不对称要比垂直方向的不对称明显得多。与全身模拟相比，MRT空间分布图的计算使用相对少的计算时间，它们可以呈现出由于冷却面和周围热表面的角系数差异而带来的内部空间热梯度变化。

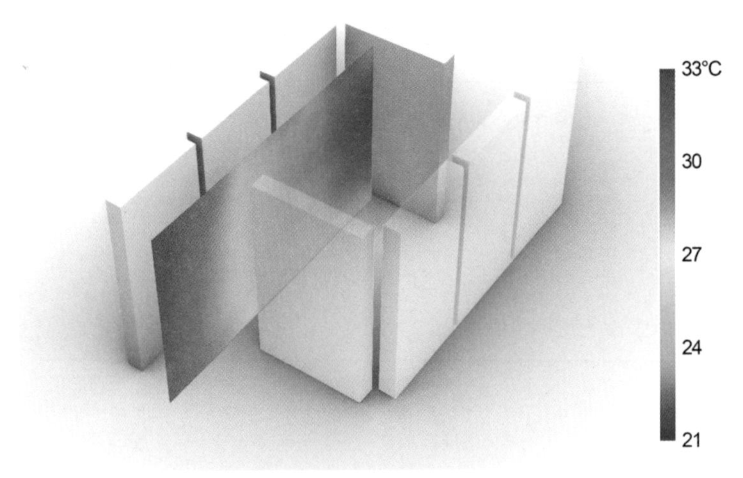

图 4-8　MRT 垂直分布

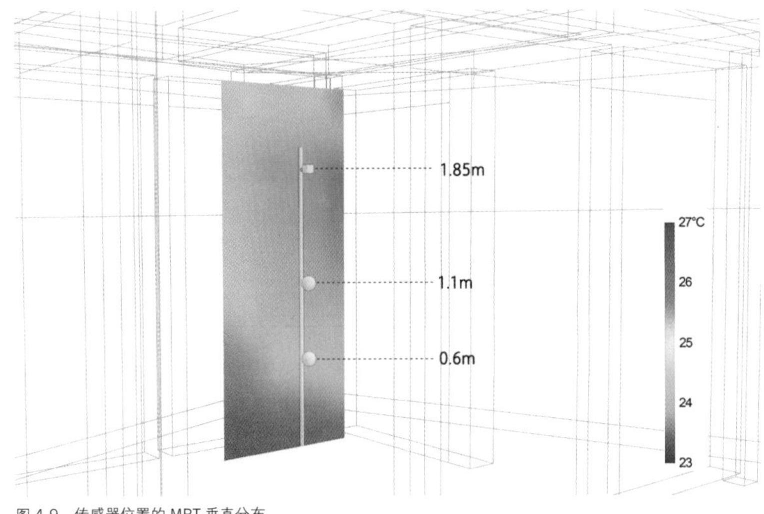

图 4-9　传感器位置的 MRT 垂直分布

（2）通过实测传感数据对模拟进行验证

经过传感器位置的MRT梯度图清楚地显示了垂直方向的MRT变化梯度（图4-9）。高度较低的部分接收来自外部的太阳辐射最多，来自地板的影响最大，因此MRT较高。MRT随着高度的增加而减小，而接近顶部的MRT略高于有人的高度区。将黑球温度计和6向辐射强度计测量与模拟的结果进行对比，模拟的MRT与测量结果非常吻合，尤其是对于0.1m高度以上的点。模拟与实测的差值，在0.6m、1.1m和1.85m高度上分别为0.5 ℃、-0.4 ℃、-0.1 ℃。所有值都在ISO 7726中规定的+/-2℃球形温度计的标准精度误差范围内。偏差可能是由于难以正确地测量黑球温度计旁的对流作用，这一点已在对黑球温度计的精度研究中被广泛讨论。在模拟中，对地板表面反射率的估计，以及可能缺乏考虑在真实现场中对太阳反射的遮挡也有可能是偏差的来源。

总体而言，模拟结果和测量的MRT之间误差较小。虽然黑球温度计的测量可能会受到对流误差的影响，但辐射强度计不会，它显示出与模拟的最佳一致性。

（3）全身辐射温度模拟

① 身体位置与冷却效果

根据图4-7中的MRT梯度图可以估计，全身模拟中身体所在位置的MRT与冷却亭内部除了两个内角区域外的大部分区域相似。表4-1显示了基于人体网格模型的模拟结果。当模拟中考虑了身体的自遮挡时，MRT显著增大，其中坐着的人的自遮挡可以导致最大差异（1.0℃）。图4-10可视化呈现身体辐射温度模拟结果，显示了不同的冷却面布置方式和人在空间中的位置、朝向所导致的辐射不对

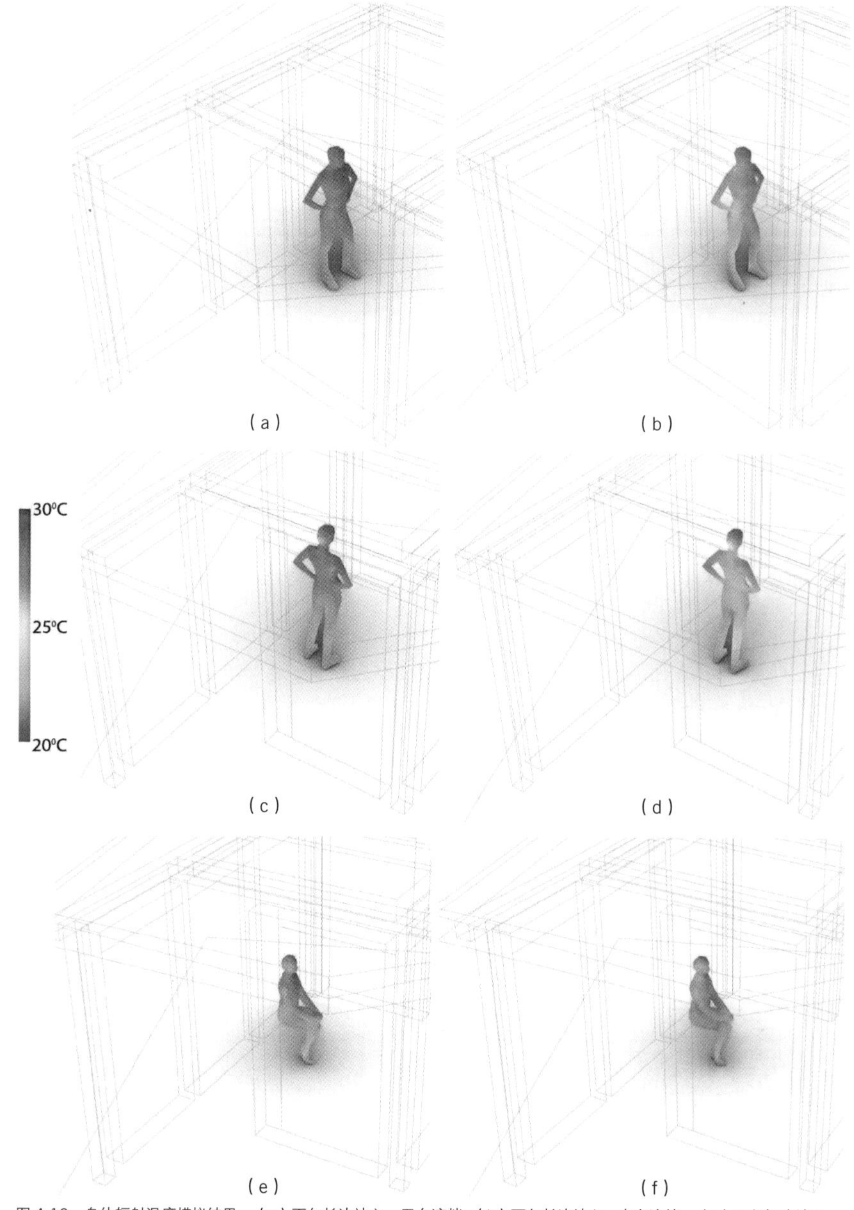

图4-10　身体辐射温度模拟结果：（a）面向长边站立，无自遮挡，（b）面向长边站立，有自遮挡，（c）面向短边站立，无自遮挡，（d）面向短边站立，有自遮挡，（e）面向长边坐着，无自遮挡，（f）面向长边坐着，有自遮挡

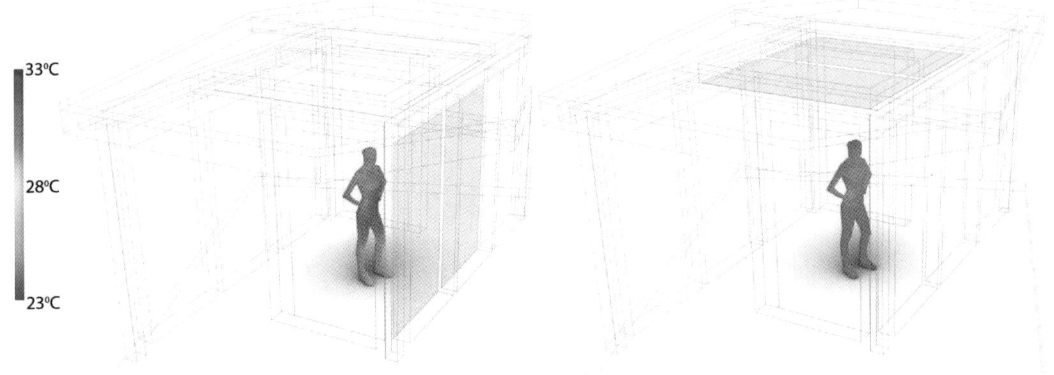

图 4-11 垂直冷却面与顶部水平冷却面对身体 MRT 的影响

称。人体的脚部和小腿区域的表面辐射温度较高，并且随着高度的增加而降低，这与图4-7中不同高度的 MRT梯度图一致。它们还显示了身体在空间中可能感受的温度范围，而这强调了使用MRT这一单一参数可能存在的问题——采取平均值难以显示身体各个部位的感受差异。值得注意的是，由于顶面冷却面和地板之间的温差，以及垂直冷墙面和炎热室外环境的温差，辐射不对称在垂直方向和水平方向都出现。

② 冷却界面位置与冷却效果

图4-11显示了单独使用2个垂直冷却面或水平冷却面这两种方案的模拟结果。2个垂直冷却面的情况下，身体整体MRT为28.4 ℃；2个水平冷却面的情况下，身体整体MRT为29.7 ℃。两种情形的整体MRT差异为1.3 ℃，垂直冷却面对身体的降温效果更好，这是因为与顶面相比，垂直面和人体之间拥有更大的角系数。

③ 不同MRT计算方法的对比

如表4-1所示，全身体模型模拟以两种方式与加权立方体法进行比较：一种是考虑自遮挡和体温，另一种是考虑自遮挡而不考虑体温。对于所选位置，两种方法的MRT差异可高达1.9 ℃，主要是受到自身体温的影响。加权立方体法无法考虑辐射场在垂直方向上的变化，因此仅使用位于身体重心位置的立方体来代表全身导致了-0.7～+0.4 ℃的MRT差异。站立人1基于加权立方体法的MRT为22.3℃，但这没有考虑下半身受到的高辐照度，相比之下没有考虑体温的全身模拟法得到MRT为23.0 ℃。

表 4-1 使用全身模型和立方体方法计算的 MRT 对比

位置	完整身体模型（考虑自遮挡，但不考虑体温）（°C）	完整身体模型（考虑自遮挡与体温）（°C）	加权立方体方法（基于平面辐射温度）（°C）
站立人 1	23.0	24.2	22.3
站立人 2	22.9	23.8	22.5
坐着的人	22.6	24.4	23.0

此外，在全身法中输入体温后，计算出的MRT在所有位置都增加了0.9～1.8 ℃。坐着的人MRT增加幅度最大，从 22.6 ℃上升到 24.4 ℃，因为在这个姿势下，身体表面许多区域对其他身体部位都有很高的角系数。对比分析表明，考虑全身几何对MRT计算的影响是不可忽视的，将身体表面辐射温度在全身几何模型上显示出来可以进一步表示真实情况。

4. 辐射冷却建筑原型研究讨论

上述研究结果证明了物体几何与空间几何关系在辐射传热中的重要性。仅考虑身体的自遮挡会使MRT变化0.5～1 ℃。Fanger和Rizzo敏锐地意识到身体自遮挡问题，并根据实验创建了图表来给出常用的投影面积系数和有效辐射面积。人体网格模型的使用解决了这些与人体位置和建筑物几何形状相关的MRT空间分布问题。通过这种技术对身体感知的辐射温度进行可视化，有助于理解辐射不对称性，以及身体自遮挡与辐射冷却影响之间的关系。通过解析完整的几何形状，我们还可以考虑任何方向平面上的辐射不对称，还可以比较身体上任何表面之间的平面辐射通量差异，这两者都可能引起不舒适感。

当前通用的标准[1]考虑六个方向上的平面辐射不对称性：地板和天花板、前后及左右。然而，建筑物中的真实空间可能不是正交的，或者在墙壁和楼板上的温度分布存在梯度。若结合人体的几何形状，这种空间几何关系将更加复杂，因此仅使用这六个方向可能会导致忽略空间中实际的动态热传递。辐射不对称是 Fanger、de Dear等学者广泛研究的一个主题，对热不适和热愉悦的影响有不同的结论。此项目展示的方法将有利于设计师能够快速评估由冷却界面引起的辐射不对称及其影响。

使用人体网格模型进行模拟，显示了辐射环境设计对于人体而言的重要性。最明显的例子是与水平界面相比，垂直辐射冷却面的冷却效果增加。无论面板是水平放置还是垂直放置，都会导致高达1.3 ℃的MRT差异。尽管面板拥有相同的表面积和温度，但垂直面板更有效，因为身体表面和辐射面板之间的角系数更大。在几何模型精度方面，人体网格模型的使用可以被认为是人体假体模型（一种为热环境科学实验而设计的人体实体模型）的数字等效物。提出的新计算方法提高了MRT分析的精确度，在未来的工作中，将使用等效的物理模型验证模拟结果，提供更全面的验证。

空间辐射热分布图的结果显示，在所研究的空间中，MRT的变化高达11℃。此外，身体热辐射温度分布图显示身体不同部位感知的辐射温度变化可达10℃。这些变化揭示了在建筑空间和人体几何形状不同部位辐射热传递的空间异质性（heterogeneity）。对特定平面上的辐射不对称分析表明，随着辐射不对称的增加，感到不适的人数百分比（PD）大致呈指数增长，与辐射源是墙壁、天花板还是地板，以及是冷源还是热源有关。如 ISO 7730标准[2]中所述，不对称性增加10℃，会导致感到不舒适的人增加5%（暖墙）、25%（暖天花板）和 35%（冷墙），这表明了认识身体辐射热传递在各方向上变化的重要性，也表明了当前评估指标的有限性。未来的工作可以利用本项目的模拟工具来考虑更精细的舒适指标，这些指标不仅仅考虑不对称性，并且可能有助于更好地评估身体的不同部位之间热传

---

1 ISO 7726:2001. Ergonomics of the thermal environment—instruments for measuring physical quantities. 2001.

2 Standard International Organization for Standardization. EN ISO 7730. Ergonomics of the thermal environment Analytical determination and interpretation of thermal comfort using calculation of the PMV and PPD indices and local thermal comfort criteria. 2005.

递的物理特性及由此产生的舒适感。

详细的人体网格还允许对身体部位进行离散化，可用于评估由于辐射热通量变化引起的局部感觉，这在研究局部热舒适时尤为重要。与为整个空间提供均匀温度的中央空气系统相反，辐射冷却可用于局部地冷却身体。为了研究辐射冷却界面对局部舒适度的影响，可以将不同身体部位的辐射温度作为热生理模型的输入，结合环境参数的输入，计算不同身体部位的局部皮肤温度。随着建模精度的提高，此种组合方法可以进一步用于更准确地评估局部感觉、局部热舒适和整体热舒适度。

使用黑球温度计等传统工具来验证MRT模拟显然存在挑战，因为这些仪器的误差已被证明较大，尤其是在不受控制的现场环境中，因此未来的验证实验应使用对对流热传递不敏感的辐射测量工具。此外，来自周围环境表面的相互反射影响了空间的冷却效果。比如，虽然地板的实际表面温度接近空气温度，但由于冷却面板的反射，地板附近的感知温度降低。射线追踪技术的使用能够解释建筑环境中由于材料变化带来的影响。对于本项目，还需要对膜的透射率进行更精细的建模，目前假设其透射率各向同性，而实际上需要进一步将各向异性材料属性集成到算法中。

虽然冷却亭是作为一个实验建筑原型而建造的，它优化了空间中的身体热感觉，但研究得到有关冷却界面的结果具有进一步的实际意义：首先，垂直界面可用于城市中的公交车站等户外聚集空间，以缓解炎热室外环境中的强烈热感。其次，即使对于坐着的人，垂直冷却界面也比水平冷却界面更有效，活动墙板或办公室隔断对坐着的人的角系数是天花板的2倍。

4.1.3 辐射冷却建筑性能设计方法

基于水的辐射冷却或供暖系统在能源使用上更符合能量层级原则，与空气调节相比，热水或冷水属于较低品位能源，单位能值较低。并且辐射界面可与建筑有不同的结合方式，若与结构整合则可形成较为整体的热反应建筑系统（thermally active building system），亦可通过较灵活的面板形式与墙体、隔断甚至家具进行整合。

冷却亭案例研究提供了一个独特的机会来研究建筑围护结构的各种几何特性对人体热感觉的影响。该空间的模拟结果证明了创新模拟方法对于评估辐射冷却影响的重要性。这项研究的一个重要结论是，我们应该停止用思考空气的方式来思考MRT。空气温度是一个环境变量，可以通过简单的温度传感器测量。而MRT代表了我们的身体通过红外辐射与其他表面之间以波为形式的相互作用。作为电磁辐射光谱的一部分，MRT可以用与照度概念类似的方式来计算——它表示我们的身体如何被周围的陆地或天空中不可见光通过发射和反射“照亮”。

1. 室内不同位置的热主动界面对身体热感觉影响

基于对MRT更精确的模拟与分析，身体周围建筑界面的形式变量对身体冷热感觉的影响可以得到更准确的预测。以辐射冷却界面为例，当需要对冷却界面的大小、空间位置等形式变量进行控制变量分析时，假设环境中的其他界面约为空气温度，则身体整体的辐射能量可用以下公式快速估算：

$$E_{mrt}=VF\cdot E_{panel}+(1-VF)\cdot E_{air} \tag{4-1}$$

即身体受到的辐射能量为来自界面（E_{panel}）与其余环境（E_{air}）的辐射能值根据角系数进行加权后的平均值，VF是身体对冷却界面的角系数。根据斯特藩-玻尔兹曼法则，可以对公式简化后得MRT（单

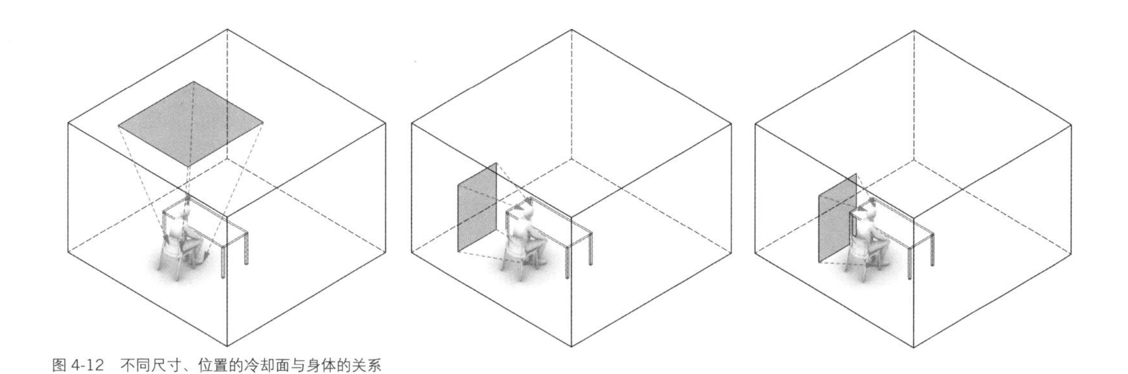

图 4-12 不同尺寸、位置的冷却面与身体的关系

位℃）：

$$T_{mrt}=\sqrt[4]{VF\cdot(T_{panel+273.15})^4+(1-VF)\cdot(T_{air}+273.15)^4}-273.15 \quad (4\text{-}2)$$

以简单房间原型为例，分别采取三种方式设置冷却界面，以量化具体几何与身体的关系（图4-12）。比如将界面放置于高度为3m的天花板上，尺寸为2m×1.85m，坐在办公桌旁的身体对其的角系数仅为0.025；将界面放置在身体侧边1.25m处，尺寸为1.5m（高）×1m（宽），身体对其角系数为0.05；将同样尺寸的冷却面移近至距身体0.8m处，角系数增长到0.1。

在以上对角系数进行对比后，可以明显发现，在大多数高度为3m左右的空间中，放置于天花板的辐射界面对身体的角系数远小于垂直的辐射界面，若房间高度更高，则角系数还会降低。

下一步在一个抽象的办公空间中进行辐射界面具体参数的研究，包括界面尺寸、空间位置及表面温度等参数对身体MRT的影响。第一组考虑只适用单个辐射面模块的情形，单个模块的尺寸为1.5m（高）×1m（宽）；第二组考虑扩大辐射面的尺寸，比如将两个模块并置，考虑到面板之间可能有支撑框架隔开，最后形成1.5m（高）×2.3m（宽）；第三组考虑使用不同界面的组合形式，比如一个在身体正前方、一个在身体侧面，或者沿着办公隔间的三个面等。分别对冷却与供暖两种情况进行模拟，在冷却情形中，假设空气温度为均匀的30℃，辐射冷却面温度分别选取13～18℃中的数值进行测试；在供暖情形中，假设空气温度为均匀的18℃，辐射加热面温度在28～48℃范围内。

如表4-2所示，在使用单模块辐射界面的情形中，置于背部0.4m远处时界面与身体的角系数最大，因此无论是冷却还是加热情形，可达到的效果最佳，当冷却界面为13℃时，身体MRT最低为28.1℃，比空气温度降低了近2℃；当加热界面为48℃时，身体MRT最高为22.1℃，比空气温度提高了4℃。然而仍旧距离舒适区有一定差距，因此需要提高角系数。然而需要考虑的是，在实际情况中，身体的背部可能会有椅子等物体遮挡辐射界面与身体之间的辐射热传递。

将单个辐射面模块扩大成两个后，辐射界面面积翻倍，然而角系数仅提高为原来的1.3倍左右，比如背面情形的角系数从0.12增长为0.15。如表4-3所示，在冷却情形中，使用界面最低温13℃可使身体MRT降至27.6℃，较为接近舒适区；加热情形中，使用界面最高温48℃可使身体MRT升至23.1℃。如若要进一步提升冷却或加热效果，还需要扩大辐射面积。

表 4-2　单个辐射面对身体 MRT 影响

界面相对身体位置		背面 0.4m	前方 0.6m	右侧 0.6m	桌面朝上	桌面朝下
身体 - 界面角系数		0.12	0.09	0.1	0.11	0.11
辐射界面面积（m^2）		1.5	1.5	1.5	1.28	1.28
冷却情形：空气温度 30°C						
身体 MRT(°C)	界面 18°C时	28.63	28.98	28.86	28.75	28.75
	界面 16°C时	28.42	28.82	28.69	28.55	28.55
	界面 13°C时	28.11	28.58	28.43	28.27	28.27
加热情形：空气温度 18°C						
身体 MRT(°C)	界面 28°C时	19.26	18.94	19.05	19.15	19.15
	界面 38°C时	20.62	19.97	20.19	20.41	20.41
	界面 48°C时	22.11	21.10	21.44	21.77	21.77

表 4-3　扩大辐射面积（两个模块）对身体 MRT 影响

界面相对身体位置		背面 0.4m	前方 0.6m	右侧 0.6m
身体 - 界面角系数		0.15	0.12	0.13
辐射界面面积（m^2）		3	3	3
冷却情形 - 空气温度 30°C				
身体 MRT(°C)	界面 18 °C时	28.29	28.63	28.52
	界面 16 °C时	28.02	28.42	28.29
	界面 13 °C时	27.63	28.11	27.95
加热情形 - 空气温度 18°C				
身体 MRT(°C)	界面 28 °C时	19.57	19.26	19.36
	界面 38 °C时	21.27	20.62	20.84
	界面 48 °C时	23.11	22.11	22.44

尝试使用不同位置、朝向的辐射界面进行组合，以坐在办公桌旁的人为例，可以将辐射界面分别设置在前方、侧面，侧面、背面，或前方与背面三种情形，以及围绕着办公桌的三条边，以单人办公空间隔断的形式放置，如表4-4所示。其中前三种情形的辐射面积相等，使用背面与侧面结合的布置方式可以得到最大的角系数为0.22，正面与背面结合的方式次之，为0.2，正面与侧面组合则最低。相应地，配合13℃的表面温度，前两种组合可使身体MRT降至27℃以下，基本能带来凉爽感觉，而桌子三面的布置方式由于辐射面积更大、角系数更高，使用18℃的表面温度即可使身体MRT降至27℃以下。类似地，在供暖情形中，背面与侧面组合方式加热效果最好，界面表面温度每上升10℃，身体MRT可上升大于2.5℃，当采用48℃表面温度时，MRT达到25.4℃，而桌子三面布置方式可使MRT高达27℃。

表 4-4 组合辐射面对身体 MRT 影响

界面相对身体位置		正面 & 侧面	背面 & 侧面	正面 & 背面	桌子三面
身体 - 界面角系数		0.18	0.22	0.2	0.27
辐射界面面积（m^2）		3	3	3	4.8
冷却情形：空气温度 30°C					
身体 MRT(°C)	界面 18 °C时	27.94	27.48	27.71	26.9
	界面 16 °C时	27.62	27.09	27.35	26.41
	界面 13 °C时	27.15	26.5	26.83	25.69
加热情形：空气温度 18°C					
身体 MRT(°C)	界面 28 °C时	19.88	20.29	20.08	20.80
	界面 38 °C时	21.91	22.76	22.33	23.81
	界面 48 °C时	24.10	25.40	24.75	27.01

2. 热主动界面几何设计拓展

上面的测试以简单的办公空间为例，量化了辐射面积、空间位置、组合方式与界面温度对MRT的影响，其中采用的辐射面为简单的模块化平面形式，还可以进一步探索更复杂形式的辐射面，由于不同几何特性可以产生不同的空间MRT分布规律及对身体冷热感觉的影响。

（1）凹面与锥面

由于凹面、锥面等几何形体具有“聚焦”的特性，其表面发射的射线可以落到自身上，因此自身角系数>0，相比之下平面或凸面的自身角系数等于0（图4-13）。基于这个特性，凹面、锥面可被用于与单个圆柱形水管配合，将凹形墙面垂直放立，圆柱形水管同样垂直置于凹形区域，具体位置定位抛物线的焦点处，内流冷水或热水以达到冷却或加热效果，而从截面上看，热辐射射线沿水管的圆形截面半径方向发射出，一部分可直接射向外部区域，另一部分经过凹面的反射后成为平行线同样射向外部。已有研究验证，当抛物线曲率越大时，传播方向通过反射形成平行线的部分占比越大[1]。

与之类似，可以采取圆锥形单元模块，将水管置于圆锥体的垂直中线处，则水管发射出的辐射射线通过圆锥面的反射后形成平行射线。在普林斯顿大学的一个原型实验中，使用这样的圆锥形模块搭出一个拱形空间，锥形面作为一种“放大器”，通过反射，使每个模块中的冷水管与身体的角系数得到大大增加，加强了冷却效果[2]。

（2）三维曲面

在数字化设计与建造的技术支持下，使用三维空间曲面作为辐射界面也成为了提高冷却或加热性能的一种可能。本节的实验证明了垂直辐射界面往往比水平界面效率更高，因为对身体有更大的角系数，而一些三维曲面可以模糊垂直面与水平面的区别，比如将墙面与顶面顺滑连接的拱形面（图4-14），这种异形界面对身体的角系数可能会增加，并且对身体各个部位造成的辐射温度差异可能会引起非常规的辐射不对称，具体的性能需要根据实际几何形式进行计算而确定。

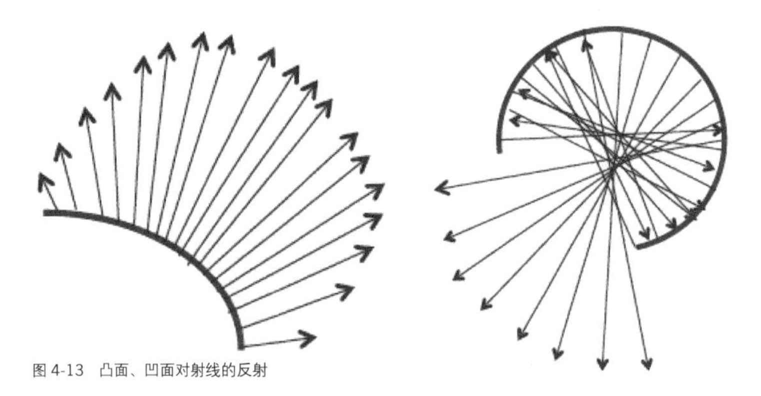

图 4-13　凸面、凹面对射线的反射

1　Aviv D. Design for Heat Transfer: Formal and Material Strategies to Leverage Thermodynamics in the Built Environment: [dissertation]. Princeton: Univ of Princeton, 2020.

2　Meggers F, Guo H, Teitelbaum E, et al. The Thermoheliodome – “Air conditioning” without conditioning the air, using radiant cooling and indirect evaporation. Energy and Buildings, 2017, 157:11–9.

图 4-14 ETH HiLo 中心的异形辐射界面

4.2 干热气候热辐射场实验 [1]

本节介绍一个在炎热城市环境下进行的热辐射场研究，目标是降低照度与太阳辐射（I-，T_{SW}-），通过新型的实地测量工具与模拟技术，充分解决在不同空间形态的室外环境中短波和长波辐射传热的空间变化。研究根据建筑间距宽/高比、城市界面材料、建筑密度等变量，最终选取了5个不同的场地，包括广场、混凝土建筑间小道、林荫道等，进行不同辐射分量的量化及可视化分析。

辐射传热是城市中热量的主要组成部分。它在空间中具有显著的可变性，比如当人们在阴影和直接阳光照射之间移动时，最容易注意到这一点。但即使在多云温暖的日子里，来自热表面的不可见长波红外热辐射在身体受到热量中所占比重也比来自周围空气对流的更大。在城市温暖或炎热的气候条件下，辐射传热通常占到人体热量传递的大部分，并且短波辐射（对应可见光）和长波辐射（对应红外波段）在空间中的分布都有明显变化。本项目首次展示了一种方法，能够直接解析短波辐射热传递的地面反射分量、漫射天空分量以及法向直接太阳辐射，该方法使用经调整的热电堆传感器阵列和射线追踪建模技术， 并经过 6 向辐射强度计验证。通过传感器和数据分析技术，研究发现在小距离内热

1 本节实验与普林斯顿大学 C.H.A.O.S 实验室（Forrest Meggers, Coleman Merchant）、宾夕法尼亚大学 Thermal Architecture Lab（Dorit Aviv 团队）和亚利桑那州立大学（Ariane Middel, Florian Schneider）合作完成，部分内容由已发表的期刊论文发展而来：Resolving Radiant: Combining spatially resolved longwave and shortwave measurements to improve the understanding of radiant heat flux reflections and heterogeneity. Frontiers In Sustainable Cities（2022）:82. 作者负责文献综述、实验设计、实测与模型校准、热辐射模拟、结果分析，Coleman Merchant 和 Forrest Meggers 负责开发新型传感技术，Florian Schneider 和 Ariane Middel 负责现场实测，Dorit Aviv 与作者共同负责模拟设置。

辐射通量可以有达到>1 kW/m^{2}的变化。强烈的太阳短波辐射在户外很容易被识别，但长波辐射的重要性以往常被低估。建成环境表面储存的热量会产生长波辐射，而它导致的变化对视觉而言不可见，因此更加隐蔽。研究发现长波辐射在空间中的变化非常普遍，在几米的范围内可以经历>200 W/m^{2}的热量变化。这些变化对身体在环境中的动态热感知产生较大影响。

4.2.1 炎热城市环境中的热辐射

测量建成环境中热量对人的影响对于理解和解决人类健康、气候和建成环境设计问题至关重要。城市地区中，由于对辐射的吸收和人为排放热量，局部热量也在增加。已有研究表明，地表温度很容易达到比气温高30～60 ℃以上的极端高温。来自这些热表面的直接辐射传热不仅加热了空气，而且实际上对人的热感觉影响比温暖的空气要大许多。

人们一般更容易将热量与气温联系起来，但在温暖的气候中，人们在建成环境中所感受到的大部分热量都是辐射传热的形式。当气温接近皮肤温度时，人体必要的散热几乎完全依赖于辐射热传递。因此，探索模拟和测量辐射热传递的新方法至关重要，尤其需要考虑其复杂的几何和光谱特性。在此项目中，相关传感与模拟新技术用于描述辐射热传递的复杂长波、短波和反射分量，考虑它在建成环境中不受气温影响的反弹。

对于短波辐射，人们直观上会将它和来自强烈的太阳直射光产生的热感联系起来，并且认识到黑色材料（低反照率和低吸热率）将比白色材料（高反照率和高热反射率）吸收更多的热量。长波辐射对人眼不可见，也不是通过强烈的直射光束传输，而主要是在表面之间漫射反射，这使得对周围表面的角系数及其变化的表面温度对于理解辐射热影响至关重要。虽然在太阳下进行遮阴是减少辐射热获得的直接策略，但漫射长波热辐射往往从建成环境中的各个方向与身体进行辐射传递，这部分热量对热感知与热舒适的影响不可忽视。此外，即使在阴影中，从高反照率表面漫反射的短波辐射也有不可忽视的影响。

对以往建成环境热辐射场相关的研究总结，分别从形式变量、是否进行实测、是否考虑短波或长波辐射、是否讨论反射的影响等方面进行分类。可知较多研究将街道宽高比、建筑高度及密度、朝向、材料、植物等因素纳入考量范围，但同时考虑长波与短波辐射分量，并且将现场实测与模拟结合的研究较少，若再加上对辐射反射的讨论，则几乎没有相关研究同时涉及以上几个方面。

此项目的研究目的则是通过提升的辐射传感和模拟技术，量化建成环境中有关几何与材料的重要设计参数对热辐射场的影响，高精度地展现空间中短波、长波及反射辐射分量的变化。

研究的一个限制是之前使用的SMaRT传感器无法测量短波辐射，以及在进行一次扫描测量长波辐射时所需的时间较长，不利于研究随时间变化较快的热辐射环境。本研究使用新型结合短波辐射的表面温度传感器，可以展现辐射热是如何在物体表面上发生明显变化，并且还可以根据传感器测量的周围环境中高精度表面温度和几何形状计算空间中任意位置的MRT。已有研究表明，在受到太阳直射的标准供暖办公室中，室内距离仅 60 cm的点表面温度变化即可超过10℃，而MRT的变化可能超过2℃。

本研究选择在亚利桑那州坦佩市（Tempe, Arizon）的亚利桑那州立大学进行实测实验，在校园内具有不同特征的多个地点进行了持续两个炎热白天的测试。测量使用了更新版本的SMaRT-SL传感器与MaRTy测量仪（一种结合了多种短波辐射测量仪的可移动装置）一起记录360° 的短波和长波辐射，并且使用建模技术来更好地解决短波天空辐射和反射问题。我们的目标是通过测量和模拟方法，分析高几何分辨率下建成环境几何特征与漫射短波反射、长波发射辐射的相关性。结果将更清楚地展示，建成环境中的建筑和景观如何与城市居民的热体验进行互动——通过以热辐射为形式而进行的、容易被人忽视的互动。

当人们在城市肌理的几何形态中穿过时，身体受到高度复杂多变的热影响。测量辐射传热对于了解城市热量至关重要，但这种高度变化的现象在其对人们的影响中经常被忽视或低估。我们需要改进对这一现象的表征方法，并且需要为建筑设计提供新的工具和技术，将更好地应对城市热岛问题。

4.2.2　不同建成环境中辐射分布与反射研究

1. 建成环境热辐射场实验设置

实验于2021年5月18日至19日在美国亚利桑那州坦佩的亚利桑那州立大学校园中进行。在每天8:00—17:30之间，MaRTy和SMaRT-SL传感器平台以大约2小时为周期对各个测试点进行测量，其间每个设备的读数被记录，并拍摄场地的全景照片（图4-15），以及测量场地表面的反照率和发射率。

此实验总共在校园内测试了五个场地，场地表面从草地到混凝土各不相同，天空暴露程度（天空角系数）也各不相同。在两天内完成了对这五个场地的测量，且两天都测量了同一个场地以作为对比的参考。

在每个场地的测量过程中，首先使用SMaRT-SL传感器进行一次完整的扫描，大约需要16～17分

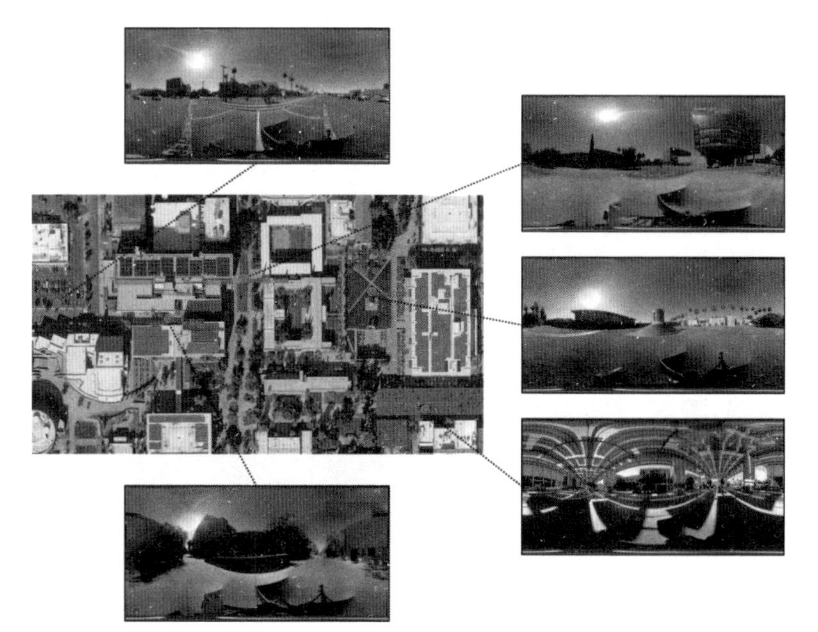

图 4-15　五个实验场地的全景照片

钟才能完成。其次，将MaRTy放置在同一位置并测量大约1分钟，其中包括20秒用来调节净辐射计和温度传感器的传感滞后。使用MaRTy平台和SMaRT-SL传感器部署和测量每个场地只需不到20分钟。包括在不同场地间的步行时间，测量三个场地大约需要一小时。

在实验的第一天，即5月18日，传感器被放置在三个场地：（1）海登草坪（Hayden Lawn），是一个大型开阔的草地，两旁较远处有教学楼；（2）PV廊下休息区（MUPV Canopy），是一个大型光伏电板遮阳结构下的户外休息区；（3）林荫道（Forest Ave COOR），是校园的一幢玻璃与混凝土大楼前面的混凝土空地。一天总计在海登草坪进行了五次测量，在PV廊下休息区进行了六次测量，在林荫道进行了四次测量，在同个场地的测量时间间隔大约为2小时，最早一次测量基本在8:00～9:00之间开始。

实验的第二天，即5月19日，传感器被放置在三个场地：① 海登草坪（第二次，作为参考）；② 停车场，一个以沥青混凝土为主的开放区域；③ 混凝土峡谷（COOR），在混凝土建筑物之间的混凝土人行道。

2.建成环境热辐射场实验传感与模拟

（1）创新辐射环境传感技术

① MaRTy移动净辐射计平台

MaRTy是一个气象传感平台（图4-16），它被定制为一个移动平台，可以轻松地移动。MaRTy传感平台可以记录地理位置的经纬度（°）、空气温度（℃）、相对湿度（RH%）、风速（m/s），以及使用一个6向净辐射计（Hukseflux NR-01）测长波与短波热流密度（W/m²），通过将定向短波与长波辐射根据站立人体的角系数进行加权平均以及合并。

② SMaRT-SL传感器的短波与长波映射

在扫描式平均辐射温度传感器（SMaRT）的基础上，将其扩展为包括短波和长波辐射阵列探测器的升级版本（SMaRT-SL）。它由安装在2轴旋转平台上的四个定向辐射能量传感器组成，在覆盖所有四个传感器的球面上，能够在方位角方向进行360° 运动，在仰角方向进行180° 运动。在此过程中，伺服系统用于驱动每个旋转级上的减速齿轮，从而实现较高的方向精度，以及让减速齿轮中心内的电

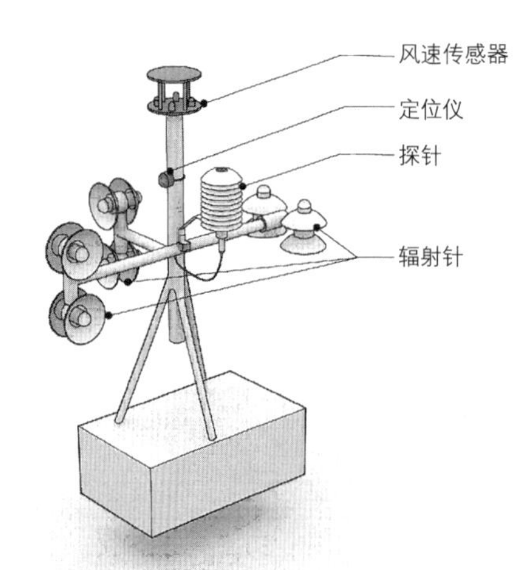

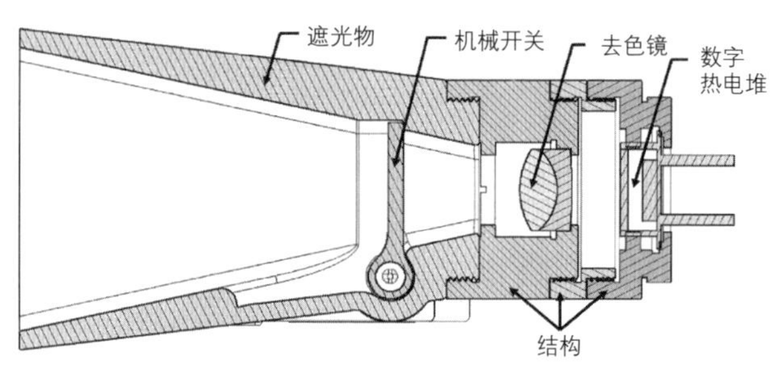

图 4-16　MaRTy 传感平台与 SMaRT-SL 辐射传感器

源和通信电缆通过。该系统由Arduino DUE微控制器所控制。

SMaRT-SL传感器组合中包括：热电堆日射强度计（Apogee Instruments SP-510）、日射强度计（Apogee Instruments SL-510）、热电堆阵列热成像仪（Heimann HTPA 80x64d R2 L10.5/0.95 F7.7HiC）和新型定制热电堆阵列短波相机（基于HTPA 80x64d R2 L0 FCaF2 热电堆传感器）。在传统的长波红外热成像仪中创新性地结合了这种短波（这里指的是紫外线到短波红外线波段）热电堆热成像仪，可以对热舒适的所有重要辐射分量进行明确的方向和空间量化。随后将单值日射强度计和地面辐射强度计的测量值作为比较参考信号，另外使用日射强度计对短波热电堆传感器的灵敏度系数进行初始校准。

SMaRT-SL可以在15分钟内完成完整的一次测量。通电后，三脚架底座用于将传感器对准北向。接下来，传感器依次旋转到上、北、东、南、西和下方向，在每个方向上停留大约30秒，以记录日射强度计和地面辐射强度计的读数，使用仅两个传感器创建完整的6向净辐射计测量。完成这6个方向的测量后，关闭短波热电堆相机上的快门，读取热电堆的原始电压输出并对大约30秒内的数据取平均值。由于随温度而变的光学元件长波红外发射，基准信号电平产生偏移。运行此校准后，设备开始进行全景扫描，在大约8分钟内产生70个具有少量重叠的图像，以实现对全球面视角的覆盖。全景图完成后，将进行后续的短波红外相机校准和6向净辐射计的测量。

SMaRT-SL传感器的原始数据为一系列图像，需要对其进行后处理，以创建对整个场景的朗伯圆柱等面积投影（Lambert cylindrical equal-area projection）。在这个处理过程中，对重叠的图像进行分布、放大、平滑和平均处理，并且还将像素数据点均匀分布，让它们具有相等的立体角角系数。在最终投影中，图像像素以整数值进行分档和间隔，在水平和垂直维度上形成离散式均匀分布，以确保在3D矢量空间中，投影图像中的每个像素值都具有相等的立体角角系数。图像和相应的3D矢量坐标矩阵被一起保存，以便在投影空间中利用这种均匀的点分布进行进一步的计算。

为了基于SMaRT-SL的数据生成给定方向的平面辐照度值，像素的3D矢量坐标用于应用朗伯余弦定律对模拟平面视图内的数据点进行加权。这不仅可以生成与日射强度计和地面辐射强度计数据相匹配的主要方向平面辐照度值，而且还可以生成任意平面方向。SMaRT-SL极高的分辨率和与其组合的传感器设置，可以非常准确地将场景投影中的任何给定像素分类为源于陆地、天空或直接太阳的辐射。这是通过将长波和短波图像配对而实现的：如果长波读数比环境温度低超过25℃，则此数据被归类为“天空”来源，如果短波高于1000 W·sr^{-1}·m^{-2} 则读数被归类为“直射太阳”，所有其他点被归类为“地面”（图4-17）。这种方法已被证明非常有效，但是对于具有大量云层的场景可能需要进一步测试和改进。这种分类允许在任何测量中对直接和反射源的各个分量进行量化，以及计算诸如水平漫射辐照度和法向直射辐照度等数据。

（2）辐照度模拟设置

使用Rhino/Grasshopper参数化3D建模平台中经过验证的环境插件Honeybee（0.66 版）构建了射线追踪模型，用于模拟短波辐照度。输入位置（北纬33° 25′，西经111° 56′）、实验日期和时间及对应的法向直接辐照度和水平漫射辐照度，为每个模拟案例生成天空穹顶矩阵。确定太阳位置的精度是一小时，实验过程中的太阳路径和太阳位置可被模拟与可视化。每小时的全球水平辐照度数据来自亚利桑那州气象网络的一个气象站，该气象站位于凤凰城中部，距离实验地点约16km。然而，气象

图 4-17　将短波与长波辐照度图像合并后的像素分类

数据不包括法向直接辐照度和水平漫射辐照度。为了估计上述两个参数，使用ISD（美国NOAA的综合地表数据库）提供的典型气象年（TMY）数据集中的辐照度数据作为参考。

在几何建模步骤中，建立了包括建筑物、不同类型的地表和树木的3D模型，5个场地的模型数据如表4-5所示。并且先前使用光谱辐射计（ASD FieldSpec 4）测量各个场地的反射系数，反射系数为350-2500nm波长范围内的平均值，随后将测量值分配到几何模型的对应表面中：沥青地面0.11m，铺砖人行道0.2-0.25m，植被0.5m，碎石铺路0.3m，太阳能光伏板0.4m，混凝土0.3m，砖0.15m，树木0.2m。对于每个测试的场地，为了得到一个显示平均球面辐照度变化的空间分布图，需要创建测试平面及测试点。测试平面位于地面以上1.1m的高度，代表人体的质心，并以1m的精度生成测试点。以测试点为中心生成的立方体被分成六个面进行平面辐照度计算，得到的结果分别对应于东、西、南、北、上和下方向（图4-18）。基于输入的数据，嵌入在Honeybee中的RADIANCE引擎被用于构建进行辐照度模拟的射线追踪模型。在所有测试点的平面辐照度结果上，可以使用前文提出的方法计算平均球面辐照度。

为了研究周围环境的反射率及其对地面接收到的辐照度的影响，对每种模拟场景进行了一组平行的测试，将所有周围表面的反射率系数设为0，同时保持其他设置不变。在辐射模拟设置中，考虑漫反射的最大次数为四次。此平行测试仍然包括来自天空的间接辐照度，但不包含来自建成环境中的表面（例如建筑围护结构）的间接辐照度。

（3）建成环境热辐射场实验结果

通过对五个场地的实验测试结果进行分析，可以得到一系列短波和长波辐射场的数据，其中显示了建成环境中长波辐射的作用，以及反射短波辐射的地面源，这两者相对于直接的天空太阳辐射来说，通常被认为影响很小。结果表明，这二者不仅意义重大，而且它们在空间上的分布变化很大，会影响人们在较小区域内感受到的热量，并显示即使是阴影区域中也可能让人产生显著的热感觉、感到显著的热应力。以下选取五个场地中的三个进行基于多种类数据的全面分析。

① 长波与短波辐射能量球面全景图

根据SMaRT-SL平台收集到长波和短波辐射的高分辨率扫描结果，对其进行重新着色以得到类似于热成像的图像，即长波与短波辐射能量球面全景图，颜色梯度表示来自该方向的辐照度（W/m^2）。对于每个实验场地，相应的全景图可以用作参考，便于理解辐射全景图中出现的热源和建筑物，如图

表 4-5　室外热辐射实测地点及相关参数

测量地点	三维模型	间距宽度 / 高度，界面材料
海登草坪	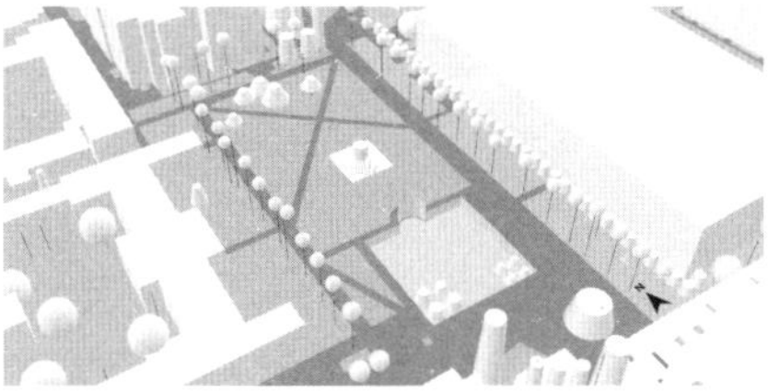	东西 - 宽 80m，东 - 高 15.2m，西 - 高 8m 界面材料：草坪，铺砖小路，东西两侧建筑为砖材质
PV 廊下	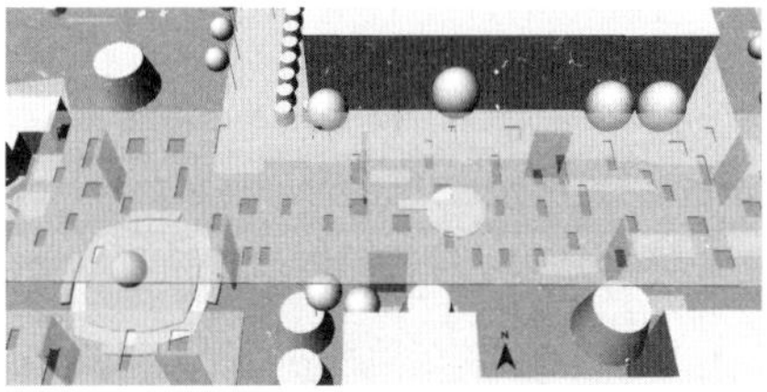	南北 - 宽 40m，南 - 高 15.5m，北 - 高 15.2m 界面材料：太阳能光伏板，混凝土地面，石柱，南北两侧建筑为砖材质，灌木丛
林荫道	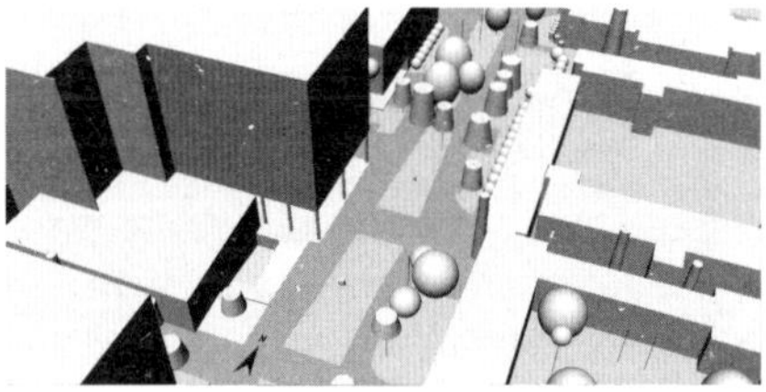	东西 - 宽 30m，东 - 高 7m，西 - 高 34m 界面材料：玻璃幕墙，混凝土地面与柱子，东侧砖建筑，草坪与乔木
混凝土峡谷	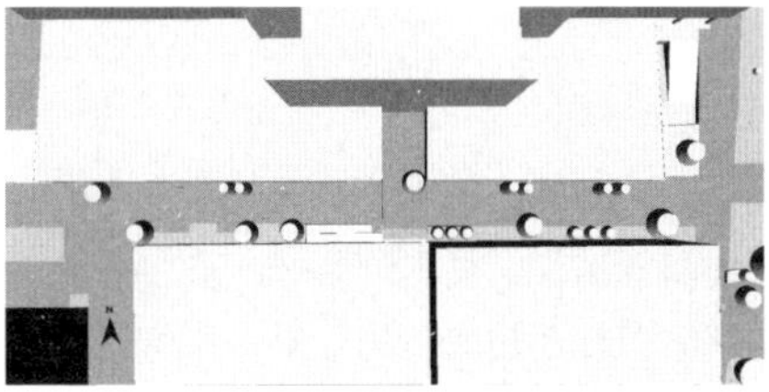	南北 - 宽 10m，南 - 高 8m，北 - 西侧高 4m，东侧高 21m 界面材料：混凝土地面，北两侧为混凝土建筑，南侧为砖建筑，灌木与乔木
停车场	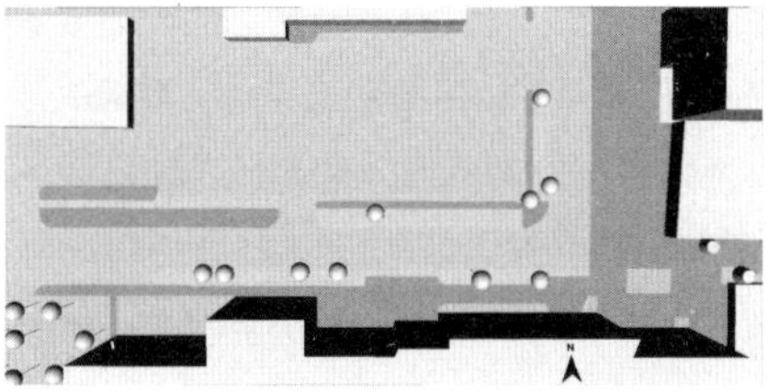	东西 - 宽 120m，东 - 高 8m，西 - 高 4m；南北 - 宽 60m，南 - 高 30m，北 - 高 6m 界面材料：沥青地面，混凝土地面，东侧建筑为混凝土，其他侧为砖

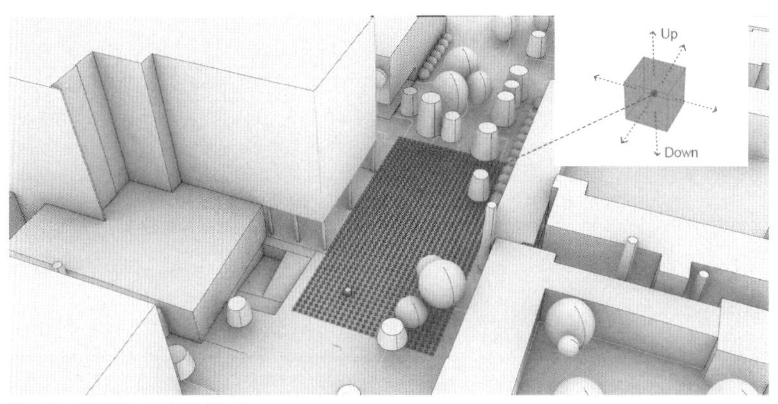

图 4-18　模拟场地中的测试点分布

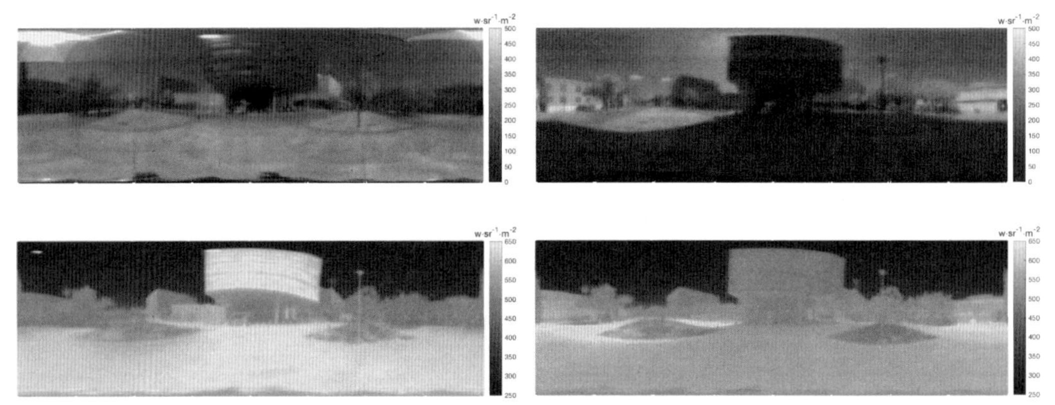
图 4-19　林荫道辐射全景图（左）上午 11:00，（右）下午 15:00，上、下分别为短波、长波部分

4-19。每张图像都是360度全景呈现，热辐射的显著变化清晰可见。以图4-19中的林荫道为例，可以对比11:00和15:00数据对应的图像。从11:00～15:00，随着太阳从林荫道西侧混凝土建筑后面经过，在测试位置附近形成一个较大的阴影区域，短波发生了巨大的变化。然而环境中依然存在不可忽视的反射短波辐射来源，比如全景图两端的建筑（即林荫道东侧的建筑）和路面，强度与漫射天空辐射强度相似甚至更高。以往的工具往往仅适用天空部分估算短波辐射的影响，而忽略地面反射部分。

对于林荫道来说，长波辐射的变化也比较显著，因为建筑物、地面上的热混凝土作为热源起着重要的作用。14:00开始，阴影区中短波辐射明显降低，从15:00的图像中也可看出长波辐射在没有太阳直接加热表面的情况下减少了，但仍然作为热源辐射出较高的长波辐射，比如其中的建筑物作为主要热源，它阻挡了长波辐射温度较低的天空促进地面环境散热。

海登草坪属于建成环境中大面积的开放空间类型。它的短波数据全景图显示了来自周围表面的显著反射辐射。在这个场地中，长波辐射分量明显比短波辐射更强，从草到混凝土的温度变化导致整个环境热辐射场较不均匀（图4-20）。草地表面的辐射热比混凝土表面低约10%～20%，这种程度的辐射降低意味着，当人从站在混凝土路面上移动到草坪上，产生到的热感觉变化相当于气温降低了几度。SMaRT-SL传感器数据不仅使我们能够计算主要方向的辐射温度场，而且可以将环境中所有设计表

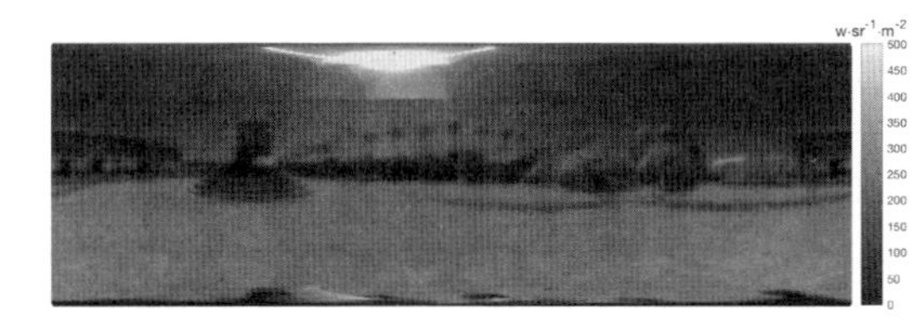

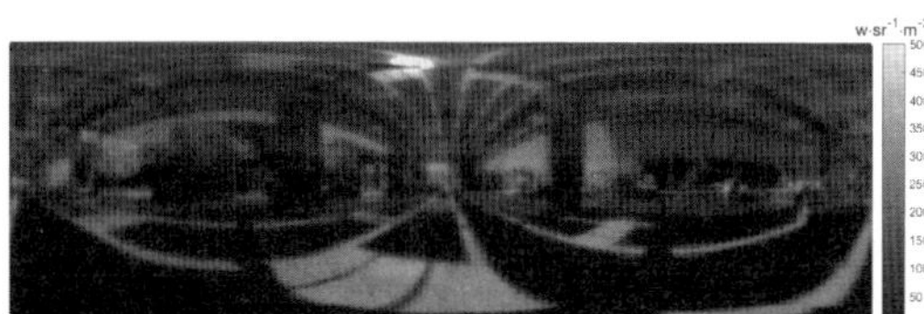

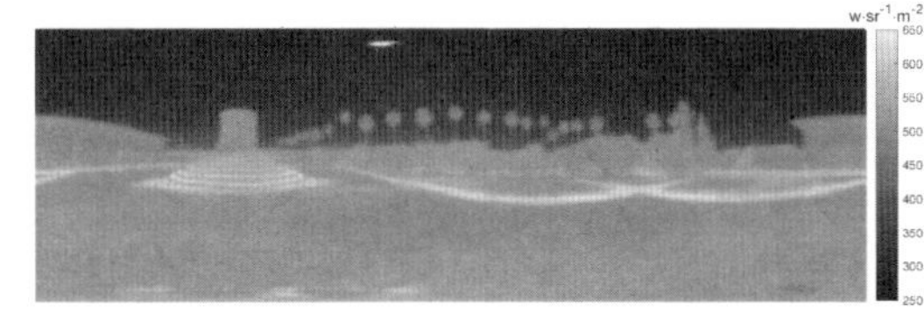

图 4-20　下午 2 点时海登草坪辐射全景图，上、下分别为短波、长波部分

图 4-21　下午 2 点时 PV 廊下辐射全景图，上、下分别为短波、长波部分

面对使用空间的人带来的热负荷及对热感觉的影响进行可视化呈现。

太阳光伏板长廊下的休息空间为热辐射与热感觉研究提供了较特别的案例。顶部光伏板之间空隙的变化及面板的明显蓄热造成了独特的短波和长波辐射分布（图4-21）。虽然长廊对光线的遮挡形成了阴影区，空间内短波辐射的总量减少，但仍有大量短波辐射通过顶板的间隙到达地面。由于这部分辐射热量是可通过视觉判断的，所以人可以在空间中移动以对热感觉进行调整。但结果显示，人的位置即使只有较小的改变，短波辐照度也可能会有剧烈变化，人在经过此空间时难以避免经过顶板间隙到达地面的短波辐射以及它们的反射，这些反射通常不被视为热源，但仍会对热感觉产生影响。

更关键的是光伏板在阳光下被加热后并向下发出的额外长波辐射热量，这部分的热量不可见。顶部的光虽然遮挡了短波辐射，但实际上光伏板和底下的路面一样热。SMaRT-SL系统既可以清楚地显示来自光伏板的大量热量，也显示出了部分天空可以作为长波辐射散热器，而光伏板遮挡了地面热量向天空辐射以散热的可能性。

② 环境中的长波与短波热辐射分析

接下来对各场地主要方向上长波辐照度的测量结果进行比较。标准净辐射计测量值读取读数来自MaRTy平台，同时将使用SMaRT-SL传感器测量的分别来自天空和地面的部分堆叠显示。

在多组数据中，地面向下方向的长波辐照度始终较高，而向上方向的天空长波辐照度如预期般较低。由于太阳光伏板被加热，廊下空间里向上方向的辐照度明显增加。廊下空间内受到的长波辐射基本来源为周围界面的反射，而来源于天空的部分占比极少。因此，光伏板长廊在提供遮阴的同时，实际上具有最高的长波热影响。对于林荫道，在下午时西侧建筑物对地面形成遮挡，导致尤其向西、向下受到的长波辐射减少，但与光伏板廊下空间类似，由于热建筑物的存在，导致向上方向受到的长波辐射增加并减少与凉爽天空的热传递。

MaRTy和SMaRT-SL的数据有较好的一致性，最大的差异来自向上方向，主要由于传感器对天空部分辐射的灵敏度可能不同。尽管如此，SMaRT-SL的结果还是有显著改进。

在对短波辐射数据的比较中，每组数据不仅包括MaRTy平台、日射强度计和SMaRT-SL新型传感器的读数，同时还有射线追踪模拟结果，短波模拟结果被分解为来自天空和反射表面的部分。不同来源的数据在大多数实验组中差别较小，如图4-22所示。在光伏板廊下空间的测试中，结果说明了由

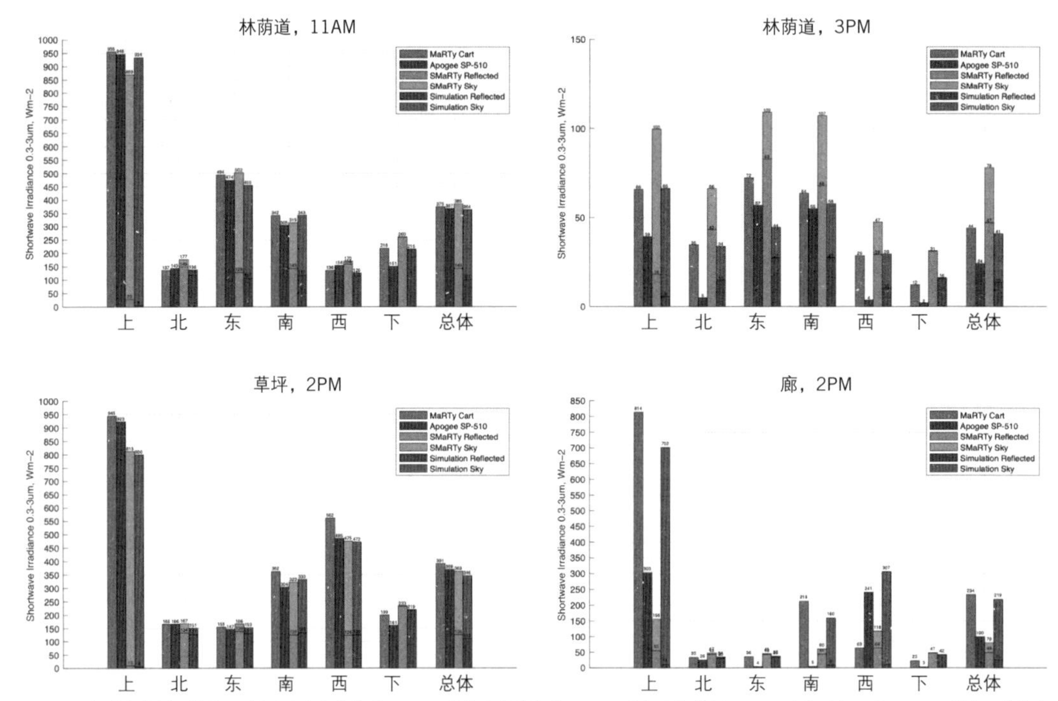

图 4-22　短波辐射测量值（W/m²）（左上）林荫道 11:00；（右上）林荫道 15:00；（左下）草坪 14:00；（右下）PV 廊 14:00。橙色、紫色为 MaRTy、日射强度计测的总短波辐射，绿色、蓝色为 SMaRTy 的反射、天空辐射，红色、深蓝条为模拟的反射、天空辐射

于光伏板带来的阴影可能导致的强烈局部短波辐射场变化，因此传感器的物理尺寸和位置的微小差异会产生高度可变的结果。天空辐射部分在各方向上占的比重多少与太阳直射方向相关，比如海登草坪14:00时，由于太阳位置在西南方向，则天空辐射部分在尤其上、西方向占比较高，而北向和东向上短波辐射主要为漫射辐射占据主导地位。林荫道在11:00和15:00的比较显示了遮阳效果对来自天空或周围反射的辐射造成差异，并且其他方向上的反射部分也有明显变化，15:00数据之间的差异较大，可能是与发射长波、对短波辐射透明的透镜系统具体辐射温度相关，有待进一步优化。

结合模拟和传感器数据，可以证明光谱的反射部分对整体辐射负载的重要性。在使用日射强度计时，一般用朝下的面接收到的辐照度代表地面反射部分，则这部分辐照度与朝上面接收到辐照度的比例则代表了地面反射部分的比重，对于图4-22所示的各个数据组，可以得到反射部分比重分别为22.5%、18.2%、21% 和2.8%。相比之下，SMaRT-SL和射线追踪模拟使用总球面辐照度平均值来概括360° 全方向的反射情况，而不仅仅是上或下的方向，得到反射的比率分别为 32.4%、45.9%、33.5%和36.7%。对比说明了因为缺乏更精确的反射计算方法，简单的日射强度计低估了反射对整体辐射传热的重要性。并且，因为向下方向对站立的人体形态的影响较小，增添对其他方向反射部分的考虑对人体热舒适性具有重要意义。

③ 建成环境中反射热辐射分析

图4-23显示了各个场地中反射短波辐射部分的变化，包括从SMaRT-SL传感器和模拟中获取的数据，都被分解成来自天空的、直射太阳及从地面反射的短波辐射分量。模拟数据和测量数据之间再次有较好的一致性，少数差异出现在当测量地点被遮蔽，且太阳辐射变化对地点位置较敏感时。

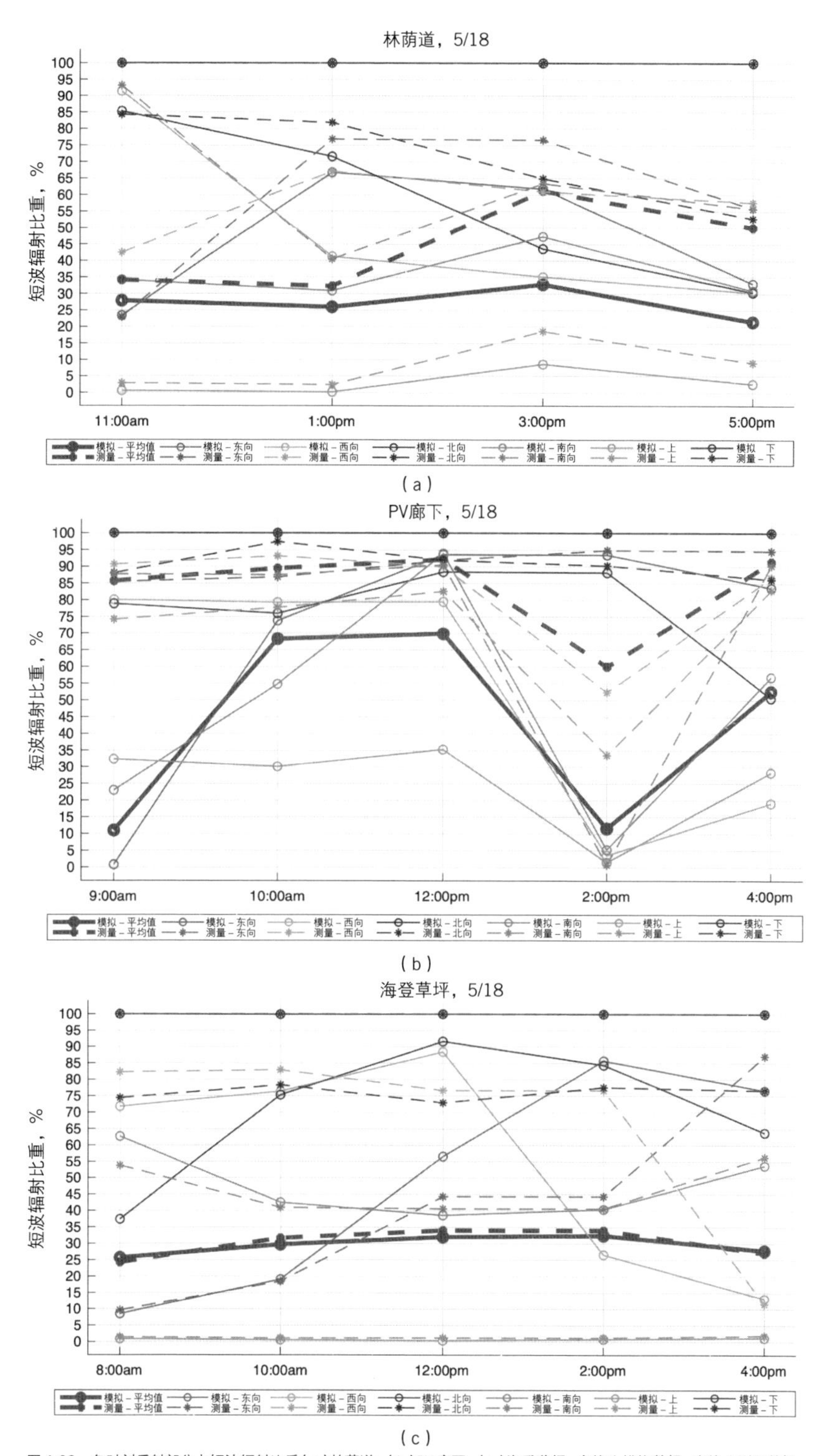

图 4-23　各时刻反射部分占短波辐射比重(a)林荫道;(b)PV 廊下;(c)海登草坪。实线为模拟数据，虚线为测量数据，其中深蓝色为各方向平均值

提高对短波辐射反射分量的测量和理解尤其重要，因为在实践中，地表反射的短波辐射通常被认为相对于直射太阳辐射和天空辐射而言是微不足道的。在实验得到的数据组中，反射的辐射占总辐射的10%～70%不等，开放的海登草坪在不同时刻得到的结果更为一致，范围在25%-35%之间。此外，可以看到反射短波辐射与时间和方向的相关性。在测试地点，反射短波辐射是总辐射热负荷的一个重要组成部分，在某些特定条件下，比如场地中拥有高反射材料的建筑物，反射短波辐射甚至成为主要部分。通过按方向分解数据，可以看到，将短波辐射简单地解释为主要来自天空的直接辐射是非常不完整的。此外，反射短波辐射在各组数据中的显著变化表明，SMaRT-SL传感器和模拟方法提供了更准确的、空间解析的分析，对于更好地了解反射辐射源的复杂影响具有重要意义。

在反射短波辐射的数据中，北、南、东和西方向的数据显示了太阳如何在一天中通过周围环境中不同表面进行反射，以及非直接短波辐射源所带来的热感知具有强烈可变性。在所有情况下，向下方向显然只能通过反射受到辐射，但有趣的是，向上方向的辐射来源不仅有直射，同时也包括反射。这些反射主要是由建筑物引起的，尤其光伏板廊下空间有明显的反射。

射线追踪模拟还能为整个测试场地进行的平均球面辐照度模拟、生成空间热感觉分布图。这些分布图为前面展示的单点反射短波辐射数据提供了空间环境背景。与包含反射辐射的完整计算相比，可以看到其与仅考虑直射辐射的结果相比存在明显差异，因此反射辐射部分为整个场地的整体辐照度在空间中的增加提供了重要部分。结合传感与模拟数据，选取以下三个场地具体分析。

• 林荫道

林荫道南北方向两侧为建筑，道路高/宽比较高，北边有树丛，混凝土路面和草地反射率较高。从表4-6可知，平均球面辐照度在11:00达到峰值320.4 W/m^2，之后开始持续下降，通过11:00有无反射的辐照度空间分布图（图4-24a）对比，可以看到反射部分占比重较大，并且可以看出草地由于其高反射率导致其上方辐照度与其他区域有明显区分。平均球面辐照度中反射部分的百分比保持在30%左右，15:00达到最高为32.9%，15:00最低为26.5%。

表 4-6　林荫道辐照度模拟数据

时间	辐照度 (W/m^2)	平均球面辐照度	东	西	北	南	上	下
5/18/11:00	总计	320.4	387.1	130.9	125.5	301.1	785.8	215.7
	反射	31.7%	25.7%	91.6%	88.0%	37.6%	1.5%	100.0%
5/18/13:00	总计	308.5	149.8	228.1	142.6	314.9	745.7	208.4
	反射	30.9%	73.6%	45.1%	75.8%	34.8%	1.6%	100.0%
5/18/15:00	总计	144.8	69.9	244.2	63.1	114.7	303.3	86.5
	反射	32.9%	83.2%	18.2%	76.3%	46.0%	3.5%	100.0%
5/18/17:00	总计	54.8	27.0	114.1	37.4	31.9	84.6	24.3
	反射	26.5%	62.8%	11.6%	39.9%	47.5%	4.6%	99.9%

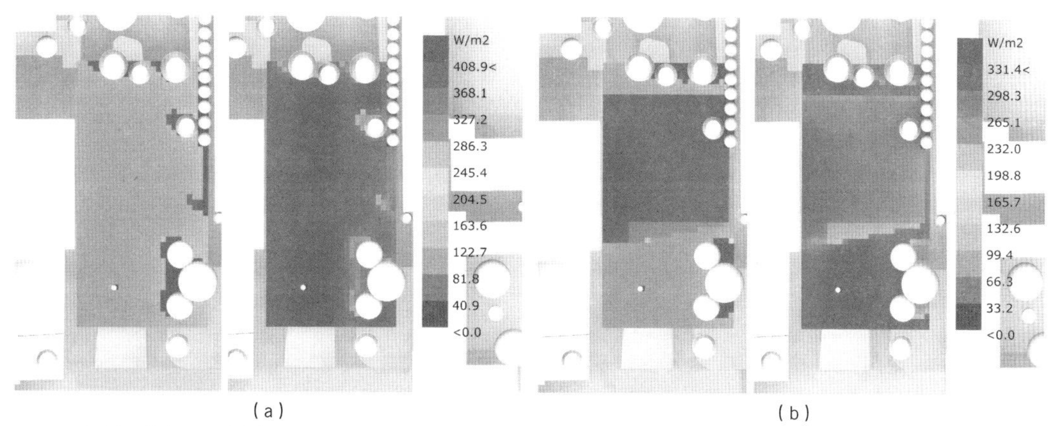

图 4-24　林荫道平均球面辐照度分布，左 - 无反射，右 - 有反射（a）11:00（b）15:00

从11:00开始，东面反射率增加，在15:00达到峰值83.2%（58.1 W/m^2），此时直射阳光来自西南方向，并被表面为砖材的建筑、树木、草地和混凝土路面反射，有无反射辐射对空间热感造成的影响如图4-24（b）所示，从图中可看出被建筑遮挡的部分短波辐射明显降低。西面反射辐射的百分比在早上较高，在11:00达到峰值91.6%（119.8 W/m^2），此时直射太阳光线来自东南方向并被西侧的建筑玻璃幕墙和混凝土路面反射，之后持续下降。

在北面方向，辐照度也在11:00达到峰值之后呈下降趋势。而南面方向的反射百分比在13:00下降到最低，之后又增加，16:00左右的反射率（47.5%）低于草坪（51.3%）和PV下的反射率（62.3%），林荫道中混凝土路面的材料反射率低于草坪的反射率；而光伏遮阳长廊下的空间南侧有砖砌建筑和树木，通过多次反射后提升了南向受到的辐照度，从而产生更高的反射比率。

• 光伏板廊下空间

如表4-7所示，在此场地中平均球面辐照度在白天波动不大，12:00达到最高值为 89.1 W/m^2，16:00降到最低值为56.9 W/m^2。如图4-25所示，长廊下空间的南北两侧可受到直接太阳辐射，在考虑了反射辐射后，空间整体的辐照度都有明显提高。平均球面辐照度中反射部分的百分比变化也不大，在8:00最低为30.3%，在12:00到最高值为37.4%。由于顶部光伏板的遮挡，向上方向的辐照度（224.4 W/m^2）远低于无树阴的草坪（797.6 W/m^2），板之间只有一些间隙允许阳光直射，因此从各个方向接收到的短波辐照度均低于草坪等开放空间。在东面方向，反射百分比从8:00开始增加，并在2:00达到峰值 87.6%，此时直射太阳光线来自西南方向并被人行道、砖和半透明玻璃组成的柱子反射。西面的反射占比在早上较高，在12:00点达到峰值91.9%（35.3 W/m^2），此时北向的反射比率也相对较高，峰值为94.2%（41.5 W/m^2），这时候阳光从南向直射，被北侧的砖房、树木和人行道反射。沿东西方向的街道峡谷拥有较高的高/宽比，导致北向反射率较高。南面反射百分比从8:00开始下降，在12:00达到最低值，之后开始上升，总体大概是在40%～60%范围内，主要受到南侧建筑和路面反射的辐照度影响。

表 4-7　光伏板廊下空间辐照度模拟数据

时间	辐照度 (W/m²)	平均球面辐照度	东	西	北	南	上	下
5/18/9:00	总计	78.1	169.1	32.5	31.8	36.2	154.1	36.8
	反射	30.3%	12.9%	83.5%	78.4%	59.5%	6.9%	100.0%
5/18/10:00	总计	86.9	148.5	37.3	39.3	59.1	196.1	45.2
	反射	32.4%	18.4%	83.6%	82.0%	42.1%	6.4%	100.0%
5/18/12:00	总计	89.1	59.1	38.3	44.0	81.2	224.4	56.7
	反射	37.4%	58.8%	91.9%	94.2%	35.8%	6.5%	100.0%
5/18/14:00	总计	74.7	35.2	96.1	38.6	59.7	173.9	44.7
	反射	36.9%	87.6%	27.7%	87.3%	39.5%	7.1%	100.0%
5/18/16:00	总计	56.9	27.5	119.0	29.5	25.2	106.3	27.5
	反射	31.5%	79.6%	13.2%	69.0%	62.3%	7.7%	100.0%

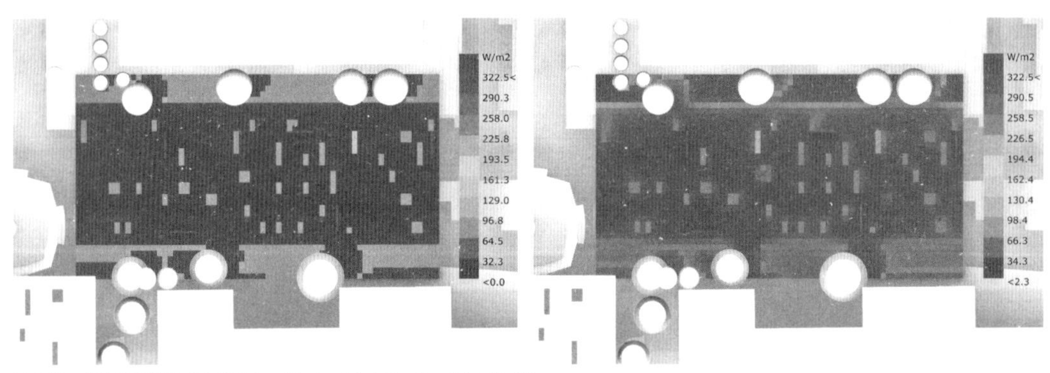

图 4-25　林荫道平均球面辐照度分布，12:00，（左）无反射，（右）有反射

• 海登草坪

如表 4-8 所示，平均球面辐照度在 12 时达到最高值，来自上方的辐射照度贡献最大，反射辐射占比在 25% ～ 32%。由于场地为一块开放空间，周围建筑物等遮蔽物较少，反射辐射主要来源于地面上草坪或铺砖人行道。从阳光直射方向的南向射来的平均球面辐照度次之，反射部分在 12:00 ～ 14:00 达到最高，为 33%。东向反射百分比从 8:00 开始增加，并在 14:00 达到峰值 86.6%（107 W/m²），此时直射太阳光线来自西南方向并被砖房、树木和草地反射东边，如图 4-26 所示，考虑了反射辐射后，整体空间平均辐照度得到大幅度提升，并且能在可视化分布图中看出草坪与铺砖人行道上方平均球面辐照度的区别，这与两种材质不同的反射系数有关。西向反射百分比在早上较高，在 10:00 ～ 12:00 达到峰值 89.9%（119.8 W/m²），此时阳光直射来自东南方向，并被西面的砖砌建筑、灌木丛反射到空间中。对北面而言，10:00 ～ 12:00 反射百分比最高，峰值超过

90%，此时阳光直射来自东南至西南方向，并被北侧的树木反射。南面阳光直射经到的障碍物较少，主要是从草地上反射，反射辐射占比在 40% ～ 60%。

表 4-8　海登草坪空间辐照度模拟数据

时间	辐照度 (W/m^2)	平均球面辐照度	东	西	北	南	上	下
5/18/8:00	总计	333.4	810.8	126.9	155.2	135.5	519.6	158.4
	反射	25.7%	8.5%	71.8%	37.4%	62.7%	0.9%	100.0%
5/18/10:00	总计	360.3	620.9	158.6	149.2	298.2	780.4	212.5
	反射	29.7%	19.1%	76.4%	75.3%	42.5%	0.6%	99.9%
5/18/12:00	总计	369.8	252.2	159.2	145.9	395.9	936.8	255.5
	反射	32.0%	56.6%	88.4%	91.6%	38.6%	0.4%	100.0%
5/18/14:00	总计	345.9	152.5	472.0	150.8	332.8	799.5	218.7
	反射	32.4%	85.7%	26.6%	84.4%	40.4%	0.8%	100.0%
5/18/16:00	总计	292.8	124.1	641.7	128.6	171.9	530.1	137.4
	反射	27.8%	76.6%	13.1%	63.8%	53.7%	1.2%	100.0%

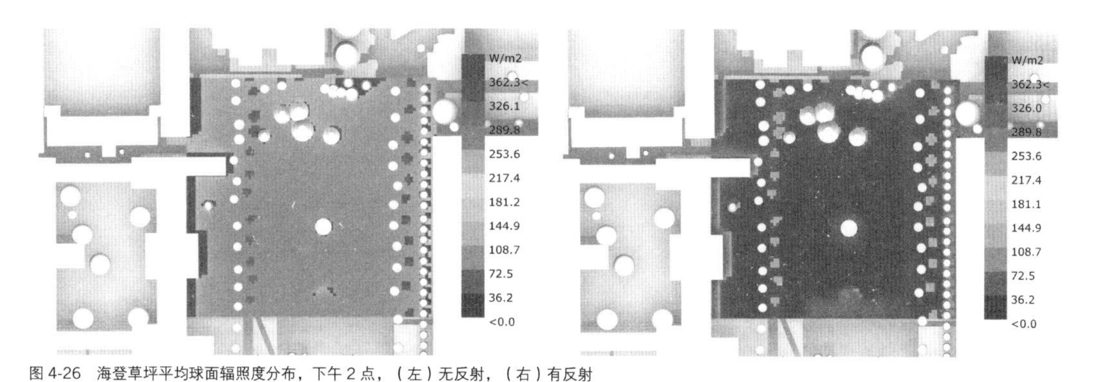

图 4-26　海登草坪平均球面辐照度分布，下午 2 点，（左）无反射，（右）有反射

（4）建成环境热辐射场实验讨论与总结

与最近其他评估长波辐射的研究相比，我们展示了一种替代方法，通过热电堆阵列传感系统解析长波辐射，该系统使用成本适中的传感器，对热对流不敏感。通过与精确的日射强度计和地面辐射强度计进行对比，本项目对长波和短波测量及模拟系统进行了验证。ISO 7726标准甚至允许黑球温度计在对流的影响下，准确度不超过 ± 2℃，与典型球形温度计相比，本项目使用的系统可以产生独立于对流的辐射温度值，并且准确度在 ± 1℃之内。

实验的主要结果数据集是一组来自两个不同传感器平台的短波和长波辐照度（W/m^2）测量和模拟

数据。与许多关于辐射热的研究相比，本项目重点不是将辐射转化为平均辐射温度，虽然我们认识到辐射温度对解释热量的重要性，但当使用与温度尤其气温相关的指标时，辐射热传递的方向性和几何性质实际上会丢失。来自每个方向的辐照度代表了辐射不对称感的重要驱动因素，而整体辐照度与角系数和表面积有更直接的关系，这两个都是热辐射传递中的重要参数，并且通过它们可以让建成环境设计者着重考虑建筑与街道几何、材料设计对热环境的影响，并且这两个参数也能直接引导空间中的人通过自身行为，比如更换位置，来改变自身受到的热应力与热感觉。

将辐射结果呈现为辐照度（W/m^2）的一个挑战是所有表面都在发射辐射。在以上分析中，有意忽略了接收器的温度。对人体而言，表面温度在30℃左右，因此身体本身的辐射量约为500 W/m^2。身体与较冷表面的净交换为负，这使身体散热变冷。在建成环境中，对空间解析的短波和长波辐射热进行独立计算，有利于了解周围表面如何将热量传递到某个位置的更具体的信息。例如，在光伏板顶篷的场景下，到达下方空间中某个点的球面总热量大约是上方热光伏面板发出的长波热量的两倍，也是隐藏在它们后面的天空发出的长波热量的两倍。假设太阳没有被遮蔽，来自热板的长波热量仍然只有未遮蔽的直射太阳的一半左右，长波与短波辐射之间的区别引出了问题，即遮蔽结构的几何形状是否可以减少随机出现的间隙？是否可以设计出更有策略性的遮阳装置，不仅能阻挡直射太阳，同时还能暴露出更多的天空以便于长波辐射冷却？这些分析工具将有助于优化建成环境的环境性能设计。

本项目对空间热辐射场和热感觉分布的研究忽略了人自身的温度，然而这不影响本研究的结论，可以通过将从身体发出的热辐射直接用于估算净辐射热交换量。还必须注意到的是，人或其他辐射接收器对计算结果存在区别，定向研究结果是针对平面辐射通量进行分析的，最后的总辐射则是针对从各个方向接收辐射的球面而计算，使用诸如平均球面辐照度等参数来进行比较。本项目可进一步整合人体的几何形状，借助计算能力，使用用于模拟反射的光线追踪技术，具体计算人与建成环境中更复杂几何形状之间的净辐射传递，研究身体可能会因不同身体部位的局部加热而产生的热感觉或不舒适感。

4.2.3 减少热辐射反射的性能设计方法

在建筑性能设计中，建筑群是其中一个重要的尺度，在这个层级上的策略涉及建筑密度、建筑间距、街道高宽比等形态参数，以及建筑外立面、街道地面等城市界面的材料反射率、长波发射率等材料参数。基于对亚利桑那大学不同实验场地的热辐射场研究，可以总结出相关的性能设计策略。

通过对所有场地的反射热辐射和几何形态进行比较，计算出各个场地在不同方向上的建筑间宽比，结果如表4-9所示。场地在东、南、西、北四个方向上拥有各不相同的环境特征，包含不同材质的建筑物、地形或不同高度的植物等，这些导致了各个场地独特的几何特征。各个场地的材料特征及具体反射率见表4-5。

表 4-9 各个实验场地的建筑间距高 / 宽比

高 / 宽比	海登草坪	光伏长廊	林荫道	混凝土峡谷	停车场
东	0.19	/	0.23	/	0.07
西	0.1	/	1.1	/	0.04
南	/	0.38	/	0.8	0.1
北	/	0.39	/	0.4- 西 /2.1- 东	0.5

表4-10给出了每个场地的短波辐射中反射部分百分比。总结如下：

（1）同为开放空间，停车场具有最低的反射百分比，而草坪具有高反射百分比，与周围建筑物的反射相关性较低，主要与地面材质有关，即因为草地的反射率比沥青地面高。

（2）对于城市峡谷中的另外三个场地，遮阳结构增加了长廊场地的反射百分比，虽然它的高/宽比低于林荫道和混凝土峡谷。在各个方向上，光伏廊下空间均具有最高的反射百分比，然而，平均球面辐照度在所有场地中最低，这归因于上面的PV面板遮蔽，以及南北两侧建筑、地面和顶部光伏板的反射。

（3）林荫道尤其在东向上具有较高的平均反射百分比，与来自东侧立面为砖材的建筑物反射有关，并且其西侧的建筑玻璃立面反射率较大，也通过反射增加了辐照度总量。

（4）混凝土峡谷的反射百分比较高，特别是在东面、北面方向上，由于高/宽比较高，并且混凝土反射率也较高，则北侧的混凝土建筑物立面贡献了很多反射辐射，特别是当太阳射线来自南向时。每个方向上的当天反射辐照度峰值总是高于其他场地。

表 4-10 各个实验场地的反射辐射占比

	海登草坪	光伏长廊	林荫道	混凝土峡谷	停车场
平均球面辐照度	31.4%	34.5%	30.5%	25.9%	18.1%
东	59.2%	61.1%	61.3%	63.7%	57.4%
西	51.7%	54.1%	41.6%	39.4%	28.7%
北	79.8%	83.1%	70.0%	77.9%	56.4%
南	41.3%	44.9%	41.5%	39.7%	34.8%
上	1.6%	6.9%	2.8%	4.0%	1.1%
下	99.9%	100.0%	100.0%	100.0%	99.9%

经过以上分析，以炎热气候下的热感觉降低为目标，在建筑群和建筑布局的层面提出以下设计策略：

（1）以北半球地区为例，白天太阳位置基本上是从建筑东南方逐渐到西南方，因此在南北向的建筑间街道中，尤其需要考虑建筑东西两侧立面的形状与材质，相对于间距宽度的立面高度越大，虽然可能对直射短波辐射进行了更多的遮挡，同时也增加了落在空间中的反射辐照度，这二者之间需要针对具体场景进行优化分析。建筑立面材质的反射率与发射率也至关重要，二者越低则贡献的反射辐射分量越小。但同时要注意，若材料反射率低、吸收率高，则会造成建筑围护结构蓄热过多，增加了室内的热量，因此这二者之间也需要做好平衡。

（2）在东西向的建筑间街道中，则直射太阳辐射主要落在街道北侧的界面上，因此尤其北侧建筑物的立面（即朝南的界面）上无论玻璃或遮阳装置，其反射率不应过高，南北方向的高宽比与空间中的辐照度存在正向相关，因此也不宜过高。

（3）研究结果表明，即使在晴朗白天，非太阳直射方向的天空仍旧具有较高的辐射冷却潜力，因此在遮阳的设计上可以尝试结合自调节控制系统，使之能在有效遮挡直射太阳辐射的同时，尽量不影响空间热源对天空的辐射散热。

需要注意的是，所有这些分析本质上都依赖于对地表和天空特性的理解。这包括估计的短波反射率、长波发射率。这在实际设计项目的性能评价过程中，往往采用常用的估算值，因此也有可能导致对反射辐射的低估。未来通过对传感器的进一步升级，能解析扫描表面的类型并直接评估表面的发射率和反射率，这将有助于快速完成模拟以确定空间中任何点的辐射通量，同时准确地考虑所有反射。

总之，因为辐射热通量以多种方式影响建成环境中的热感觉，仍旧可以对其测量和计算方式进行优化，这些改进的技术有助于根据具体的设计参数进行模拟，以更好地应对不断变暖的城市气候所带来的挑战。

4.3　气候响应式建筑表皮原型[1]

本节介绍一个可根据不同的气候状况进行自适应调节的建筑表皮原型研究。此种表皮形式基于剪纸结构，其动态调节机制与几何结构的形变相关，是一种创新型的建筑表皮原型，目的是通过简单的几何变化控制由界面进入室内的太阳辐射量（照度$I\pm$、太阳辐射温度$T_{SW}\pm$），以提高建筑内部的整

1　本节实验与宾夕法尼亚大学（Dorit Aviv, Shu Yang, Zherui Wang）、韩国科学技术研究院（Heesuk Jung, Byungsoo Kang, Doh-Kwon Lee, Phillip Lee）和首尔大学（Hyojeong Choi, Hyeong Won Lee, Yongju Lee, Hyeok Kim）合作完成，部分内容由期刊论文发展而来：Large-scaled and Solar-reflective Kirigami-based Building Envelopes for Shading and Occupants' Thermal Comfort. Advanced Sustainable Systems 7, no. 12(2023): 2300253. 作者主要负责实验设计、模型校准及与实测对比、光热辐射模拟、结果分析，韩国科学技术研究院、首尔大学和 Shu Yang 负责材料测试、开发原型与现场实测，Dorit Aviv、Zherui Wang 与作者共同负责几何建模与模拟设置。

体光热舒适度。此项目结合了材料学方面的知识，通过对表皮原型的应用进行的实地测量结合性能模拟，优化并验证了此新型表皮原型作为建筑环境性能策略的适用性。

4.3.1 基于几何形变的气候响应式建筑表皮

太阳辐射是建筑内可见光与热量的重要来源。建筑内使用者对光环境的需求与建筑类型、功能相关，从视觉舒适、对外界景色的感知以及节约人工照明能耗等方面考虑，自然采光具有较大优势；而对内部热环境而言，当外部环境处于过冷的状态时，通过引入太阳辐射对室内加热，可以提升热舒适感。然而，如有过多太阳辐射进入建筑物中，将会引起建筑内使用者的视觉不舒适或者热不适，并导致环境调控设备比如空调需要消耗更多能源以进行降温。因此，需要根据外部气候和内部需求精细化控制经过建筑的透明界面而进入室内的太阳辐射强度，以最大限度地满足建筑内部的个体舒适，同时减少能源消耗。并且最直接的调节方法一般为调整立面上透明部分的大小、位置等几何参数。为了应对冬夏气候差异较大或内部需求更为精细的情况，可适应性调节的立面结构成了提高建筑环境性能的重要策略之一。

适应性建筑围护结构被认为是调节室内太阳辐照的有效方式，并已得到许多研究关注，可以按照控制方式、几何变形方式等进行分类，包括常见的动态表皮、仿生式动态表皮和一种新型的剪纸模式动态表皮（kirigami-based dynamic facade）。然而，建筑围护结构的一些缺点会降低自适应调节带来的好处，例如，一般与控制系统结合的动态可开合表皮拥有较复杂的交换机制，对环境变化的响应可能较缓慢，并且需要较高的额外能量消耗和的维护成本。仿生式动态表皮是近年来得到越来越多关注的类型，其调控环境的概念源于自然中生物体对环境的适应原理，然而由于系统的复杂性，目前难以将概念设计转化到建筑原型或构件产品中。相比之下，基于kirigami剪纸结构的动态表皮被认为是一种有潜力的替代方案，因为它通常不需要大量的额外能量消耗或复杂的建造过程。所以，由于其较高的成本效益和易于建造的特点，kirigami剪纸结构十分适合放大到建筑尺度而进行使用，在kirigami几何图案的切割过程中，连续的平面薄片经过沿图案边界的切割后，形成离散化但仍互相连接的单元结构。已有几项研究证明了kirigami结构表皮对光进行高效调节的可能性。

然而，文献中使用的kirigami结构表皮通常由诸如聚二甲基硅氧烷（PDMS）的弹性体制成，以防止在机械打开和关闭表皮时引起切口处的剥落。但同时，PDMS由于低弹性模量而容易变形，并且具有高的热膨胀系数，这是此种表皮在实际建筑中得到应用的关键障碍。到目前为止，目前很少有研究对基于kirigami剪纸结构的动态表皮进行户外而非实验室中的测试，更少研究进一步考虑使用此表皮后的室内具体环境质量。因此，需要考虑此种动态自适应表皮在真实的室外气候下，对建筑内部环境中使用者感知与舒适的影响。

在本项目中，首先对kirigami动态表皮的材料使用进行优化。使用聚乙烯萘二甲酯（PEN）作为基材，因为它具有高耐温性（玻璃化转变温度，140℃），高杨氏模量（6.1GPa）和拉伸强度（275MPa），优异的耐化学性和低吸水性。更重要的是，PEN十分易于加工，有利于进行大规模、大尺度的建造。此外，kirigami剪纸结构经过拉伸后可以形成各种尺寸的单元图案，提供不同的开口大小，对太阳辐照的调节具有较高的灵活性和适应性，可以提供满足室内舒适度的各种场景。因此，本书尝试在图案的上下切割线（即单元结构的高度）之间选择不同的间隙大小，以制造单元结构尺寸不同的kirigami剪纸结构，便于研究切割和几何参数对室内辐照的影响。为了研究此种kirigami结构动态表皮对室内环境的影响，本项目定制设计并建造了一个户外测试室，在内部安装温度和照度传感器，以展示在室外测试期间的对光环境和热环境的优化效果，同时进行了与实测数据结合的室内环境模拟，以进一步了解kirigami结构动态表皮的光热环境调节机制。

4.3.2　气候响应式建筑表皮原型实验

1. 基于剪纸结构的动态表皮建造

基于kirigami剪纸结构的动态表皮由聚乙烯萘二甲酯（PEN）薄片（100 μm，日本杜邦产）作为基础材料制成。将薄片分别用去离子（DI）水和2-丙醇（IPA）洗涤30分钟，然后在烘箱中在80℃下进行干燥。接下来，为了在薄膜上切割出kirigami剪纸图案，将PEN基板通过聚酰亚胺（PI）胶带附着在切割绘图仪（CE6000-60，GraphTec）的采样台上。在不同组的实验中，每个单元上部和底部的切割线之间的间隙，即单元开口的高度，会发生变化，设置有三种尺寸即0.25 cm,0.50 cm和1.00 cm。完成切割后，通过热蒸发器，将200 nm厚的银（Ag）层放置在kirigami剪纸结构样本上，增加了表皮表面的反射率。此表皮样本的穿透率和反射率通过带有积分球的紫外至可见光波段（UV-vis）的分光光度计（V-670，JASCO）进行测量。

图4-27显示了kirigami剪纸结构的切割设计，选取三种不同的图案间隙（H=0.25 cm,0.50 cm和1.00 cm）。由于切割设备的分辨率限制，最小单元高度H确定为0.25厘米，随着单元高度H的增加，拉伸结构使之形变所需的力度越强。因此，选择1.00 cm作为单元高度H的最大值。切割绘图仪被用来切割样本（样本尺寸：14cm高×11cm宽）。切割后，用200 nm厚的Ag层对样本进行热蒸发。

在三种单元高度的样本下，对样本两端施加不同程度的张力，可以使kirigami结构从平面状态开始发生形变，本来平行于整体薄片的细条会按规律发生扭转，于是整个样本中出现单元化的开口。如图4-28所示，随着张力从0%增加至75%，kirigami结构的单元开口间隙变得越来越大。即使样本受到同等程度的张力，若切割单元高度H不同，则样本各单元的开口间隙也不同。比如，在50%的张力下，具有单元高度H = 1.00 cm的kirigami结构比另外两种样本（H = 0.25和0.50cm）的开口间隙更大。

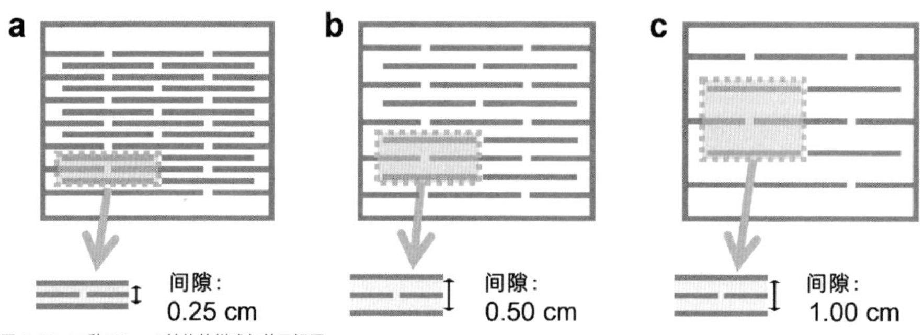

图 4-27　三种 kirigami 结构的样式与单元间隔

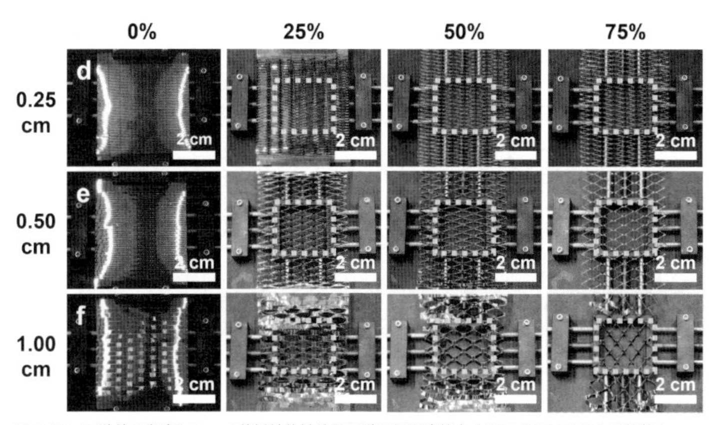

图 4-28　三种单元高度 kirigami 剪纸结构被给予三种不同程度拉力（25%,50%,75%）后的状态

2. 基于剪纸结构的动态表皮实验设置

（1）室外测试室的设计与建造

为了研究在外部气候环境下，基于kirigami剪纸结构的动态表皮对建筑内部太阳辐照的遮挡和反射效果，本项目设计了一系列专门用于室外测试的腔室。腔室可以被视为抽象后的建筑大楼内的一个房间，与外界空气仅有一个接触面，其他面为建筑内墙或内部的楼板。实验腔室与真实建筑房间的尺度比例为1：10。整个腔室的尺寸为42cm（面宽）×30cm（深）×42cm（高），除去材料厚度后，内部空间的尺寸为22cm（面宽）×22cm（深）×22cm（高）。这些腔室使用10 cm厚的聚苯乙烯作为隔热材料（ISOPINK）进行密封和隔热，以模拟建筑隔热性能较好的围护结构。隔热材料被用于腔室的各个面上，除了透明部分，这部分使用3mm的透明丙烯酸板。此外，固定kirigami结构样本的保持器位于透明面的上端和底端，并且可以对样本进行拉伸处理。如图4-29所示，温度传感器（44000RC系列，TE连接）被放置在内部每个墙面（除透明界面外）的中间，用于测量各个内表面的温度，同时还有一个悬挂于内部空间的中心，以测量内部实时的空气温度。热电偶温度传感器的不确定性为±0.2℃，测量频率为1.5分钟。此外，照度传感器（LXT-401，rixen Tech）被放置于内部的底面上，准确性在25 ℃时为±0.3%。

（2）室外测试室的实时环境数据测量

为了进行户外测试，测试腔室被安装在韩国首尔大学一栋教学建筑的屋顶上（37.58°N，127.06°E），使腔室含透明界面的一侧朝向南方。为了研究不同的kirigami结构几何特性对腔室内部光热环境的影响，在一组实验中，具有相同单元高度的kirigami结构动态表皮被放置到腔室南面的样本支撑架上，而不同的测试腔室中的样本分别被给予不同程度的拉力（0%，25%，50%和75%），0%代表着保持切割后的原本状态，只对其进行支撑而不进行拉伸。每一组的测量均进行8小时（从10:00至18:00），测试日期为2022年12月3-5日。

（3）模拟模型

① 模拟模型设置

对于室内自然光和传热的模拟计算，第一步是建立天空模型。需要给模型输入实验的地理位置、日期和时间，以确定每种模拟情况下的太阳路径和太阳位置。模拟的时间精度为一个小时，这与设置

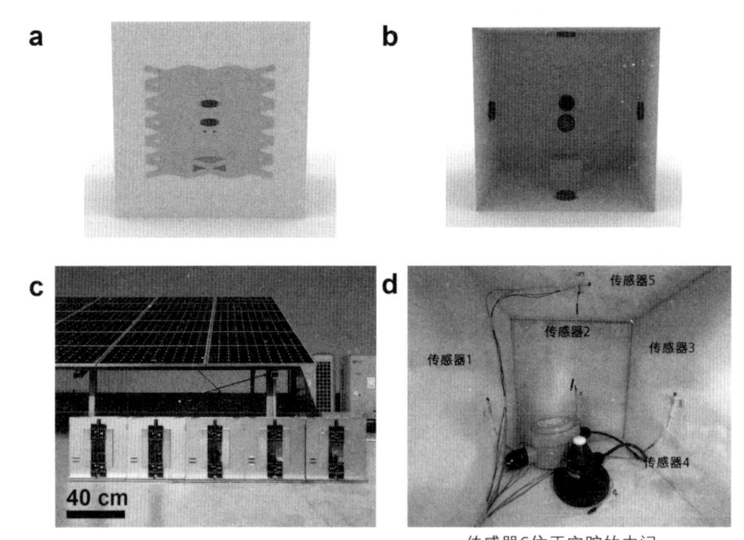

图 4-29 室外测试腔室（a）外部，（b）内部，（c）室外测量场地，（d）内部传感器布置

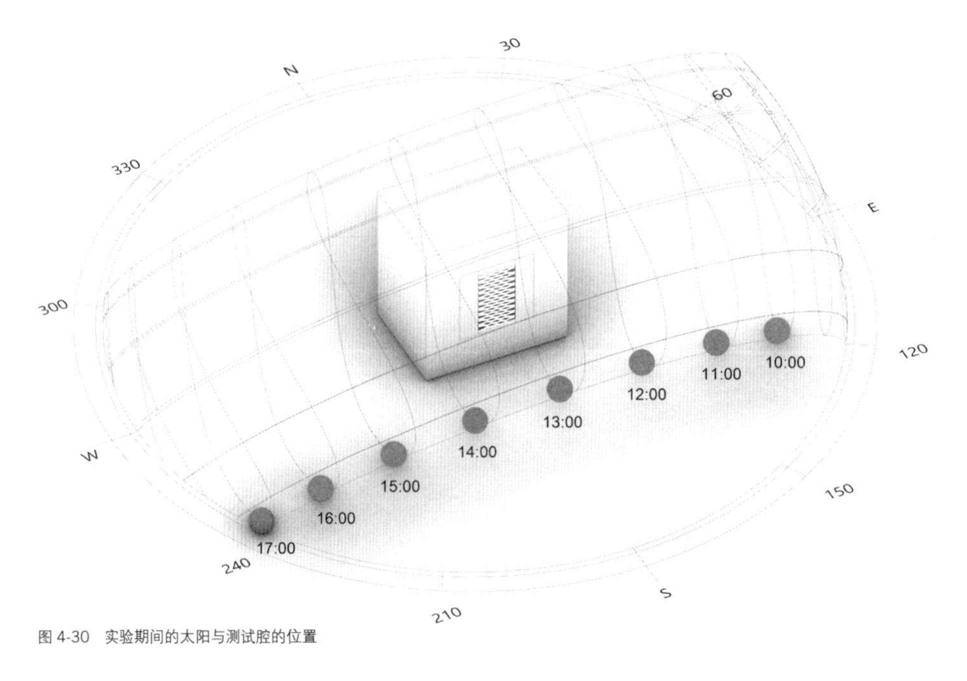

图 4-30 实验期间的太阳与测试腔的位置

太阳位置的时间精度相关。实验期间的太阳位置如图4-30所示。此外，模拟所需的环境参数包括太阳辐射、干球温度和相对湿度，这些气象参数来源为距离实验的位置约为3.4km的Muk-Dong气象站（37.61°N，127.08°E）。气候数据以5分钟为频率进行提供，因此将一个小时内测量的环境数据进行平均值计算，用于模拟模型的输入。然而，这个气象数据集中不包括法向直接辐照度和水平漫射辐照度，而只有总水平辐照度。为了估算两个缺乏的参数，使用ISD（美国NOAA的集成地表数据库）的典型气象年（TMY）数据集作为参考，其中包含典型年的法向直接辐照度和水平漫射辐照度。基于两

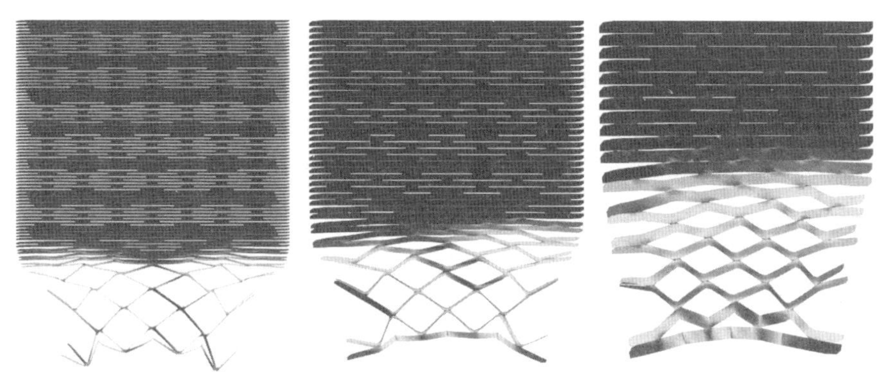

图 4-31　模拟不同单元高度（0.25cm,0.5cm,1cm）的 kirigami 样本受到拉力后的形变

个气象数据来源的结合，估算的法向直接辐照度和水平漫射辐照度得到校准。

② 几何模型与材料设置

需要对基于kirigami剪纸结构的动态表皮进行三维几何建模，使用Rhino软件对其建立几何网格模型。基于Rhino，使用Grasshopper参数化平台内的Kangaroo实时物理分析引擎进行有限元分析（FEA）。对应三种单元高度的kirigami图案（H=0.25cm, 0.50cm和1.00cm），建立了三种基准的四边形网格。从以往的物理测试研究中可以得知，当对kirigami结构表皮施加张力负荷时，在铰链位置的网格边缘被设计为可移动。然后，基准四边形网格通过查尔斯循环（Charles Loop）被递归地细分三次，最后得到的网格仅由直角三角形面组成（图4-31）。

模拟中使用的材料的热阻、反射率和透射率如表4-11所示，这些数值被分配给相应的几何网格面。

表 4-11　模拟中使用的材料热参数

元件	材料	反射率	热阻（m^2 • K/W）
带开口的墙面	铝	90%	0.01
	透明丙烯酸板	10%; 穿透率：80%	0.23
其余墙面及顶面	聚苯乙烯泡沫塑料	内界面：60% 外界面：20%	1.32
底面	聚苯乙烯泡沫塑料	内界面：60%	1.32*
Kirigami 表皮	内侧：银 外侧：PEN	内界面：90% 外界面：25%	/
测试场地的地面	抹灰	20%	/

* 底面的边界情况被设置为“绝热的”，其他外界面则为“室外的”。

③ 模拟采样点设置

为了对三维空间中的自然光分布进行模拟，需要产生测试网格及采样点。以内部空间的底面作为采样面，产生以5 mm×5 mm为尺寸的网格单元，每个网格单元的中心即为采样测试点，最终得到44×44个单元的网格和1936个采样点。在每个采样点处，使用法线方向为垂直向上的无限小平面计算落在其上的自然光照度。模拟参数调整为考虑反射表面之间的四次反射，以更全面地计算kirigami动态表皮对太阳辐射的反射效果。

3. 基于剪纸结构的动态表皮实验结果

（1）基于实测数据对模拟进行验证

RADIANCE和EnergyPlus是经过验证的模拟引擎，为了验证本研究中使用的数值模型，使用以上两个模拟引擎进行传热模拟，以计算腔室内部的表面温度和空气温度。在每个实验组中，热电偶温度传感器被放置于内部空间的六个位置，以测量实时表面温度和空气温度。测量的读数用于与所有实验组的模拟结果进行比较。对于每种情况，表4-12将六个位置的温度数据进行平均计算，以便直接进行比较。模拟结果和测量读数之间的差异在可接受的范围内（±1.6℃）。在大多数kirigami单元高度H=0.5cm或1cm的情况下，模拟与测量读数的差异在-0.5～+ 0.2 ℃的范围内。总体而言，模拟结果与温度传感器读数匹配度较高。

表 4-12　各实验组的平均模拟温度与实测温度差值

单位°C	对照组	75% 张力	50% 张力	25% 张力	0% 张力	平均
0.25 cm	1.6	1.6	1.4	1.5	1.2	1.5
0.5 cm	0.2	-0.1	-0.4	-0.3	-1.6	-0.4
1 cm	1.6	-0.5	0.1	0	-0.1	0.2

* 正值意味着模拟温度高于测量读数。

如图4-32所示，模拟结果和温度测量读数的偏差大多出现在测试的早上阶段，即10:00～12:00。在此阶段之后，模拟与测量的温度数据偏差较小。差异的出现可能与不同原因有关，由于偏差在所有位置的温度传感器读数中都出现，因此最可能的原因之一是实验场地上受到实际太阳辐照度和气象站提供的数据之间存在差异。

（2）内部热环境的日间变化

根据柯本气候分类法，首尔的气候属于湿润大陆性带有干燥冬季的气候类型。测量实验在寒冷的冬季进行，在测量期间，室外环境温度主要在3～8℃的范围内，然而如图4-33a中所示，对照组（未使用kirigami表皮）的内部空气温度远高于白天室外空气温度。对于三种不同单元高度的实验组来说，室内和室外温度之间的差异从10:00开始增加，约在13：00～14：00达到峰值，并且在16:00左右开始迅速下降。这一变化趋势与所有实验组的日间太阳总水平辐照度变化趋势相匹配（图4-33b）。

在给kirigami动态表皮不施加张力（即0%）的情况下，由于几乎没有透明界面或开口，自然光线难以进入内部，而是腔室的外表面被太阳辐照加热。随后，被加热的外界面通过墙壁、屋顶和玻璃的

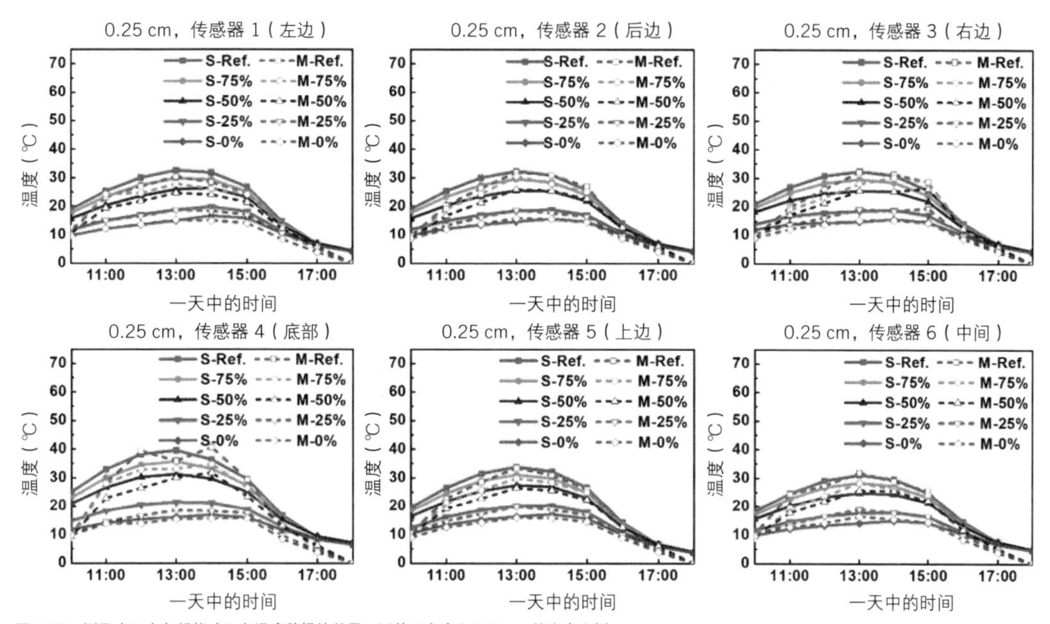

图 4-32　测量（M-）与模拟（S-）温度数据的差异，以单元高度为 0.25cm 的表皮为例

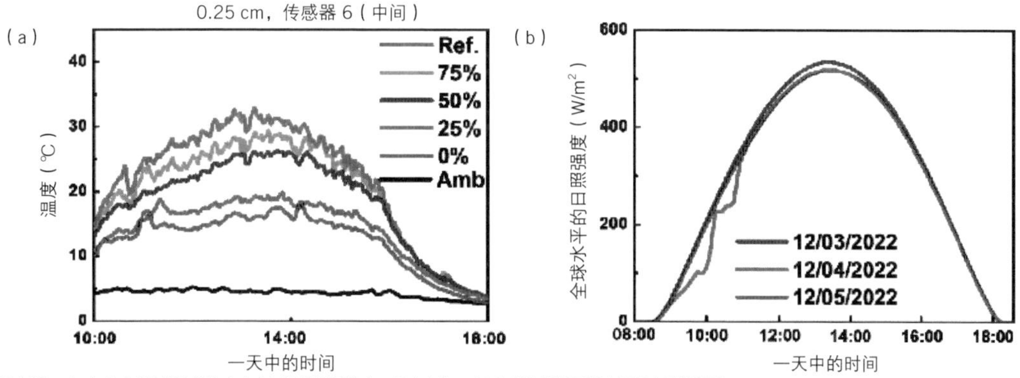

图 4-33　（a）H=0.25 实验组的室内空气温度测量值在一天内变化；（b）实验期间日间太阳总水平辐照度

传导热传递来加热内部界面，又通过与内表面的对流传热来加热室内空气。考虑腔室的围护结构为具有高热阻的材料，热传递系数高的区域更容易传热到室内，比如透明玻璃。因此，在室外寒冷的情况下，室内温度可以高于环境温度。当给kirigami动态表皮施加张力或未使用表皮时，太阳辐射可以通过穿过玻璃而进入室内，腔室的内表面通过辐射热传递直接被加热，然后通过周围的温暖表面以热对流的形式加热室内空气。由于腔室由高热阻材料组成，因此通过围护结构向外损失的热量较小，并且由于气密性较好，通过空气渗透而向外散失的热量也较小。

因此，对于所有测量情况而言，热增益和热损失之间的差异是巨大的，导致腔室内部的极大的净热量增加。同时，这也可以解释太阳辐照度和室内空气温度不同的下降速率。如图4-33所示，随着太阳总水平辐照度在14:00之后开始减少，室内空气温度延迟下降，在16:00左右才开始明显降低。

通过在模拟中确定太阳轨迹与位置，并且考虑房间的位置和朝向，可以通过太阳射线可视化判断

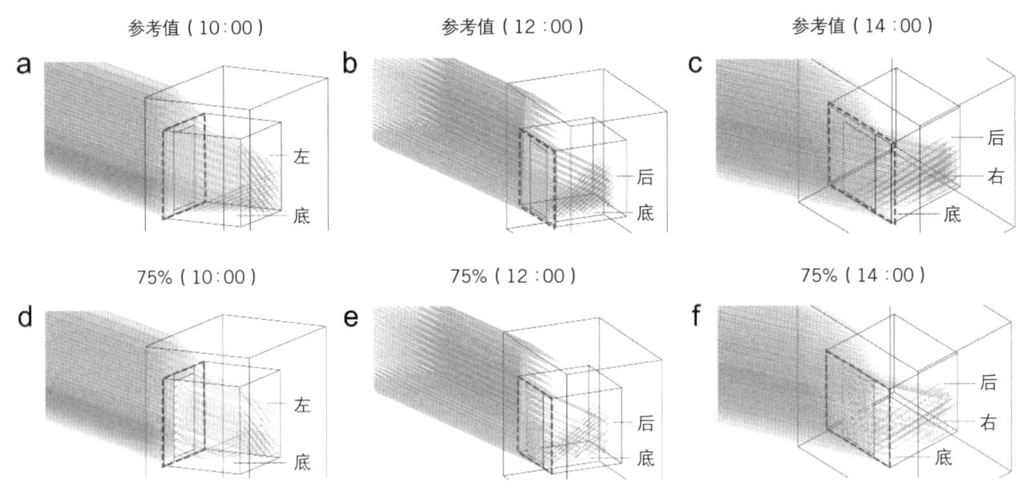

图 4-34　直射阳光可视化（a-c）对照组（d-f）H=1cm 实验组施加 75% 张力。虚线标出朝南的界面。

在实验期间，房间内部是否可以接收到直射或漫射阳光（图4-34）。在实验期间的白天，早上时直射阳光来自东南方向，主要落在内部空间的左后方底部区域；当在中午时太阳位置移动到正南方时，内部的底面和北面接收到最直接的太阳辐射，并且不同表面之间存在相互反射，这有助于漫反射辐射在空间内的增加。到了下午，太阳移动到腔室的西南侧，因此内部的底面、右侧面和后表面接收更多的太阳辐射。

为了进一步表征室内热环境，对每个实验情况下腔室内不同位置的温度进行比较。在对照组中，内表面的温度显示出明显的变化，特别是在10:00～16:00期间（图4-35a）。自10:00开始，由于受到直射太阳辐射，内部的左侧面具有最高的温度，但靠近中午时与其他表面的差异减小，因为太阳从东南部移动到南向。底面是第二个被迅速加热的表面，当地板在11:00左右开始接收更多的阳光时，表面温度开始迅速升高。内部的背面在13:00左右和其他表面相比有略微地升温。自14:00始阳光来自西南向，底面和右表面比其他表面明显升温，温差高达10℃。由于内部空气温度是空气与所有内表面的热力学相互作用的结果，因此中间空气温度的变化趋势（通过传感器6测量）代表了表面温度的综合影响。

当kirigami表皮安装在腔室的开口前时，室内不同位置之间的温差要小得多。如图4-34b-c所示，大多数情况下（比如0.25cm-25%张力和1.00cm-25%张力）具有相对均匀的室内热环境，仅有一个表面在短暂的其间内温度明显比其他表面高，而后差异又减小，比如0.25cm实验组中的传感器3（对应右侧面），1.00cm实验组中的传感器4（对应底面）。然而，随着对kirigami表皮施加的张力变大（比如1.00cm -75%张力），内部各位置的温度差异变化展现出与对照组相似的规律，但温度差异值比对照组小（图4-35d）。

（3）Kirigami结构动态表皮的几何变化及其影响

如图4-36所示，三组实验（H=0.25cm，0.50cm和1.00cm，在不同的张力下：0%，25%，50%，75%）的室内热环境显示出较大的变化。就室内空气温度（由腔室中间的传感器6测量）而

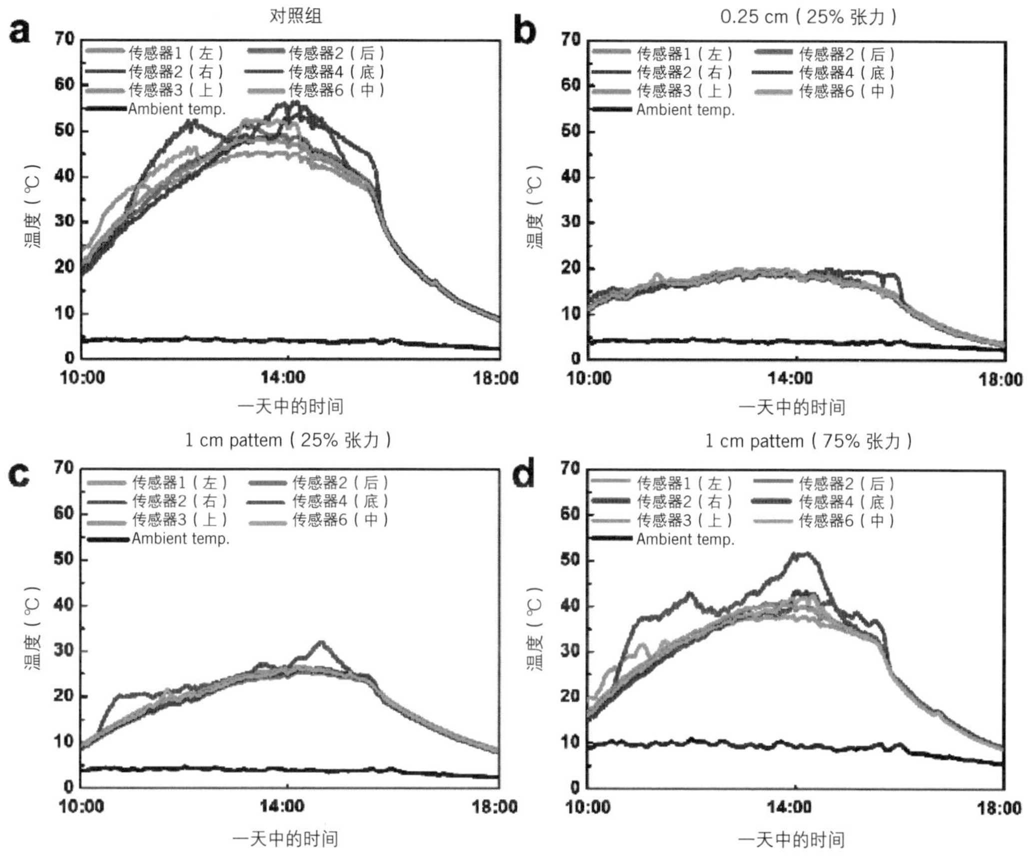

图 4-35　室内不同位置的温度变化（a）对照组；（b）0.25cm-25% 张力；（c）1cm-25% 张力；（d）1cm-75% 张力

言，*H*=0.25cm，0.50cm和1.00cm三个实验组施加75%张力时的最高温度分别比不施加张力（0%）时高11 ℃、13 ℃、20 ℃。对于同样单元高度H 的实验情况，不施加张力（0%）与施加25%张力之间的温度差相对较小，与之类似，施加50%张力与施加75%张力的温度差异也较小。相比之下，随着张力从25%增加到50%，整个白天室内温度明显增加。此外，对照组的内部温度比使用了kirigami动态表皮的实验组高，尤其是对*H*=0.50cm和1.00cm的实验组而言，对照组室内气温甚至比75%张力的情况还要高10 ℃左右。

当我们向kirigami表皮施加不同程度的张力时，有两个随之变化的几何性质是对室内环境造成影响的主要因素：一个是kirigami表皮在立面上的投影面积与整个开口面积之比，我们将其定义为“表皮/开口比”（Envelope to Opening Ratio, EOR）；另一个是与垂直平面状态的墙面相比，三维kirigami表皮各个单元的倾斜角度。“表皮/开口比”决定了表皮对阳光进入内部的遮挡能力，而表皮单元的倾斜角度将以更复杂的方式影响太阳辐射在室内的反射。“表皮/开口比”的定义方式与建筑性能评价中常用的参数“窗墙比”（WWR）类似，前者关注立面开口与其上覆盖的表皮，而后者关注立面开口与整面墙的关系。“表皮/开口比”为kirigami表皮在立面上的投影面积与整个开口面积的比值。可以用以下公式计算（图4-37）：

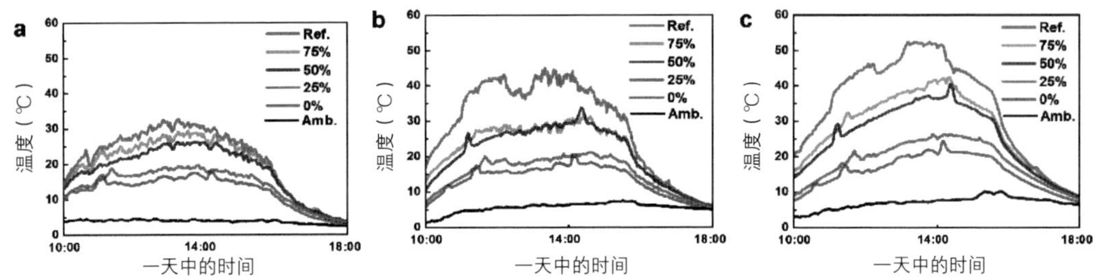

图 4-36 由传感器 6 测量的室内空气温度变化（a）0.25cm 组；（b）0.50cm 组；（c）1cm 组

$$EOR=A_E/A_0 \qquad (4-3)$$

其中A_E为kirigami表皮在立面上的投影面积，A_0为整个开口的面积。

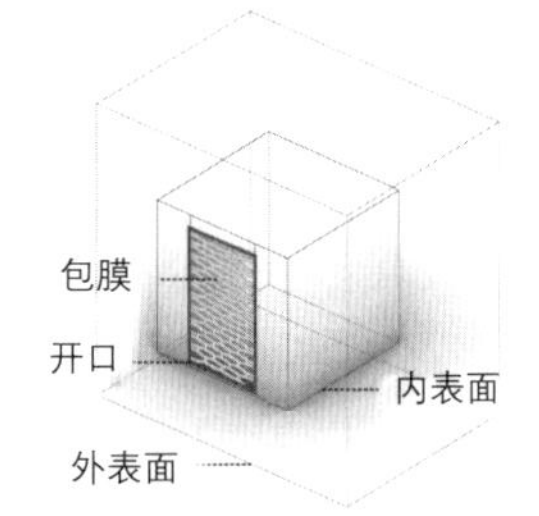

图 4-37 “表皮 / 开口比” EOR 示意图，其中开口用矩形标出。

根据等式（4-3），所有实验案例的“表皮/开口比”EOR被计算并总结于表4-13中。对于对照组而言，由于没有使用kirigami动态表皮，则EOR的值为0。对表皮施加的张力程度与EOR具有负相关的关系，因为更大的张力导致更大的开口间隙。因此，对于同样单元高度*H*的实验组而言，随着张力的增加，EOR减小。若对于被施加了同样张力的kirigami表皮而言，则较大的单元高度H则对应更高的EOR。

较小的“表皮/开口比”EOR意味着对进入内部空间的阳光阻碍较少，反之亦然。在实验期间，对照组的室内表面温度和空气温度总是高于其他实验组。可以发现，EOR与内部温度具有负相关性。但是，这个相关性不是线性的。如图4-38左所示，具有kirigami表皮的实验组与对照组之间的温差均低于0，并且温度差异的绝对值与EOR的呈正相关。以0.25cm实验组的底面温度为例（图4-38左a），50%张力实验组（EOR=0.50）的温度比对照组低10℃，此外，25%张力实验组（EOR=0.63）的温度具有明显的下降，低于对照组大约20℃。然而，当EOR增加到超过0.9（0%张力）时，温度仅比25%张力实验组略低。

表 4-13 各测试组的“表皮 / 开口比”EOR

	0.25 cm 组	0.5 cm 组	1 cm 组
对照组（无表皮）	0	0	0
75%	0.44	0.54	0.58
50%	0.50	0.61	0.65
25%	0.63	0.73	0.76
0%	0.91	0.94	0.96

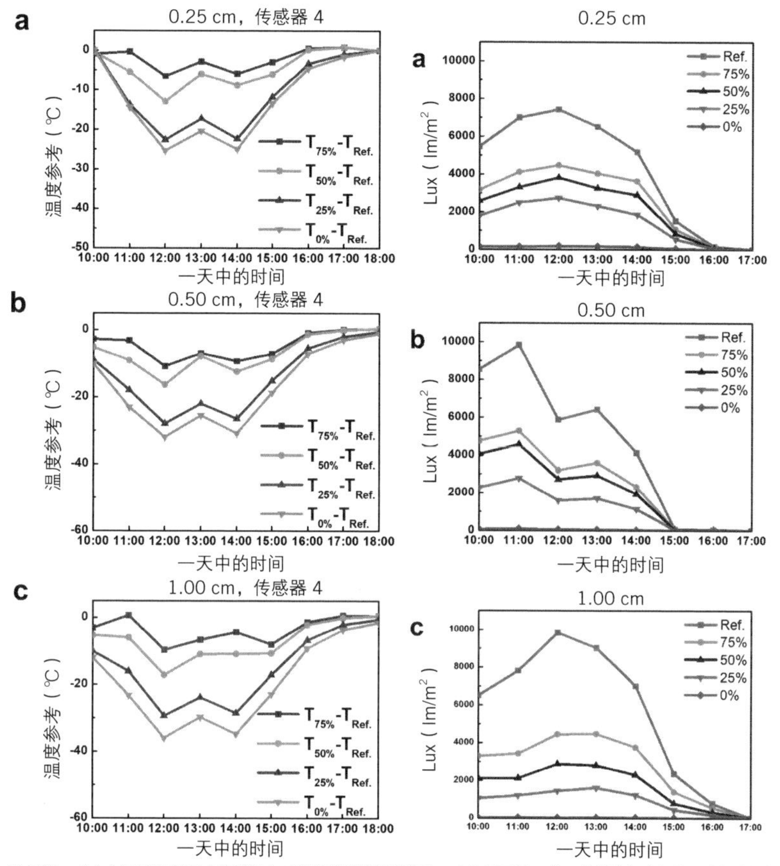

图 4-38　（左）不同 H 的三个实验组与对照组的模拟温度差异；（右）不同 H 的三个实验组内部底面中心处模拟照度

（4）使用kirigami表皮的内部光环境

为了比较每种测试情况的室内照度水平，选择地面中心点的模拟照度来代表整个腔室的平均采光情况并便于对比（图4-38右）。可以发现，照度在一天内具有与太阳照度相似的趋势。需要特别解释的是，在图4-38右b中，0.50cm组在12:00时照度突然减小，这是对模拟进行校准后的结果。根据太阳辐照度输入，在12:00时室内的照度应该更高，其中一个原因可能是云或周围环境对太阳辐射的意外遮挡。因此在考虑以上原因后，对模拟参数进行校准。

室内照度的空间分布也随着kirigami表皮单元高度和张力水平的变化而变化。根据对进入房间的阳光进行可视化呈现，可以发现大多数光线直接落在或被反射到开口附近的底部区域。*H*=0.25cm的实验组为例，从10:00～12:00，太阳从东南向转到南向，直射阳光从室内左面附近的区域移动到中间区域（表4-14）。在此期间，太阳总水平辐照度从223增加到480 W/m^2。这些因素导致室内照度的总体增加，随着施加张力程度的增加，中心的照度在30～1950 lx的范围内增加，增加的幅度与EOR的大小呈负相关。例如，0%张力实验组（EOR最高）具有最小的照度增加幅度，而对照组（EOR最低）内部照度增加幅度最大。对于所有测试情况，空间照度分布图显示了从开口附近区域往其他墙面的清晰径向梯度，照度值逐渐降低，除了0%的测试情况，其测量期间内部较少有光线进入。

表 4-14　0.25cm 测试组的内部照度分布图

0　1400　2800　4200　5600　7000

	对照组	75%	50%	25%	0%
0.25cm (10:00)					
中心点照度 (lux)	5469	3180	2577	1795	157
0.25cm (12:00)					
中心点照度 (lux)	7418	4479	3823	2739	188

3D kirigami表皮的几何形状将更多复杂性带入内表面的光反射过程中。与对照组中不同照度水平清晰的边界相比，kirigami表皮实验组的空间变化具有较模糊的边界（图4-39）。例如，如图4-39右所示的1cm -25%张力实验组，其开口附近的区域与房间中的其他区域相比没有相对高的照度，虽然它接收到阳光直射；并且有一些靠近背面墙的较小区域拥有较高的照度，这是由表皮的反射引起的，反射后照度增加的区域有较多个，这意味着通过使用kirigami表皮可以实现更均匀的光环境，这与前面分析得出kirigami表皮可以实现更均匀热环境的结论相符。这样均匀的光环境更有利于带给人们视觉上的舒适。

4. 基于kirigami结构的动态表皮实验结论

本项目研究了基于kirigami剪纸结构动态表皮在真实的室外气候条件下对室内环境的光热环境影响。由于聚乙烯萘二甲酯（PEN）具有优异的热、机械、化学稳定性和易加工性，因此被用作kirigami结构的基板。在基板上根据不同单元高度（0.25cm，0.50cm和1.00cm）切割出kirigami图案，并镀上200nm厚的银色以反射光线。在不同单元高度的kirigami表皮上施加不同程度的张力，可以导致立面

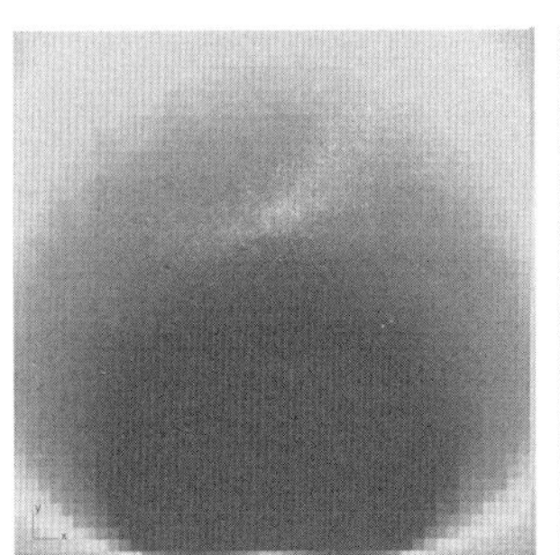

图 4-39　（左）不同 H 的三个实验组与对照组的模拟温度差异；（右）不同 H 的三个实验组内部底面中心处模拟照度

呈现出不同的形变及开口尺寸，从而调节进入室内的太阳辐射。例如，在kirigami单元高度为1.00cm的情况下，12:00时对照组的地面中心照度为9837 lx，而25%张力的样本大大降低，为1449 lx。

在制造了一系列kirigami结构的动态表皮之后，将它们安装在内部布置有光热传感器的测试腔室上，并在室外场地进行测试，并且还进行了对应的光热环境模拟，以分析kirigami动态表皮对内部光热感知的影响。现场实验测量对模拟进行校准与验证，同时模拟能支持对室内环境更多参数进行计算。例如，模拟和测量数据之间的差异在可接受的水平范围内（±1.6℃）。另外，通过使用“表皮/开口面积比”EOR的概念来表征立面的几何特性，能揭示各种测试情况下EOR和温度下降之间的相关性。此外，室内照度的空间分布数据显示了在实际工作情况下自然采光的可视化。根据这些结果，考虑室外气候与使用者需求的不同情况，可以选择基于kirigami剪纸结构的动态表皮进行适应性调整，来提高建筑环境性能以及室内光热舒适度。

4.3.3 身体感知与建筑动态表皮设计

对kirigami剪纸结构动态表皮的研究验证了此种表皮原型对提高环境性能、提高身体光热舒适度以及节约能耗方面的潜力。建筑界面是性能设计策略中的一个重要层级，kirigami结构动态表皮的动态调节机制与几何结构的形变相关，可以通过简单的几何变化控制由界面进入室内的太阳辐射量（照度I+/-、太阳辐射温度T_{SW}+/-），以提高建筑内部的整体光热舒适度。正如上一小节研究中所提出的对环境性能具有重要影响的两个几何参数，即“表皮/开口面积比”和表皮单元倾斜角度，这两个参数在设计中需要结合室外气候状况和内部人员舒适需求进行确定。

1. 室内光环境与视觉舒适

除了通过“表皮/开口面积比”对进入室内的太阳辐射强度进行直接调节外，kirigami结构动态表皮的各个单元受到拉伸形成的倾斜角度（θ）也产生影响。太阳光线的反射包含镜面反射和漫反射，主要受到kirigami表皮的几何形体影响。当kirigami表皮受到拉伸时，沿着切割线会产生间隙让直射光线进入，同时形体会发生扭转，从而形成了倾斜角（θ）或可让反射光线也进入室内（图4-40）。在室外太阳辐射强度相同的情况下，使用kirigami表皮使室内光线更柔和、光环境更均匀。当θ增大时，反射进入室内的光线随之增加。对各个实验组，随机选择表皮上十个位置进行测量得到θ（表4-15），总的来说，θ与单元高度H和开口大小都呈正相关。

表 4-15 各测试组的平均倾斜角度（θ）

单位：°	0.25 cm 组	0.5 cm 组	1 cm 组
75%	57.5	63.8	64.6
50%	51.6	53.5	54.4
25%	35.8	45.4	45.3
0%	0	0	0

2. EOR与室内身体热感知

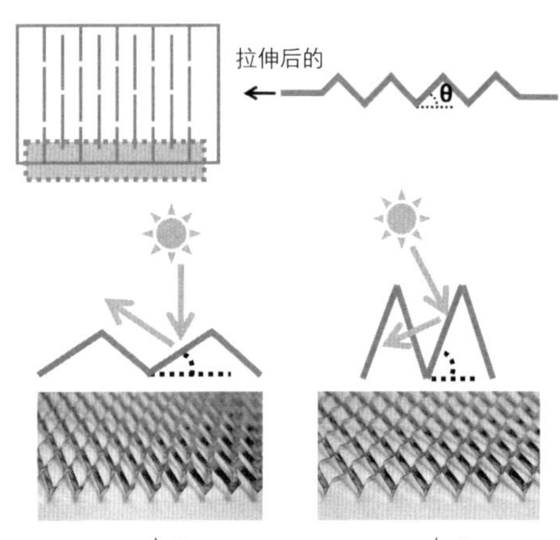

图 4-40　Kirigami 表皮被拉伸后形成倾斜角（θ）及其对太阳光线的反射情况。

使用kirigami动态表皮后对室内热环境的影响不仅仅是简单的室内得热增减，还要考虑它对进入室内的太阳辐照方向性以及室内辐照度分布的影响，而这些因素与具体的室内使用者身体热感知关联性较大。以0.25cm-75%张力实验组为例，与对照组相比，在室内中心位置站立或坐着的人明显受到了较少的身体表面辐照度（表4-16），这与实验组更大的“表皮/开口面积比”阻挡了更多太阳辐射有关。同时，身体的辐射热不对称性也得到了减轻。在对照组中，站立的人存在较强的前后不对称性，由于直射阳光直接落在身体前侧的中部，而后侧身体仅受到少量室内漫反射辐照度，因此前后差异可高达159 W/m^2，而在实验组中不对称性减弱。同理，由于直射阳光从坐着的人的斜上方进入室内，因此增加了上下方向的辐射热不对称，实验组中得到缓解。

一般的具有同样EOR的遮阳装置，比如百叶等，它们可能会形成较明显的阴影区与照射区分界，若落在身体上则会形成较明显的局部热感觉差异，而单元较小、将开口均匀分布在整个表皮上的kirigami表皮，则相对可以造成更均匀的辐射分布。

综上，自适应表皮策略在应对室外气候与内部需求上具有明显优势。并且还可以进行进一步拓展，比如与相变材料结合，将相变材料的吸热、放热过程同样作为表皮自适应调节的一部分，加强调节效果等。

表 4-16　使用 kirigami 表皮实验组与对照组身体热辐射相关参数

图例：0 ~ 200 W/m^2	对照组		0.25cm – 75% 张力	
身体平面辐照度	0 ~ 190	0 ~ 200	0 ~ 153	0 ~ 153
前后辐射不对称	159	107	126	81
上下辐射不对称	32	92	27	62

本章三个实验是对建筑环境性能设计策略的研究，出发点来源于第3章中对已有环境性能设计方法的总结。基于对环境参数单一目标、复合目标的清晰分类，提取总结已有的性能设计策略，可以较清楚地发现有待研究的性能策略方向，发觉其中的挑战以及更新潜力，比如同时需要降温与降低湿度的情况下缺乏适当的设计策略。最后各个实验得出的成果与结论既包含模型方法层面，又通过创新提出形式、材料及系统方面的设计方法，拓展了性能设计策略的应用范围，并且通过现场实验与性能模拟对策略进行优化与评价，对设计策略的具体参数与适用性进行量化研究与确定（表4-17）。

表 4-17　本章身体与热力学建筑实验的总结

实验研究	性能目标	与身体的互动	设计参数与相关
湿热气候 - 新加坡自冷却亭	T_{LW}-, RH-：辐射冷却	身体热舒适中受到 MRT 的影响，提出模拟方法	新型建筑辐射冷却界面系统的几何形状、面积、相对身体的位置等
干热气候 - 美国亚利桑那州热辐射实验	I-, T_{SW}-：减少太阳辐射获得	身体热舒适中受到反射热辐射的影响	建筑间距高 / 宽比、建筑材料、建筑密度等
温和气候 - 冬夏自适应表皮	I+/-, T_{SW}+/-：动态表皮控制室内太阳辐射获得	身体光舒适、热舒适中受到太阳光线 / 辐射的影响	一种新型的自适应动态表皮，其单元宽度、开口大小、倾斜角度等

4.4　设计方法及实践样本

4.4.1　从身体出发的建筑环境性能设计流程

身体视角的建筑环境性能设计方法是一种基于热力学建筑设计、参数化性能优化的整合设计方法，“身体”要素主要体现在从整个设计过程中对身体不同层面的考虑，包括身体的感知、舒适、健康和体验等层面。对身体的考虑贯穿设计始终，从对外部气候及内部身体的需求进行分析以确定建筑性能目标，而后提出相关性能策略，到最后结合参数化设计与模拟对策略进行优化，具体如图4-41所示。

第一步：气候环境参数可视化分析

建筑所在的外部气候环境特征是建筑环境性能设计的重要基础。通过使用气象可视化与数据分析工具，将尽可能新的、地理位置尽可能准确的气象数据导入，即可对当地气候进行全面分析，对建筑

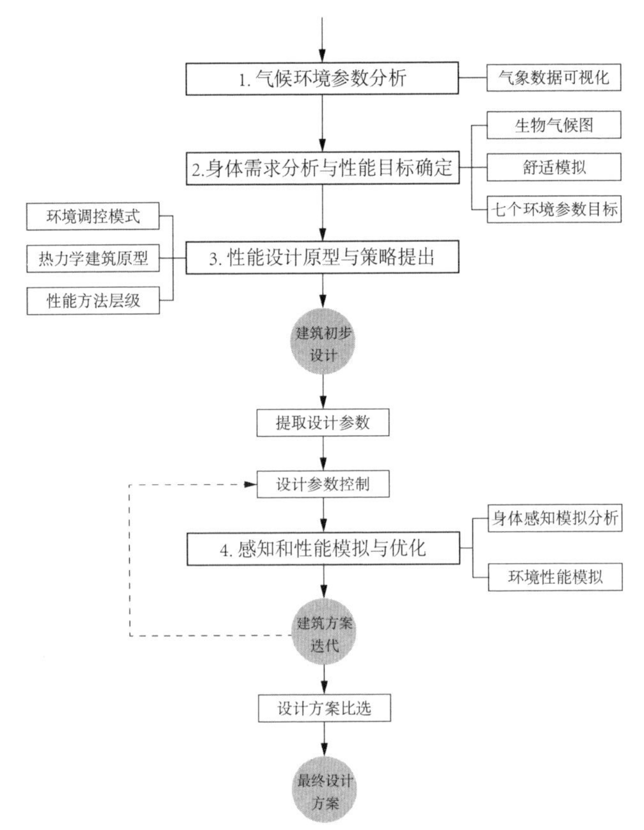

图 4-41 身体视角的建筑环境性能设计流程

的外部环境中的各个环境要素有清晰认知，包括空气温度、湿度、太阳辐射、风、降雨降雪等。

第二步：身体需求分析与性能目标确定

在外部气候环境的基础上，还需要结合建筑内部身体的需求进行分析，根据空间功能及身体对环境调控的需求，才能根据建筑热平衡和身体热平衡等式确定对环境参数的调控目标。此阶段的工具包括生物气候分析图、热舒适初步模拟等。

并且提取出与环境性能最相关的七个环境参数，包括照度、短波辐射、长波辐射、相对湿度、空气温度、空气流速、空气污染物浓度，将环境性能目标具体细化到这七个环境参数上。

第三步：建筑性能设计原型与策略提出

基于从传统及当代案例中已提取出的三种环境调控模式（选择型、保温型、再生型）、四种基础热力学建筑原型（遮阳棚、捕风塔、热池、温室以及其他）、五种层级的建筑环境性能设计方法（建筑场地、建筑体形、建筑空间、界面与材料、冷热源利用），根据具体项目的性能设计目标，从中确定合适的原型与策略，从不同环境参数出发的策略在文中总结。

第四步：身体感知和环境性能模拟及优化

得到建筑初步设计方案后，使用与参数化设计结合的“环境与感知数据采集-性能模拟-参数化设计集成平台”进行方案迭代，根据身体感知模拟而对身体的空间体验进行分析，以及对环境性能进行模拟，综合多个目标的分析从而对设计方案进行优化。

4.4.2 环境性能目标导向的策略及图解

基于三组环境参数的复合环境目标，即① 太阳要素相关的照度、太阳辐射温度；② 辐射加热或供暖相关的长波辐射温度、相对湿度；③ 气流运动相关的空气温度、空气流速、空气排放物浓度，提炼出的环境性能设计策略可以总结如下。

1. 长波辐射T_{LW}、相对湿度RH相关的环境性能策略

从长波辐射出发的性能策略分为得热或散热类，包括受到太阳辐射影响之后再释放的长波辐射部分。并且与辐射热传递相关的策略有效性往往与空气湿度相关，因此两个复合参数共形成四种类型的策略，主要包括建筑空间、界面与材料、冷热源利用的层级，如表4-18所示。

表 4-18 长波辐射、相对湿度相关的环境性能设计策略

环境性能目标	策略	说明
1. T_{LW}- 长波辐射散热	（1）屋顶水池	屋顶水池形成热质量体，日间蓄热强，降低内表面温度，夜晚朝向低温天空进行辐射冷却
	（2）种植屋顶	土壤与植被形成热质量体，日间蓄热，植物蒸腾作用进行冷却，降低内表面温度，夜晚朝向低温天空进行辐射冷却
	（3）水墙	日间水体与玻璃之间的空气储存热量，避免内表面温度快速升高，夜晚墙体将热量以长波辐射的形式释放

续表

环境性能目标	策略	说明
1. T_{LW}- 长波辐射散热	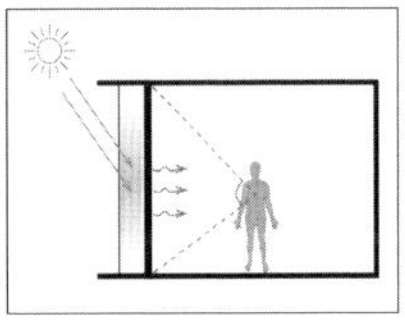 （4）特隆布墙	深色墙体利于吸收热量，日间与玻璃之间的空气储存热量，避免内表面温度快速升高，夜晚墙体将热量以长波辐射的形式释放
	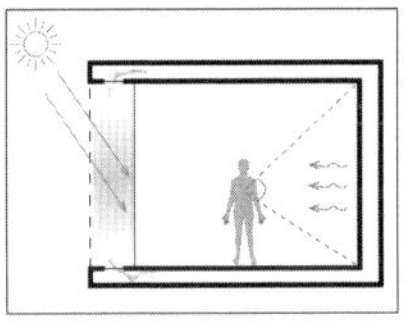 （5）热缓冲空间	在室外与室内主要活动空间之间的热缓冲空间，通过空气流动将从太阳辐射吸收的热量被动地再分布到建筑不同位置，降低内表面温度，减少长波辐射得热
	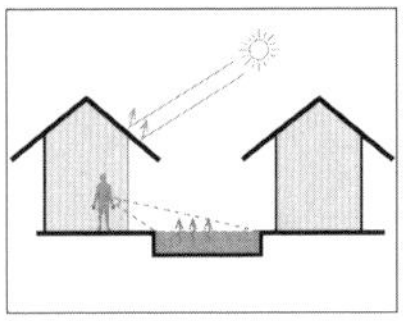 （6）院落水池	水体蒸发冷却，降低表面温度，促进辐射散热，形成光、热、声等多重感知体验（受相对湿度影响，蒸发冷却作用有限）。 ① 冷热源利用：土壤降低水温、雨水收集，可辅助机械除湿； ② 缓冲空间：院落与檐下空间热缓冲； ③ 低热质材料
2. T_{LW}-，RH+ 结合通风的长波辐射散热，增加湿度	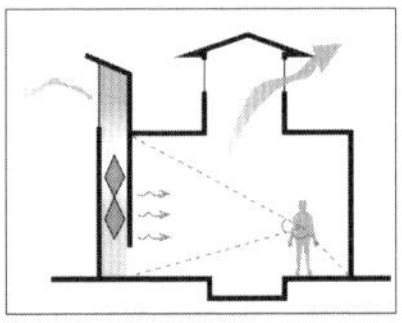 （1）结合捕风塔的空间	空气冷却后使界面温度降低，促进辐射冷却。 ① 冷热源利用：土壤降低水温，水、植物蒸发冷却，地源冷库冷却空气； ② 太阳烟囱促进热压通风； ③ 高热质材料
	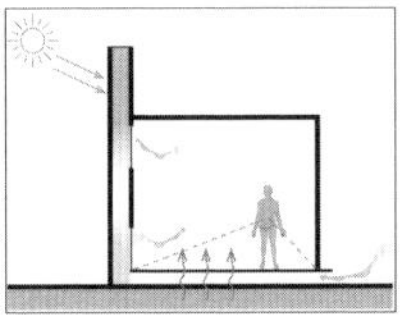 （2）结合太阳烟囱及地源冷库的空间	空气冷却后使界面温度降低，促进辐射冷却。 ① 冷热源利用：地源冷库冷却空气； ② 太阳烟囱朝阳侧使用深色材料增加吸热，促进热压通风； ③ 高热质材料

续表

<table>
<tr><th>环境性能目标</th><th>策略</th><th>说明</th></tr>
<tr><td rowspan="2">3. T_{LW}+，RH+/-
长波辐射得热</td><td>（1）结合建筑结构的热炕 / 热池</td><td>热气体 / 热水通过建筑墙体、楼板中的空腔，使建筑内表面升温，增加长波辐射得热；可结合水体，增加蓄热，同时促进对流换热。
① 冷热源利用：火炕加热空气，或地热能加热水体；
② 空间下凹嵌入地形；
③ 高热质材料</td></tr>
<tr><td>（2）结合烟囱的热炕</td><td>热气体通过建筑墙体、楼板中的空腔，使建筑内表面升温，增加长波辐射得热。
① 冷热源利用：火炕加热空气；
② 空间功能协同：根据热源位置、能量流动方向进行空间组织、布置相应功能；
③ 高热质材料</td></tr>
<tr><td rowspan="2">4. T_{LW}-，RH-
长波辐射散热，降低湿度</td><td>防冷凝辐射冷却原型</td><td>创新使用结合膜辅助的辐射系统，突破了高湿度空气对辐射系统的限制，可以有效在潮湿气候避免冷凝。
① 冷热源利用：地源冷水；
② 界面：整合到建筑界面中，不影响通风</td></tr>
<tr><td colspan="2">设计变量：
① 热活性界面面积大小：面积越大效率越高；
② 界面与身体的相对位置：包裹程度越大效率越高；
③ 界面的几何形状：平面、异形曲面等影响角系数；
④ 热活性界面温度；
几种常见变量取值及冷却效果见表 4-2- 表 4-4</td></tr>
</table>

2. 照度、短波辐射相关的环境性能策略

照度、短波辐射同为太阳辐射相关参数，随太阳射线直接对建筑环境产生影响，从而分别对应光环境与热环境。在大多数情况下，二者的调控目标一致，而也有少数矛盾的情况，因此总共形成4种类型的策略，主要包括建筑布局、体形、界面与材料的层级，如表4-19所示。

表 4-19　照度、短波辐射相关的环境性能设计策略

环境性能目标	策略	说明
一、I-，T_{SW}-：照度与短波辐射温度降低，间接导致长波辐射温度 T_{LW} 降低		
1. 整体布局	（1）地形、植被遮阳	场地布局结合地形、植被，利用外部环境要素遮挡阳光直射进入建筑室内，避免照度与短波辐射温度过高
	（2）紧凑布局	① 建筑密度较高； ② 建筑间距高 / 宽比（H/W 比）较大； 皆可以增加周围建筑之间的相互遮阳，减少建筑受到太阳辐射的面积
2. 建筑体形	（1）南北向布局	减少朝向阳光方向的建筑边长，降低受到的太阳辐射
	（2）形体自遮阳	通过建筑体量不同部分的朝向与布局，减少主要功能空间受到的太阳辐射
3. 建筑界面	（1）减小界面孔隙率	① 低窗墙比（WWR）； ② 遮阳装置：深檐屋顶，窗口的水平、垂直、整体式遮阳挡板，可调节式百叶，立面藤本植物遮阳； 减少太阳直射到建筑外界面的面积
	（2）定向遮阳与天空辐射冷却	非太阳直射方向的天空具有较高的长波辐射冷却潜力，可采用可调节的定向遮阳，使之能在有效遮挡直射太阳辐射的同时，不影响热界面对天空的辐射散热

续表

环境性能目标	策略	说明
4. 材料	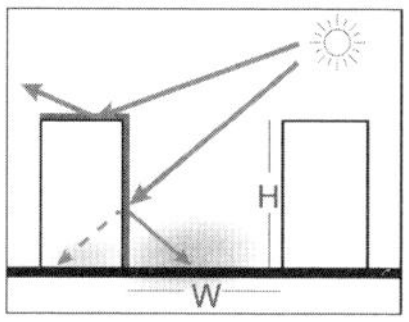 （1）室外界面反射率	屋顶外界面可采用高太阳辐射反射率、低太阳辐射吸收率的材料。立面外界面反射率过高会增加街道界面的热辐射，加剧热岛效应；适用于湿热、干热、温和气候区夏季防止得热
	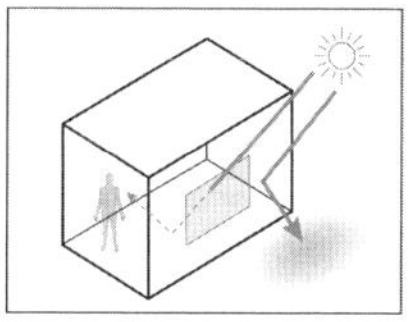 （2）室内界面反射率	室内界面可采用低辐射反射率材料，减弱室内照度强度
二、I+，T_{SW}-：减弱太阳辐射得热，但需增强室内自然采光照度		
1. 材料	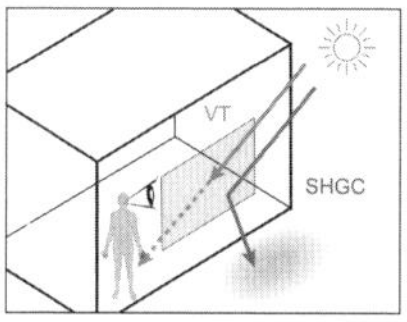 光热分离界面	可采用可见光穿透率（VT）高，太阳辐射得热率（SHGC）低的特殊玻璃用于建筑界面；适用于湿热、干热、温和气候区夏季防止得热但需要一定自然采光的空间
三、I+，T_{SW}+：照度与短波辐射温度升高，间接导致长波辐射温度 T_{LW} 升高		
1. 整体布局	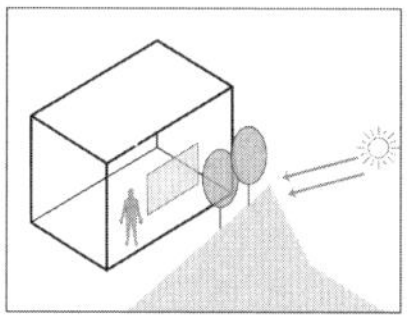 （1）向阳，减少遮挡	主要功能空间及界面朝向太阳直射方向，可利用地形减少建筑之间的相互遮挡
	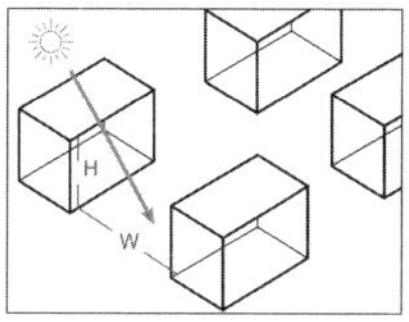 （2）松散布局	① 建筑密度较低； ② 建筑间距高 / 宽比（H/W 比）较低； 减少周围建筑之间的相互遮阳，增加建筑受到太阳辐射的面积

续表

环境性能目标	策略	说明
2. 建筑体形	（1）东西向布局	增加朝向阳光方向的建筑边长，增加受到的太阳辐射
	（2）增加辐射得热面	根据太阳直射方向，可适当增加或调整建筑界面的朝向，以增加受到的太阳辐射
3. 建筑界面	提高界面孔隙率	① 裸露型界面：屋顶无挑檐或短出檐； ② 较高窗墙比（WWR）； 增加太阳直射到建筑外界面的面积
四、I-，T_{SW}+：提高短波辐射温度，根据人需求尽量避免眩光		
界面与材料	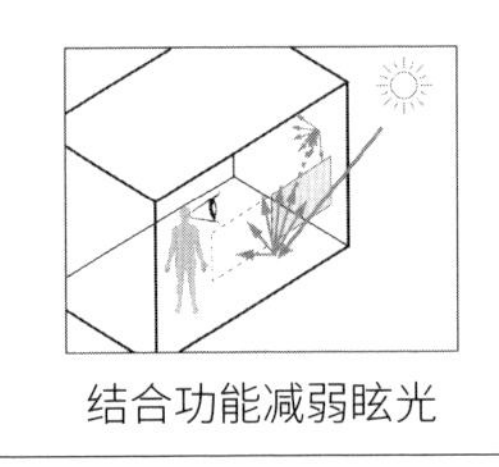 结合功能减弱眩光	① 开口位置：考虑太阳直射方向与室内功能布置，在 T_{SW}+ 基础上，根据人的活动需求避免直射光过强； ② 室内界面材料减弱直接反射，增强漫反射
五、I+/-，T_{SW}+/-：冬、夏季有不同的采光、辐射得热需求		
建筑界面	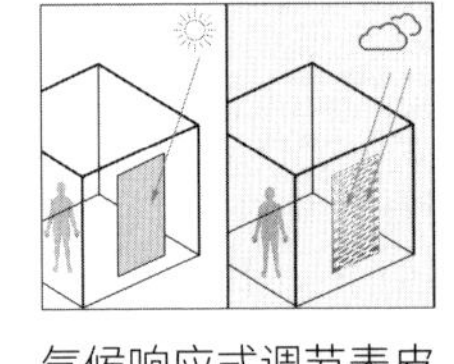 气候响应式调节表皮	比如通过使用基于 kirigami 剪纸结构的动态表皮，可以根据外部气候和内部需求，通过对表皮施加张力以产生形变，控制内部太阳辐射得热；适用于温和气候等夏季防热、冬季得热需求
	设计变量：（1）表皮单元尺寸；（2）表皮形变程度	

3. 空气温度、空气流速、空气排放物浓度相关的环境性能策略

空气温度、空气流速、空气中污染物浓度同为空气相关参数，受到建筑内外风环境及气流运动模式影响，与热环境调控及空气质量调控相关。主要根据热环境与空气质量调控目标的一致或不一致分成2种类型的策略，主要包括建筑布局、体形、界面与冷热源利用层级，如表4-20所示。

表 4-20　空气温度 T_a、空气流速 v、空气排放物浓度相关的环境性能设计策略

环境性能目标	策略	说明
一、T_a-，v+，c-：促进对流散热，同时提升空气质量		
1. 整体布局	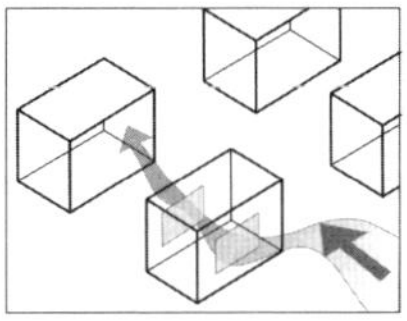 场地迎风，形成风道	体量间隙形成风道，结合场地风环境的界面开口位置、尺寸，促进对流通风
2. 建筑体形	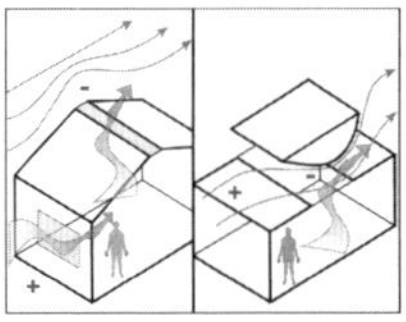 风压通风	利用文丘里效应，通过建筑形体形成气流正压与负压区域，使气流从正压流向负压区，促进风压通风
3. 建筑空间 与降低长波辐射温度、增加湿度 T_{LW}-，RH+ 策略耦合	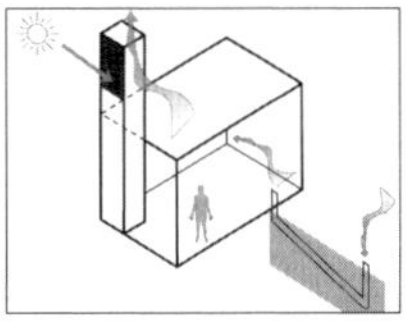 （1）热压通风 - 太阳烟囱	太阳烟囱朝阳侧使用深色材料增加吸热，促进热压通风，可结合地源冷库将空气进行冷却
	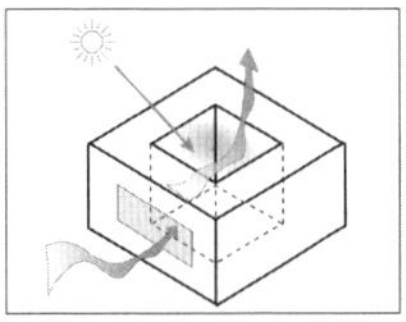 （2）热压通风 - 院落天井	建筑庭院、中庭或天井受到太阳辐射从而温度上升，促进热空气排出，冷空气进入，形成热压通风散热
	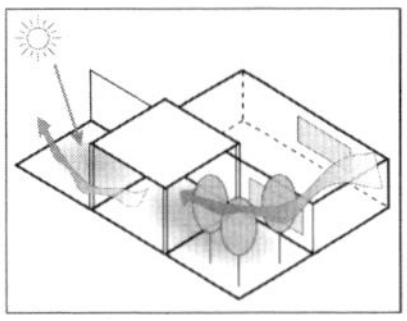 （3）热压通风 - 空间协同	考虑建筑庭院、灰空间、遮阴庭院等受到太阳辐射不同，形成不同的温度，通过对系列空间的协同组织，结合风向、风口，促进热压通风散热

续表

环境性能目标	策略	说明
4. 界面	界面开口交叉通风	开口迎风向，结合平面设置双侧开窗，促进对流通风
二、T_a+，v-，c-：减弱对流散热，提升空气温度，增强气密性，同时提升空气质量		
1. 整体布局	体量阻挡寒风	考虑寒冷季节主风向，通过周边地形、植被及建筑体量进行寒风阻挡
2. 建筑界面	气密性界面	降低建筑窗墙比，提升建筑气密性，减少热量渗透及冷风进入
3. 系统	热辐射系统与自然 / 机械通风耦合	热响应式建筑界面通过辐射热传递带来热舒适，将热调节与空气调节分开，可以使用自然通风或机械通风

4. 加强身体感知、行为与认知的环境性能策略

以上提出的环境性能设计策略从三组复合环境参数出发，将外部环境特征与建筑内部身体需求进行结合考虑，策略可溯源至对应的热力学建筑原型与环境调控模式，经过对传统与当代案例的分析而得到提取，然后通过本书的实验进行拓展。基于以上从环境参数出发的策略，结合“边界、方位、中心”三个身体与空间的共通意象，本书进一步总结了以下环境性能策略，以增强“环境-建筑-身体”在感知、行为、认知层面上的互动。

（1）从身体“边界”出发的环境性能策略

身体与空间的共同意象之边界从以下三个角度对性能设计策略产生关联：尺度、边界动势以及空间层次，如表4-21所示。

表 4-21　加强身体互动的环境性能设计策略 - 从身体“边界”出发

边界	策略	图解	说明
尺度	局部小空间强化体验与行为 例如：热炕		通过抬升地面或在厚墙中的凹空间，形成小尺度空间： 使用高热质材料，可配合冷热源的使用，形成蓄热能力强的热界面；与身体可以直接接触，冷热感觉在小尺度空间得到加强，增加身体与空间的亲密感。
边界动势	身体与界面的关系 例如：种植屋顶、屋顶水池、水墙、辐射冷却墙等		界面的温度、材料以及与身体之间的相对几何关系，在视觉与触觉上对身体形成“挤压”与引导，同时影响热感知。
层次	内外边界与空间层次 例如：缓冲空间		形成室外与室内之间的过渡空间，可作为热缓冲空间，在感知与活动场所上增加丰富度

尺度影响身体与空间的亲疏远近关系，超尺度的空间与身体的关系是疏远的，而小尺度空间则可以增强身体与空间的亲密感。因此在建筑中创造局部的小尺度空间，有利于增强身体在其中的知觉体验与行为。这种策略可以与材料、热界面等策略结合，比如使用高热质的混凝土等材料，则身体在小空间中与冰凉的材料直接接触，利于在炎热天气中获得舒适感。

边界动势与边界界面的大小、材料、形状、温度以及与身体的远近关系相关，通过多种感知与身体互动：通过视觉和非直接接触的皮肤触觉形成引导，比如人们一般顺应斜线往开阔处移动，同时通过辐射热传递与身体进行热力学互动，对应表4-18中与界面相关的策略。

边界的不同特质划分出了不同层次的空间，形成空间中的热感觉梯度，增加了感知与场所的丰富度。

（2）从身体“方位”出发的环境性能策略

身体与空间的共同意象之方位从以下两个角度对性能设计策略产生关联：非均质空间、时间维度上非稳态的空间，如表4-22所示。

表 4-22　加强身体互动的环境性能设计策略 - 从身体“方位”出发

方位	策略	图解	说明
非均质空间	冷热源与空间布局		创造非均质的空间，形成环境的空间梯度以及各向异性的光热感知； 比如：将能量流动方向与空间功能需求匹配，以及表 4-19与表 4-20 中在布局、体形、开口与界面上调控太阳辐射与照度、空气流动的策略
	调控从外部进入的自然能量		
非稳态空间	将室内环境的昼夜、季节变化控制在适度范围		既要避免稳态的均质环境，又要确保室内环境随时间的变化在舒适范围内； 比如：使用高蓄热的热质量材料
	在时间维度与空间中人行为模式匹配的热环境		充分利用建筑内部环境的昼夜、季节变化模式，与人对空间的使用模式匹配； 比如：人们昼夜分别在一层或二层的凉爽空间活动

均质、稳态是当代建筑环境面临的身体问题，设计应尽量创造非均质、非稳态的空间及体验，在舒适、健康及知觉体验层面促进身体与建筑的互动。

非均质空间及热环境的形成与两个因素相关，即内部冷热源与从外部进入建筑内部的自然能量。由于内部冷热源往往不像外部能量（比如太阳）具有周期性移动规律，因此需要在空间布局上着重考虑冷热源位置与各空间的热需求，使空间热环境形成渐变梯度，与活动功能适应。而对于外部能量的调控，则与表4-19、表4-20中与太阳辐射（照度I、太阳辐射温度T_{SW}）和气流运动（气温T_a、空气流速v、空气排放物浓度c）相关的策略对应。

时间上非稳态的空间，需要确保室内环境的变化不如外部气候变化剧烈，仍在舒适范围内，同时又要充分利用这种变化模式，与人对空间的使用模式匹配。

（3）从身体“中心”出发的环境性能策略

身体与空间的共同意象之方位从以下两个角度对性能设计策略产生关联：增加对热感觉的意识、场所塑造，如表4-23所示。

表 4-23　加强身体互动的环境性能设计策略 - 从身体“中心”出发

中心	策略	图解	说明
增加对热感觉的意识	动态调节		人们对环境调节策略可变性的感知利于增加对热感觉的意识，增加适应性； 比如：可动态调节的表皮或空间
	强调直接触觉		通过直接触觉通过传导获得的感知最及时、直接； 比如：与地面等界面结合的、与身体直接接触的辐射冷却 / 加热面，水体冷却 / 加热等
场所塑造	多重感知与联觉		热觉联觉：热池 - 水体、蒸汽、材质、色彩等； 冷觉联觉：结合蒸发冷却的院落 - 水体、植物、热压通风、声音等； 信息展示：将环境参数在空间中进行可视化展现给使用者

增加人们对热感觉的意识，目的是让人们在一定程度上意识到一个物品或场所具有热功能。第一个方法，是使用动态调节策略让人们感受到热环境调节的可变性。可调节的策略，无论是自适应或是通过人手动调节，都大大提高了对热过程的意识。第二个方法是强调身体通过直接触觉的感知，这种通过导热的互动具有及时性与不可否认的真实性。两种方法都有利于让人对场所的热品质产生愉悦与喜爱之情。

增强人们对热感觉的意识，利于进一步塑造场所，在这个过程中需要关注冷热感知与其他感知之间的联动关系。多重感知相关策略不仅通过热力学互动影响冷热感知，还通过增强身体知觉体验，在精神层面与象征意义、社会文化发生关联。

4.4.3　样本研究：黄浦江杨浦大桥水质自动监测站改造工程

黄浦江杨浦大桥水质自动监测站改造工程[1]属于上海杨浦大桥公共空间与综合环境工程的一部分。项目临近黄浦江的杨浦滨江段，基地周边包括多栋历史建筑，北侧为历史保护建筑三新纱厂，东侧为历史保护建筑电站辅机厂，西侧为新改建的党群服务站，处于内涵丰富的工业遗产建筑群中（图 4-42，图4-43）。

1　项目负责人李麟学，主要建筑师周凯锋、刘旸、孔明姝、何润等。

图 4-42　沿黄浦江远景鸟瞰

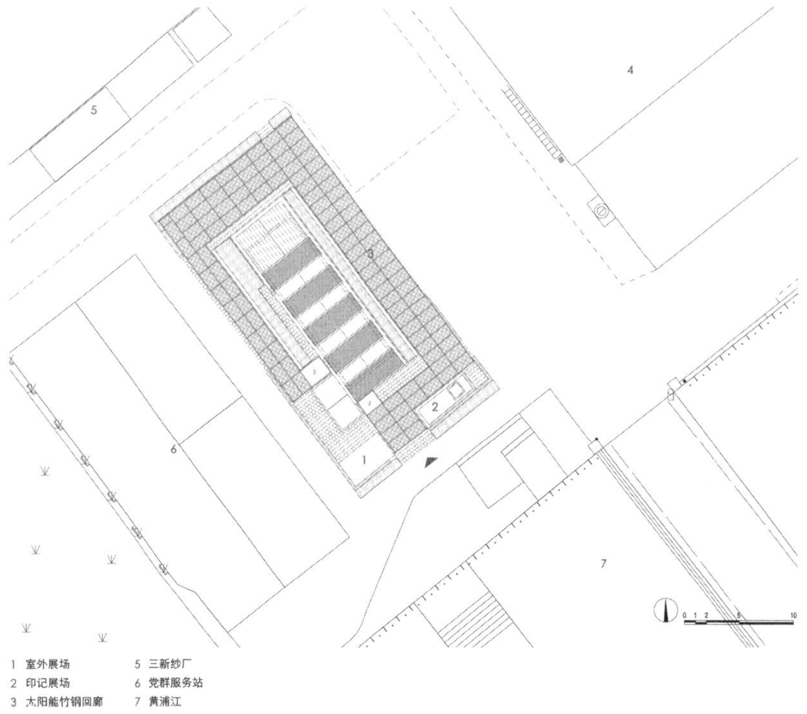

图 4-43　总平面图

图 4-44　改造前现状照片

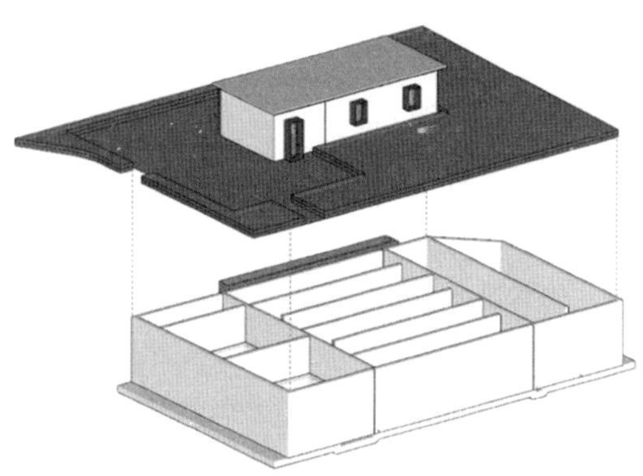

图 4-45　改造前现状示意图

改造后的滨江水质监测站将变在保留水质监测设施的基础上，开放大部分空间成为公共空间，作为杨浦大桥滨江段公共空间的一部分。首先是地面的绿地空间与大桥公园形成绿地的延续，打造具有生态标志性的基础设施；其次是结合展示、科普与体验打造以“水”为主题的体验空间。

项目拟将改造与热力学技术相结合，同时应用“光储氢微网系统”，实现能源自给自足的“近零碳水质监测站”。

1. 项目改造前状况分析

如图4-44和图4-45所示，场地内既有建筑包括地面和地下两部分。地面建筑为5m（长）×12m（宽）的监测站站房，周边为院落和景观树池，地下部分为原污水处理池，包括集水池、污泥池、二尺池等，总面积约380m²。

改造保留站房主体、院落格局、下部界墙和部分景观树池，在保留场地印记的基础上进行立面改造；并且保留地下水池，因为由混凝土筑成的地下水池层高充足，有潜力改成可供人们进行活动的展览空间。由此可在尽量减少新建部分的同时，对原有建筑结构进行再利用；并且通过对地下空间的利用，减少对地面层绿地植被的占用。通过减少新建部分，同时使用低碳建材，充分发挥场地植被的固碳作用，可以达到减少项目隐含碳排放的效果。

由于改建后的站房仍需要保留作为水质监测站的设施功能，需要考虑连接站房到黄浦江江边进行取水的水管线路设置，水管从站房出发，需要越过江边防汛墙外侧。总之，此改造项目在各方面都需要考虑与场地现状的融合。

2. 基于气候环境参数的可视化分析

上海（北纬31.4° N，东经121.5° E）属于亚热带季风气候，按柯本气候分类法，首先属于温和气候，其次在温和气候中属于温暖常湿类，最后根据夏季温度归类属于夏季炎热类，柯本气候分类为Cfa。根据以2004—2018年气象数据整合的典型年数据（TMY），全年四季分明，其中春秋较短，冬夏较长，并且日照充足，雨量充沛。主要气象参数如表4-24所示。

表 4-24 上海主要气象参数

空气温度					空气湿度、流速		太阳轨迹及辐射		
年平均气温（℃）	最热月平均气温（℃）	最冷月平均气温（℃）	全年最高气温（℃）	全年最低气温（℃）	年平均相对湿度（%）	年平均风速（m/s）	夏至日太阳高度角（°）	冬至日太阳高度角（°）	年平均日累计太阳辐射总量（Wh/m^2）
17.4	29.2	4.2	36.6	-5.1	70%	2.9	82.0	35.1	4822

（1）空气干球温度

基于EPW气象数据，读取出典型年份全年共8760个小时的干球温度、湿球温度和露点温度数值。全年平均气温为17.4℃，从月平均气度来看，1月份的平均干球温度最低，为4℃，7月份的平均干球温度最高，为29℃；二者之差为25℃，属于较大的气温年较差，反映出季节性的气候区别较大，对应建筑性能设计中夏季散热与冬季保温的矛盾。6月、7月、8月为温暖季节，其中7月最热，干球温度在25.2～36.6℃之间。寒冷季节为12、1、2月，平均气温在8℃，其中1月最寒冷，干球温度在-5～12℃之间。

从每小时平均气温来看，一天中气温最高值与最低值之差为气温日较差，可以由图中横轴每个位置上粉色区域沿纵轴方向高度体现，类似地在全年昼夜温度差异图中也可以体现（图4-46）。全年平均气温日较差约为6℃，比如1月份平均每日最高干球温度为8℃，每日最低干球温度为2℃；7月份平均每日最高干球温度为31℃，每日最低干球温度为26℃。

（2）空气湿度

上海全年较湿润，全年平均相对湿度为70%，各月平均相对湿度变化幅度较小，在64%～77%内，其中6～11月各月平均相对湿度基本在70%以上，而剩余半年（12～5月）月平均相对湿度略低。

每日最高相对湿度常在80%～90%范围内，每日最低相对湿度根据季节变化较大。总体来说，昼夜相对湿度差异较大（图4-47）。根据一般情况，相对湿度在40%-70%范围内可以保证人体蒸发过程的稳定。上海全年相对湿度在此范围内的时间仅为30%，而67.5%的时间相对湿度大于70%，2.5%的时间相对湿度低于40%。尤其夏季6～8月的上午与夜间相对湿度较高。

（3）太阳辐射

全年太阳辐射较强，年平均日累计太阳辐射总量为4822 Wh/m^2。通过对全年的天空穹顶辐照度进行累计，并与太阳轨迹图叠合，可以发现在夏至及其附近，此时正午太阳高度角较大，而正午之前的部分早上、正午之后的部分下午累计辐照度值最大（图4-48）。

各月累计值差异较大，其中3～8月累计基本在25 kWh/m^2以上，9～2月则基本在20 kWh/m^2以下。并且由于相对湿度较高，导致漫射辐射较强，尤其是相对湿度较高、云层覆盖率较高的5～8月（图4-49）。

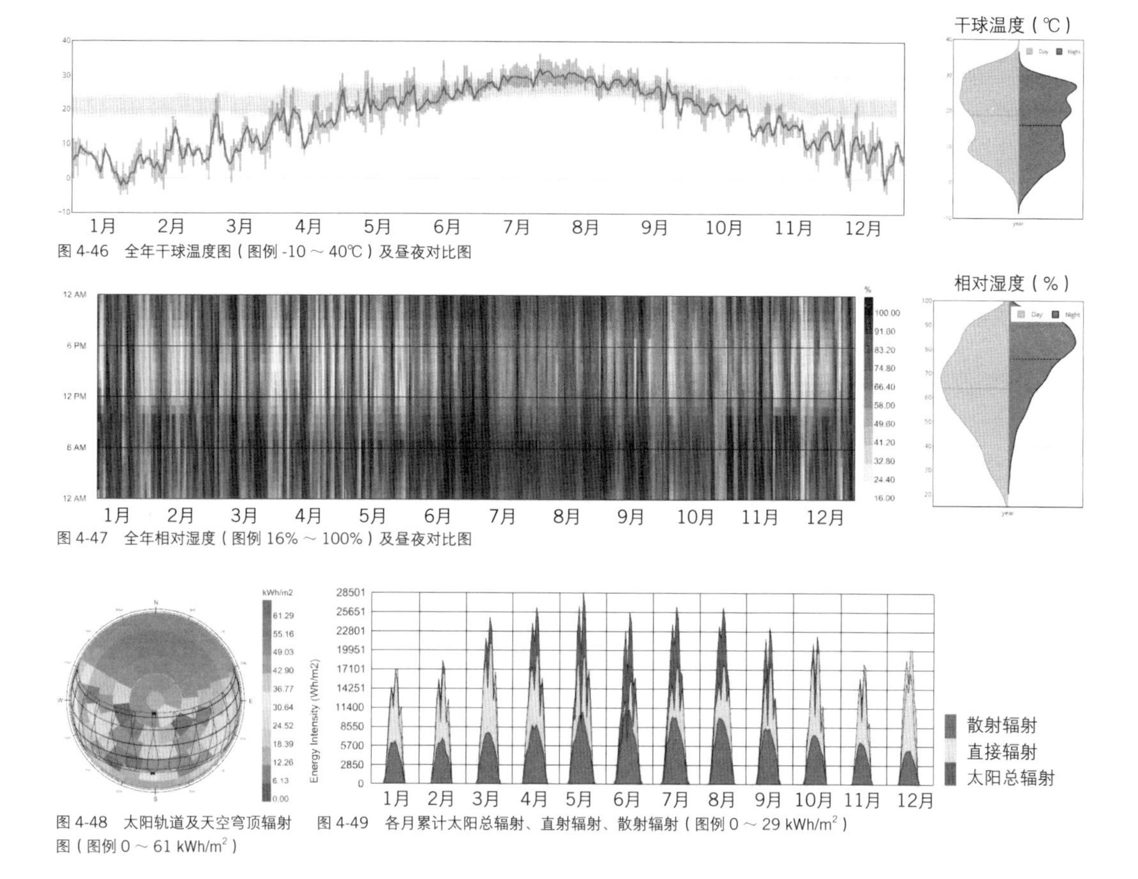

图 4-46　全年干球温度图（图例 -10 ～ 40℃）及昼夜对比图

图 4-47　全年相对湿度（图例 16% ～ 100%）及昼夜对比图

图 4-48　太阳轨道及天空穹顶辐射图（图例 0 ～ 61 kWh/m²）

图 4-49　各月累计太阳总辐射、直射辐射、散射辐射（图例 0 ～ 29 kWh/m²）

（4）风向与风速

气象数据中的风相关信息为地面上方10m高度的广域小时风矢量。从风速上看，全年的平均小时风速随季节变化不大，多风阶段从11月～5月，平均小时风速超过5m/s，风速较低的阶段为5月～11月，平均小时风速为4.7m/s。

采用通用舒适模型UTCI对室外舒适区间进行划分，区分出炎热和寒冷时期的风。一般来说UTCI模型的舒适范围大致在干球温度为9～26℃的区间内，当UTCI指数>0，意味着产生热应力时，主导风向主要为东南与南方向；当UTCI指数<0，意味着产生冷应力时，主导风向为东北方向（图4-50）。

3. 身体需求与性能目标确定

（1）身体视角的需求分析

输入上海的气候状况，根据UTCI指标首先进行无建筑情况下的室外热环境评价，得到全年室外热舒适时间为43.6%。当不考虑风时，全年室外热舒适时间增加至48.2%，11-4月期间的冷应力得到降低，说明此时间段内风属于增加不舒适比例的因素。当不考虑太阳辐射影响时，比如运用遮阳手段，全年室外热舒适时间可提升至48%，如图4-51显示，5-10月白天段的变化较为明显，产生偏热感觉的时间大大减少。因此冬夏两季分别需要对应不同的遮阴或挡风策略。

针对建筑室内的情况，导入基础气象数据，采用美国ASHRAE标准的基础舒适模型进行计算，可

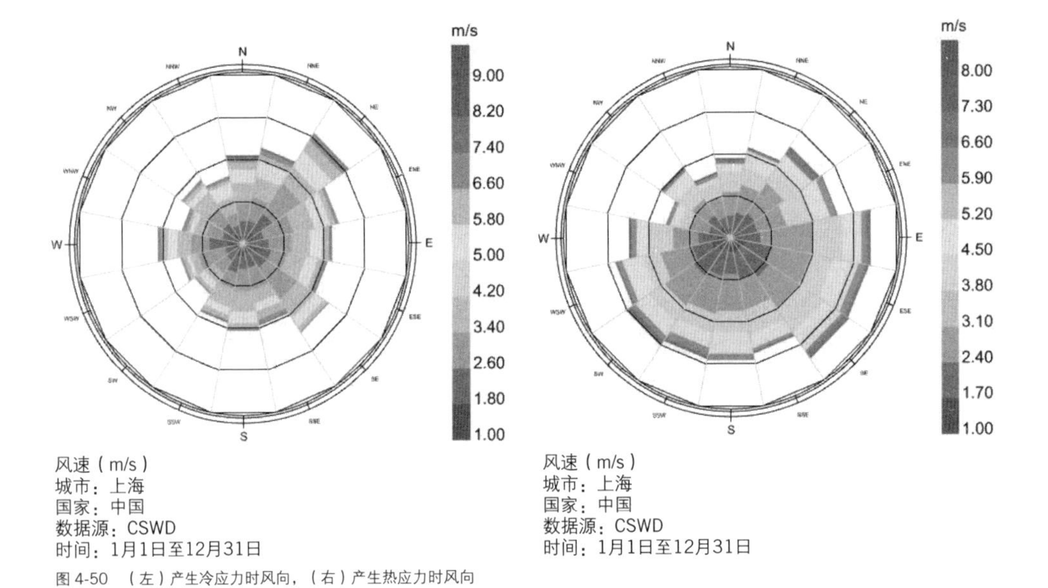

图 4-50 （左）产生冷应力时风向，（右）产生热应力时风向

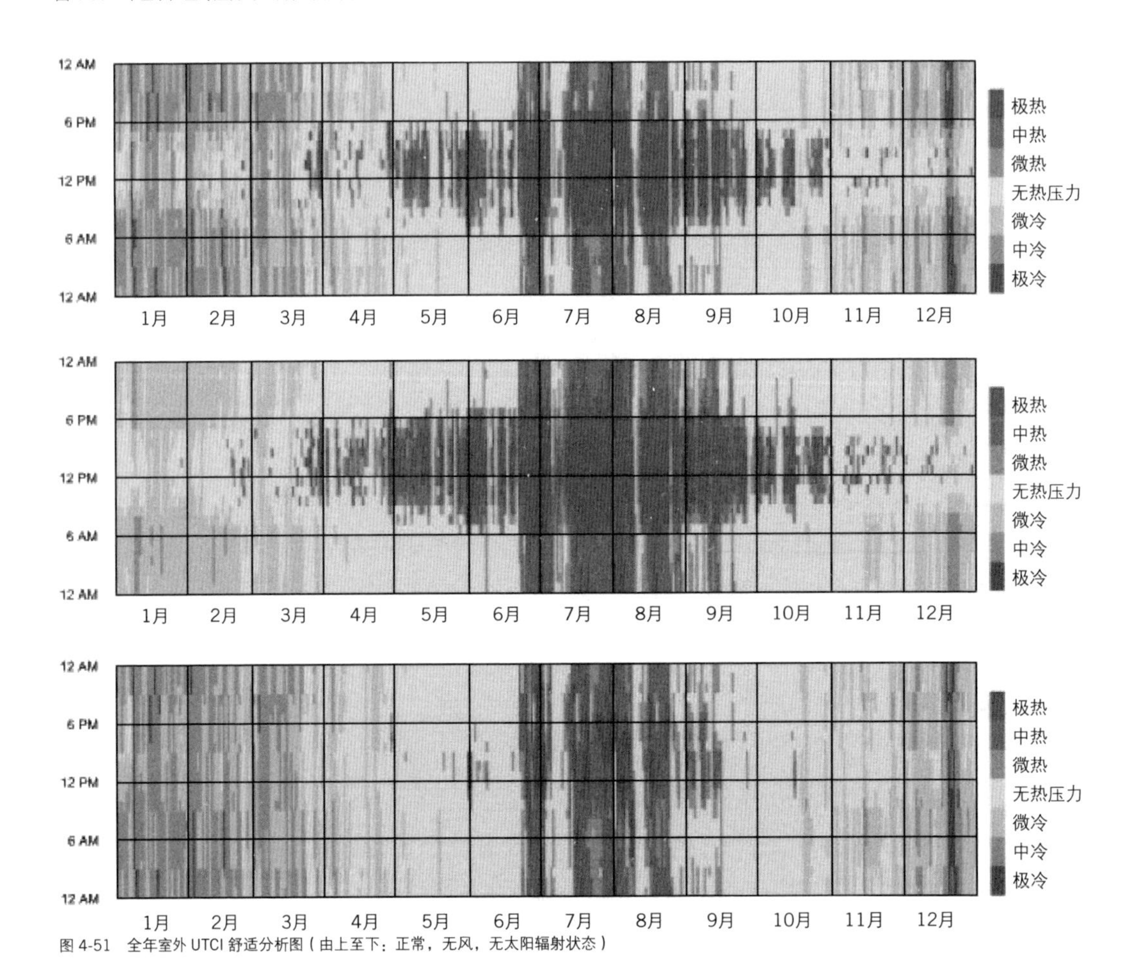

图 4-51 全年室外 UTCI 舒适分析图（由上至下：正常，无风，无太阳辐射状态）

以得到全年的舒适时间比例为9.7%，采用优化后的整合进入太阳辐射要素的舒适模型后，全年舒适时间提升为12.5%。对比添加太阳辐射进入计算模型前后的生物气候图（图4-52），可以发现对11-4月这几个较冷月份而言，修正后的最大干球温度有提升，比如图中红色圆点所示，4月份的最大干球温度升高后，整个月份中部分时段进入舒适范围。而对于其他较温暖的月份而言，太阳辐射属于过剩状态，因此相对应地采用遮阳策略后，舒适时长并无变化。

如图4-53所示，针对建筑室内的全年舒适时间提升为12.5%，分别由7.2%的遮阳阻挡太阳辐射和5.3%的太阳辐射获得这两部分构成，前者主要在5月、10月实现，后者主要在4月、11月实现，皆为春秋过渡季节期间。从各种主动或被动式策略的全年占比图中可以发现，如若采用被动式太阳采

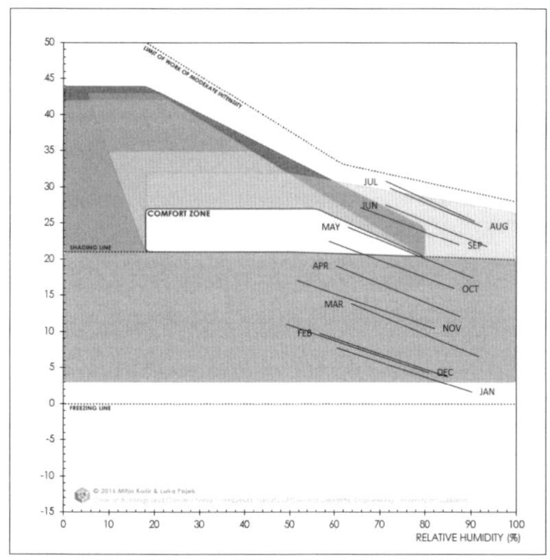

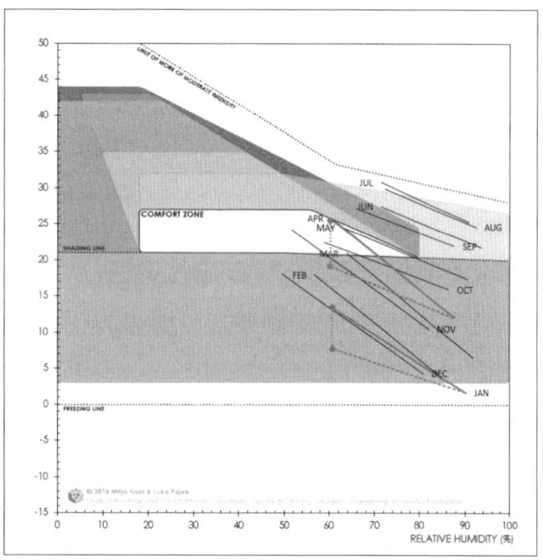

图 4-52　全年生物气候分析图，（左）不考虑太阳辐射；（右）考虑太阳辐射

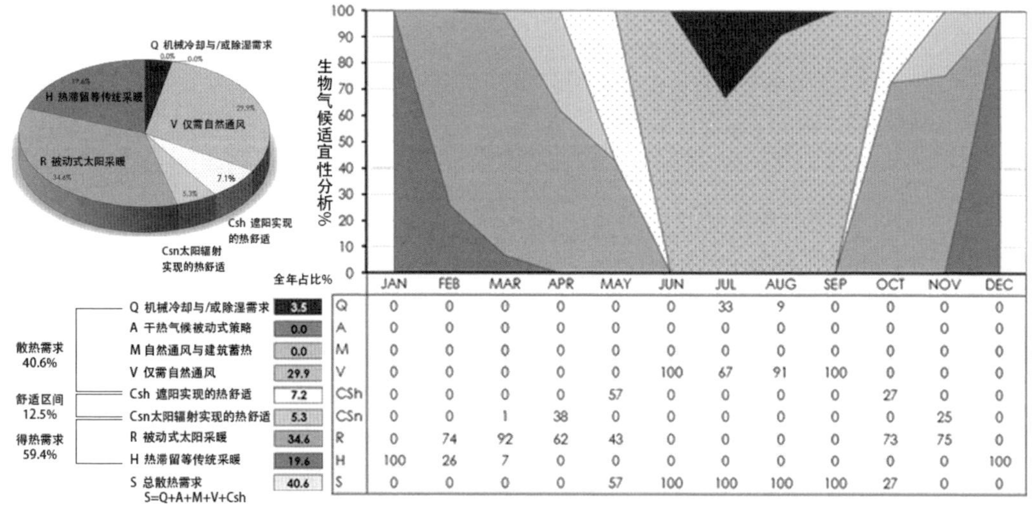

	全年占比%	JAN	FEB	MAR	APR	MAY	JUN	JUL	AUG	SEP	OCT	NOV	DEC
Q 机械冷却与/或除湿需求	3.5	0	0	0	0	0	0	33	9	0	0	0	0
A 干热气候被动式策略	0.0	0	0	0	0	0	0	0	0	0	0	0	0
M 自然通风与建筑蓄热	0.0	0	0	0	0	0	0	0	0	0	0	0	0
V 仅需自然通风	29.9	0	0	0	0	0	100	67	91	100	0	0	0
Csh 遮阳实现的热舒适	7.2	0	0	0	0	57	0	0	0	0	27	0	0
Csn太阳辐射实现的热舒适	5.3	0	0	1	38	0	0	0	0	0	0	25	0
R 被动式太阳采暖	34.6	0	74	92	62	43	0	0	0	0	73	75	0
H 热滞留等传统采暖	19.6	100	26	7	0	0	0	0	0	0	0	0	100
S 总散热需求 S=Q+A+M+V+Csh	40.6	0	0	0	0	57	100	100	100	100	27	0	0

图 4-53　全年生物气候策略建议及对应全年舒适时间百分比

暖可以使全年34.4%时间的热环境状况进入舒适范围，该策略主要在2～5月、10～11月期间适合使用。而更为寒冷的12～1月更适合采用热滞留等传统采暖手段，这将会补偿19.6%的舒适时间。6～9月间，影响舒适的主导方向变为散热需求，除去7月部分时间与8月少部分时间（共占全年3.5%）需要机械冷却结合除湿以获得舒适，其余时段利用自然通风即可补偿29.9%的舒适时间。综合全年来看，在12.5%的舒适时间基础上，在合适的时间使用适宜的被动式得热、散热策略将能使舒适时间提升至77.1%，剩余的22.9%将通过主动式策略进行补偿。

（2）建筑性能设计的目标确定

由于上海属于典型温和气候，全年舒适时间百分比较高，基本在过渡季节时间段内，而冬夏季节的性能目标差异较大。以夏季为例，当地气候对人体产生的不利因素，主要包括眩光以及高温、相对较高的湿度带来的热感觉，因此关键需求为降低太阳辐射获得，同时包括可见光部分及热辐射部分（I-，T_{SW}-），夜晚时热舒适比例升高。同时需要降低长波辐射温度（T_{LW}-），并且全年较湿润，湿度过高影响身体蒸发散热，因此需要除湿（RH-），减少环境通过辐射热传递阻碍身体散热。对流散热为身体主要散热方式，降低空气温度，促进自然通风，同时有利于提升空气质量（T_a-, v+, c-）。而冬季时，除空气质量外其他参数都要求相反，因此需要考虑冬夏适应性（I+，T_{SW}+, T_{LW}+, RH-, T_a+, v-, c-）。

4. 不同建筑层级的性能设计策略

由于当地气候属于温和型，冬夏差异较大，因此对应的环境调控模式与原型绝非单一，而是为应对复杂性能目标而形成的混合模式。对于夏季偏湿热类型的气候，适合采取“选择型”调控模式和遮阳棚原型，重点是对过量的太阳辐射进行遮挡，同时保持较开放的围护结构界面，以促进自然通风，通过对流散热。并且对于夏季的湿热气候，有部分时间需要使用机械设备进行冷却除湿才能达到舒适，因此还需要配合“再生型”调控模式。

然而对于改造前的建筑现状，地面部分为单层平房，无挑檐屋顶或遮阳设施，受到太阳辐射后得热较多，不利于达到夏季时的热舒适。另一点需要注意的是地下部分，虽然地底受到周围土壤的保温或保冷作用，温度变化不如室外空气那么剧烈，然而夏季时仍旧需要降低地下空间内的热感觉。为了将地下水池改造为展厅，需要将部分地面层楼板打开，则在考虑促进室内自然通风策略时，可以将一层与地下层协同考虑，使用捕风塔结构促进通风。

（1）建筑场地层面的性能设计策略（I-，T_{SW}-）

对应“遮阳棚”原型的“选择型”调控模式，并且考虑一层场地上绿地空间的室外热舒适及建筑内部热舒适，则可以采用增设遮阳棚的策略，为一层建筑、室外场地提供对太阳辐射的遮挡。同时，围绕建筑一圈的遮阳棚创造了半室外空间，为滨江绿地与站房之间提供了缓冲空间，为人们提供遮阴、休息的场所。并且可以考虑将太阳能光伏板用作遮阳长廊顶部的遮盖物，可以对太阳辐射有较高的利用率（图4-54）。

（2）建筑体形层面的性能设计策略（I-，T_{SW}-）

原有建筑体量即为长边沿南北方向，面向南向的界面较窄，利于减少太阳辐射得热。如图4-55所示，由于功能需求，一层的水质监测站房面积需要增加，则沿南北方向扩展体量。通过对建筑体量各截面全年累计受到的太阳辐射进行模拟，可以发现顶面受到辐射最高，全年累计近1700 kWh/m^2，其

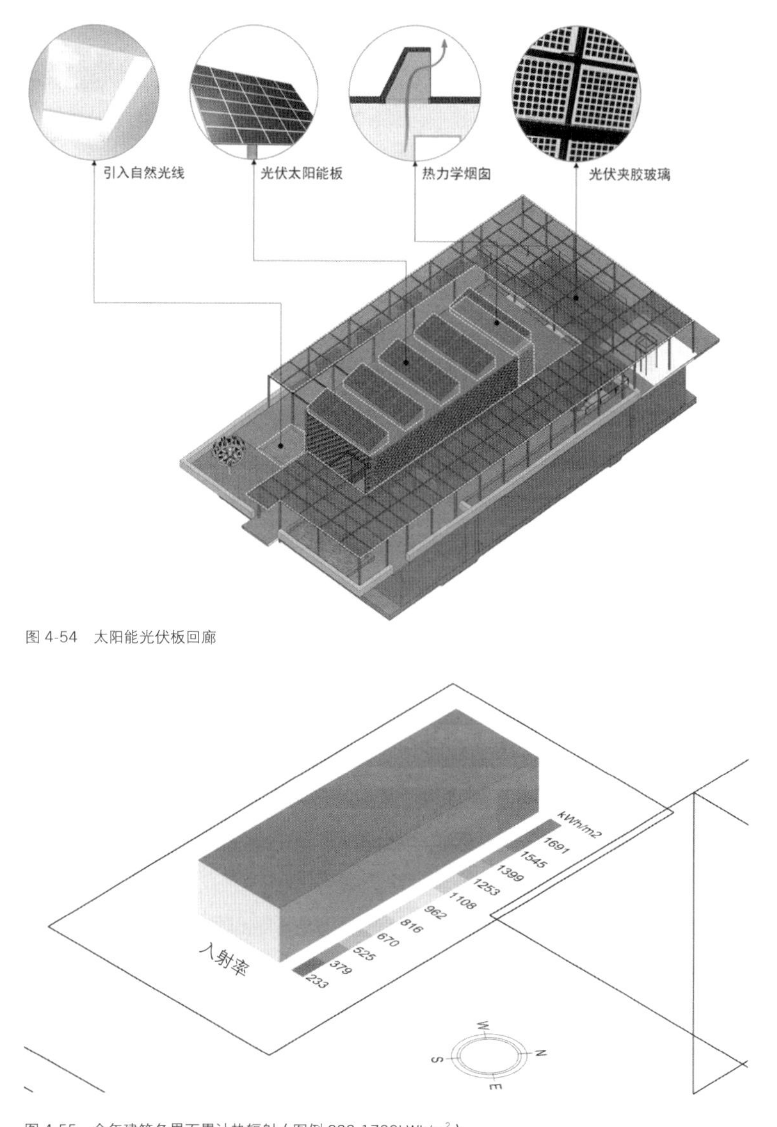

图 4-54　太阳能光伏板回廊

图 4-55　全年建筑各界面累计热辐射（图例 233-1700kWh/m^2）

次是南面，为1000 kWh/m^{2}左右，而其他立面则大大减小。此种策略配合沿建筑一圈的遮阳长廊，使一层建筑的各个立面受到的太阳辐射进一步减少。

（3）建筑空间层面的性能设计策略

① 既有结构改造

在地上和地下空间设计，特别是地下展厅空间设计中，利用原有的混凝土结构墙体并进行加固处理，延长原有材料的使用时长，等同于减少平均每年的材料隐含碳排放。地下部分原为蓄水池，空间大多被切分为长条状，过于闭塞，不利于展陈空间使用，因此对墙体进行开洞处理，克服了墙与墙间距过窄的问题，增加视线互动（图4-56）。

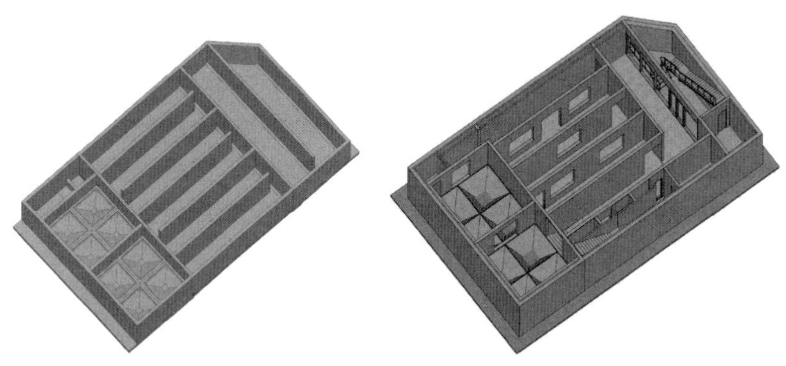

图 4-56　（左）地下空间原状，（右）地下既有结构开洞示意图

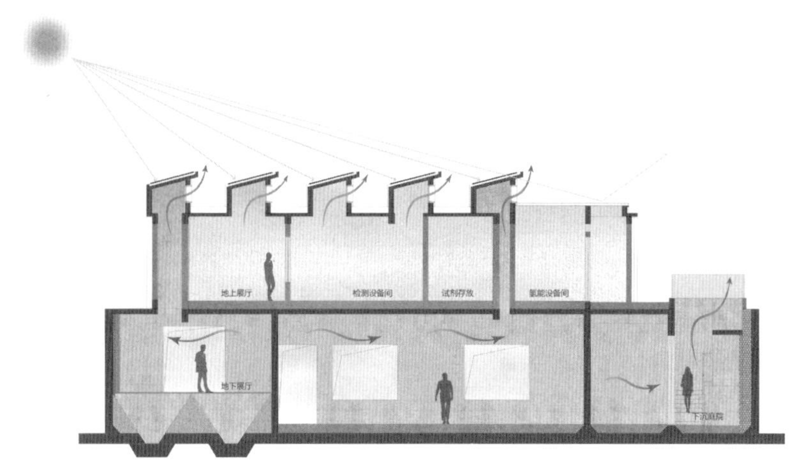

图 4-57　热力学烟囱、太阳能与热压通风分析

同时为了增加地面通往地下空间的路径，在地下部分的东侧和北侧设置了楼梯，并把对应上空的地面层进行开洞，形成了露天开敞空间，使人们在走向地下层的时候不会觉得幽闭。

② 热力学烟囱与热压通风（T_a-, v+, c-）

为了促进地面层站房及地下空间的通风，在一层建筑屋顶上加建太阳烟囱，总共5组，其中2个贯穿到地下展厅。并在烟囱顶部北侧设置电动开窗，在烟囱朝南面放置太阳能光伏板。光伏板在吸收太阳辐射时，同时自身也会升温，以此促进对烟囱上部空气的加热，从而促进热压通风，将室内热空气排出。类似的热压通风原理也在地下庭院处得到运用，太阳照射下地下庭院得到升温，促进空气上升，使冷空气进入室内（图4-57）。

（4）建筑界面与材料层面的性能设计策略

场地新建连廊结构使用竹钢作为主要材料，这是一种基于生物质的高性能复合材料，在其生长周期内大量固碳化，因此可被视作“负碳排”材料。毗邻三新纱厂、电站辅机厂等保留建筑，站房外立面使用预制混凝土砌块，在颜色与形式的渐变上体现出对传统砖肌理的转化与演绎。同时在有窗户的位置，砖砌立面可形成玻璃外侧的遮阳结构，通过各个小单元的开口引入适量光线，同时增加了私密性。

（5）冷热源利用层面的性能设计策略（T_{LW}-）

地下层即使设置了庭院开口，仍旧难以形成充足的自然通风，为了满足夏季的热舒适需求，需要使用辅助冷却系统。为了将冷却系统调节热舒适与太阳烟囱、热压通风等策略形成较好的协同作用，则采用辐射冷却建筑界面。选取地下空间离开放庭院最远、即自然通风最难以到达的一端，在墙面上布置毛细冷水管，与结构形成一体，形成温度较低的界面，可以让身体向其进行辐射散热以进行冷却。并且在建筑内部安装多种传感器，例如温度、相对湿度、CO_2浓度等，能感知室内环境并根据人体热舒适需求进行主动调节。

（6）加强身体感知、行为与认知的环境性能策略

从身体与空间的共同意象出发，主要采取边界与空间层次、空间布局与非均质环境、塑造多重感知中心的策略。在边界层面，需要通过增加了室内外边界的丰富度，以形成室内外过渡空间。比如场地层面的遮阳围廊策略（*I*-，T_{SW}-），可以有利于为建筑与周围景观场地之间提供半室外活动场所。

在方位层面，需要营造非均匀的空间以增强非均匀环境对身体的刺激。对于地面层而言，空间各向异性的主要影响因素为变化的太阳辐射强度和方向，通过建筑形式调节身体对天空的角系数，可以有效改变身体的热感知；而对于地下层，除了部分空间可受到太阳辐射直射外，其余的大部分空间主要通过辐射冷却墙及通风来调节空间热环境，其中“冷源”辐射界面与身体的几何关系成为感知异向性的关键因素。

在中心层面，对于整体公共空间改造而言，需要塑造中心场所调动人们丰富的感知。以地下层的展厅空间为例，通过给原有墙体和地面层开洞，达到增加空间连通性、引入自然光的效果；同时还需要充分利用主要展厅空间。如图4-58所示，地下层南端原为两个与中部水池区分开的水池（二沉池），改造后拟保留原有构造，在水池上方设置玻璃地面，将水池作为展陈内容，使人们可以向下观赏到原有的水池，则南部展陈空间地面层高于中部区域，空间高度被压缩，达到了缩小空间尺度以增强身体感知的效果。同时，空间内的冷感主要来源于结合毛细水管的辐射冷却墙面，可使之部分外露，让人们可以看到、感受到冷却面的存在，并且结合展厅内与水相关的元素，调动多重感知。

5. 性能及感知模拟与策略优化

（1）半室外公共空间微气候

在一层建筑外沿设置遮阳围廊时，为了提高场地内对可再生资源的利用，经过能耗预测模拟与光伏系统产能计算，在建筑屋面和连廊处分别放置25片和105片太阳能光伏板，结合氢储能设备，实现

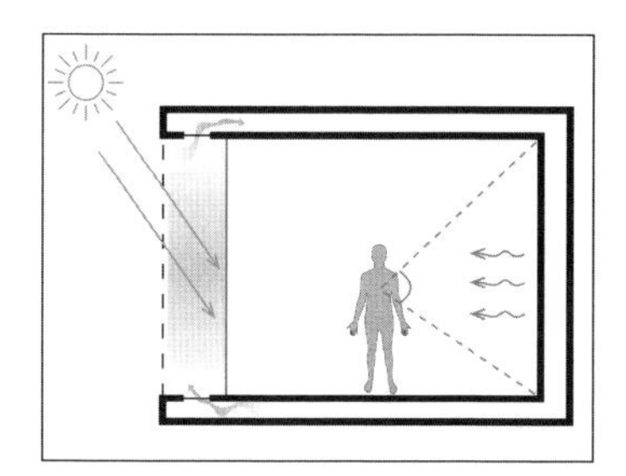
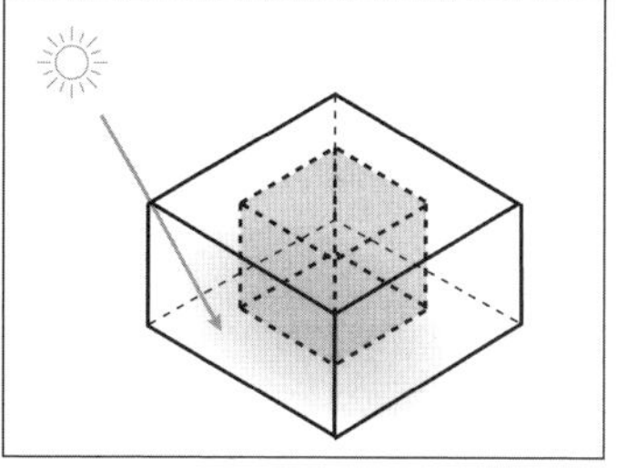
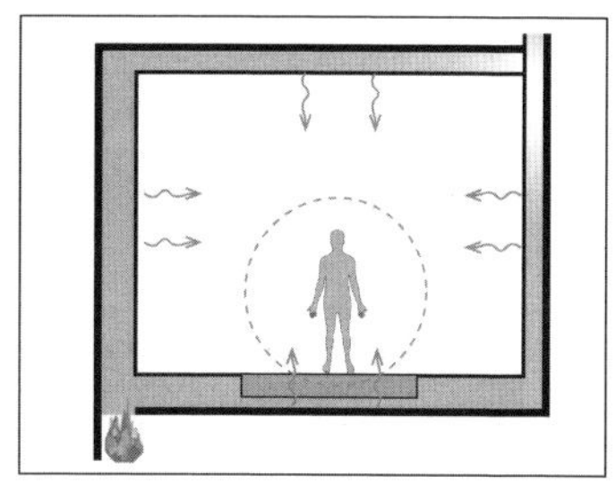

图 4-58 边界：内外边界与空间层次，方位：冷热源与空间布局，中心：多重感知与联觉

图 4-59　太阳能光伏夹胶玻璃与竹钢回廊

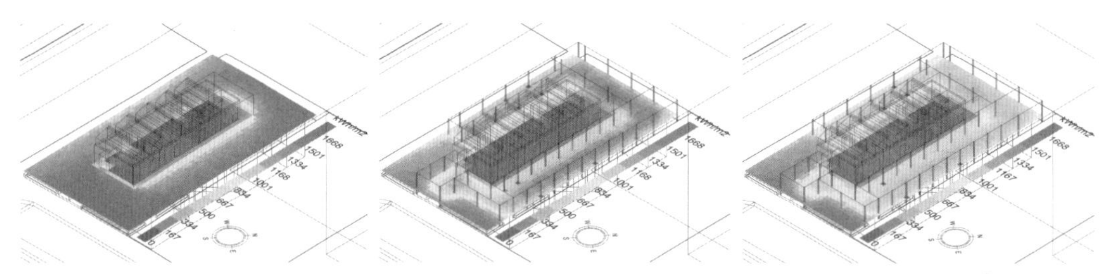

图 4-60　全年累计太阳辐射（左）无围廊，（中）有围廊，非透明顶面，（右）有围廊，顶面 20% 穿透率，（图例范围 0-1670 kWh/m^2）

耗能与产能的平衡。则遮阳围廊可以实现三种功能：遮阳、太阳能光伏板产生电能、流线引导。

然而考虑到围廊作为公共活动空间，顶部完全非透明的遮挡会影响人在其中的感受，在遮挡太阳辐射的同时也遮挡了光线，影响了人对周围开敞环境的感知，破坏了公共空间的休闲娱乐属性。并且，考虑到上海气候的冬夏差异，全年有部分时间并不需要对太阳辐射进行过度遮挡。综合以上两点原因，设计考虑采用具有穿透率的太阳能光伏板（图4-59）。

对整个场地平面做全年累计太阳辐射模拟（图4-60），可以看到在无围廊时，室外较均匀地受到极高辐射，最高近1670 kWh/m^2，而添加围廊后，尤其是当顶部为非透明面时，场地内受到的累计辐射大大降低，仅有南侧入口处较高，其余位置基本在200 kWh/m^{2}以下；围廊与站房之间的空隙受到的辐射较高，可达800 kWh/m^{2}左右，增加了空间热环境的层次。而将顶面替换成为具有20%穿透率的太阳能光伏板后，围廊下整体增加幅度不大，上升到350 kWh/m^{2}左右。总共对穿透率进行了0～50%范围内的测试，最终结合光伏板发电效率而确定。

（2）室内光环境与视觉舒适

整个水质站改造项目中主要在两处地方加了采光天窗，一是与一层站房上加建的捕风塔结构结合的采光天窗，二是在局部室外地面层设置了采光玻璃，或直接开洞，为地下空间或地下庭院引入自然光线（图4-61）。

对室内一层及地下层进行照度模拟以评估其光环境，由于一层室内容纳办公等功能，对采光需求为450 lux，而展厅则较低，为150 lux。根据模拟出的照度空间分布，可以进一步计算各层的日光自治度（DA）。

图 4-61　天窗与太阳烟囱结合，地面层开口为地下引入自然光

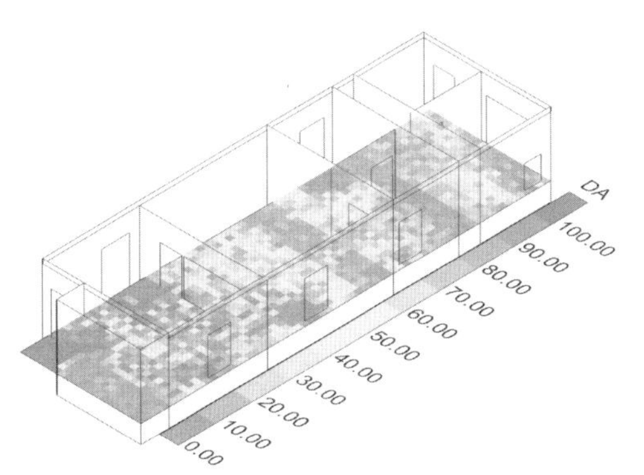

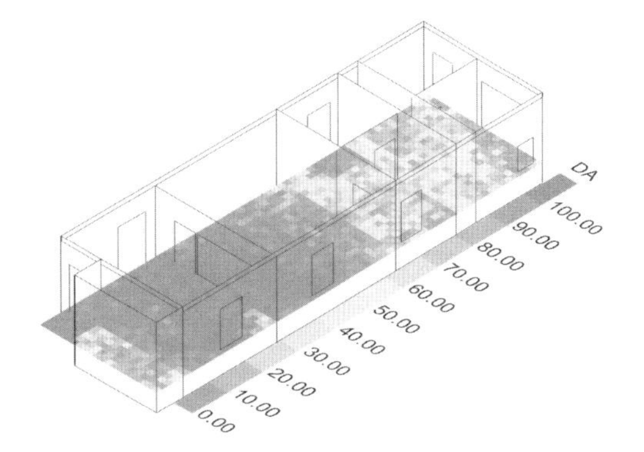

图 4-62　一层室内采光自治度，（左）无采光天窗，（右）有采光天窗

如图4-62所示，在设置了采光天窗后，一层室内大部分区域（除北部的设备间）基本全年可达到照度需求，相比之下，若没有采光天窗，室内只有局部靠窗区域照度较高，全年日光自治度能达到90%以上，而大部分区域低于10%。由此可看出采光天窗即使为向北的侧窗，也能为室内提供充足的采光。

如图4-63所示，地下空间在没有采光天井或天窗时，几乎完全没有自然光进入。在一层南侧入口旁设置了采光玻璃后，地下层西南侧的房间可达近100%的日光自治度。同理，北侧在开口变为地下

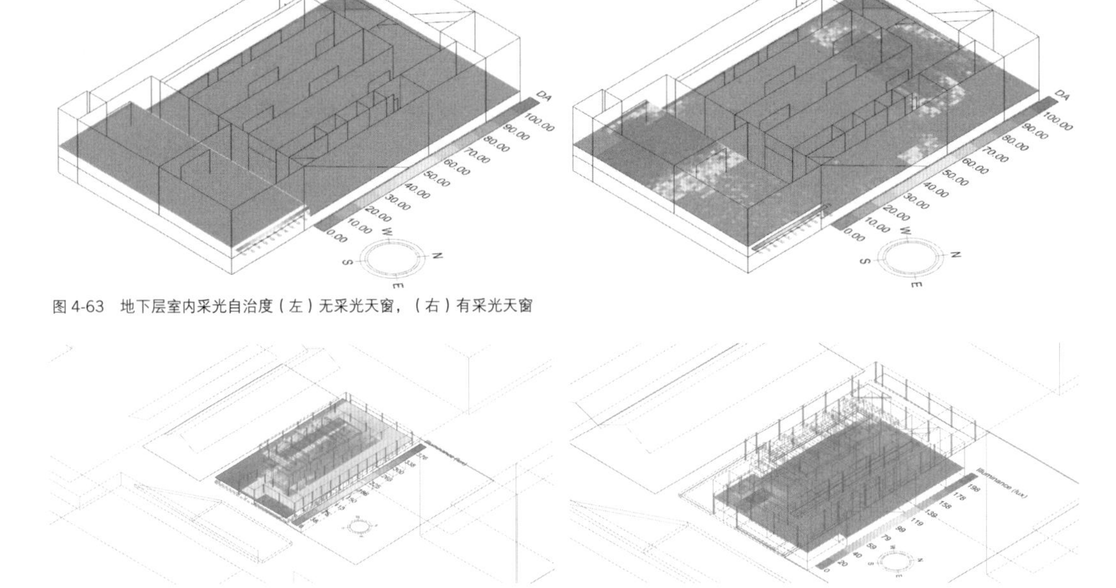

图 4-63　地下层室内采光自治度（左）无采光天窗，（右）有采光天窗

图 4-64　中午 12 时短波平均球面辐照度（左）一层，图例范围：0 ～ 380W/m²（右）地下层，图例范围：0 ～ 200W/m²

室外庭院后，即使有南侧的一层站房遮挡，也能获得较高的照度。

（3）室内热环境与热舒适

① 短波辐射

根据典型年气象数据，选取最热周其中一天（7月27日）进行热环境模拟。如图4-64所示，12:00，在整个场地包括室内外空间内距地面1.1m高处均匀布置测试点，计算各个点受到的短波平均球面辐照度，则一层室外南侧入口旁边的无遮阳空间辐照度最高，围廊与站房的间隙空间处辐照度也较高，而地下空间内南侧展厅有部分受到直射自然光，北侧地下庭院在此时几乎没有直射光进入，仅有少量漫射辐射。

② 长波辐射

对于地下层空间，除了太阳烟囱促进自然通风之外，还使用了辐射冷却界面对空间内的身体进行进一步的冷却。在确定冷却界面位置时，从空间功能布局出发，由于中部空间的长条形墙面用作展墙，不适合布置辐射冷面，则考虑在最南端的较大展厅进行布置。同时需要考虑辐射冷却界面与身体之间的热交换效率，这与身体对界面的相对几何关系有关，可以通过角系数反映。根据之前研究可知，身体对水平面比如地板或天花板的角系数较小，不如对垂直面的角系数大，因此最后确定在空间的南面、东面布置冷却界面。如图4-65所示，当人位于空间东侧时，与两个冷却界面较近，角系数较大；而位于西侧时，再加上中间隔墙的阻挡，角系数下降。

模拟得到地下空间内长波平均辐射温度分布（图4-66左），与图4-64结果类似，最南部的展厅内靠近东南角的MRT最低，可达20℃，地下展厅中部温度在24℃左右。北端靠近室外庭院的部分MRT明显升高，虽然此时的短波辐射较低，但庭院周围的混凝土材质在之前吸收了太阳辐射，以长波辐射的

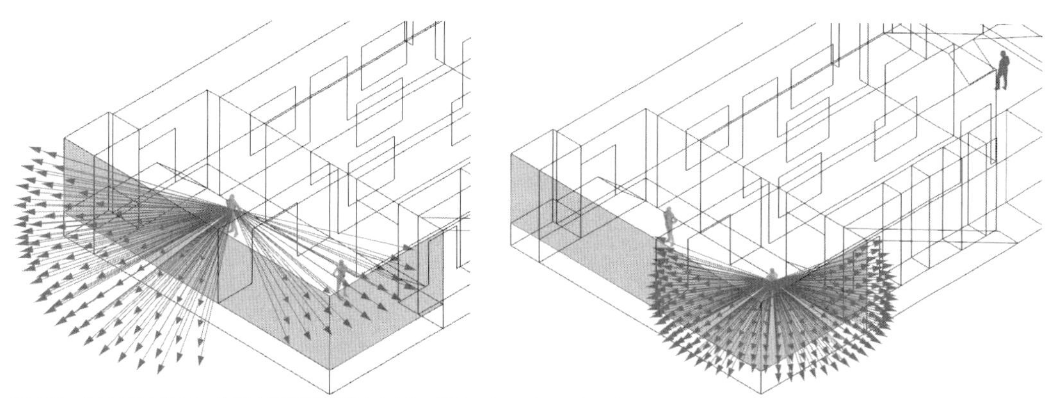

图 4-65　地下空间内的人体对辐射冷却界面角系数（左）偏西侧站立的人（右）偏东侧站立的人

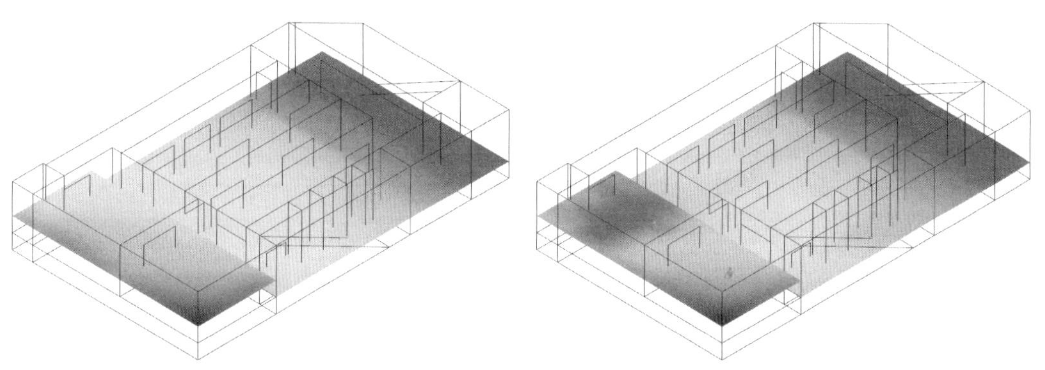

图 4-66　中午 12 时平均辐射温度（左）长波部分（右）短波与长波合并，图例范围：20 ～ 28℃

形式释放热量。

③ 平均辐射温度与热环境

将短波辐射与长波辐射叠加后，得到地下层空间内的平均辐射温度分布（图4-66右），南部展厅的西侧在大量短波辐射与辐射冷却界面的共同影响下，仍有局部温度达27℃左右，并且这个区域会随着太阳位置而变化。整个展厅空间形成了MRT的层次与渐变，为观展者提供了动态、丰富的热体验。

④ 身体热舒适分析

适应性舒适分析：最热周月平均室外气温为29.3℃，对应的中性温度为26.9℃，80%舒适接受范围为23.4～30.4℃，若将风速提升至0.6m/s则范围扩大至23.4～31.6℃。则以进行模拟的最热周其中一条7月22日12:00情况为例，在遮阳围廊底下时MRT可达45～47℃，而在围廊之外可高达近60℃，处于热感觉状态，且热感觉时间比明显升高（表4-25）。

而对于在地下展览空间内的人而言，身体MRT主要与身体对辐射冷却界面、热界面的角系数相关，比如站在北侧地下庭院的人主要受到混凝土结构及顶部太阳能光伏板长波辐射，MRT达32.4℃，超过适应性热舒适范围；然而当考虑到热压通风提高了身体周围的风速，当风速提升至0.6 m/s时即可处于适应性热舒适状态。相比之下，在南侧展厅内两个位置的人体MRT差异可达超过2℃，都处于舒适状态。

表 4-25　一层场地舒适相关参数

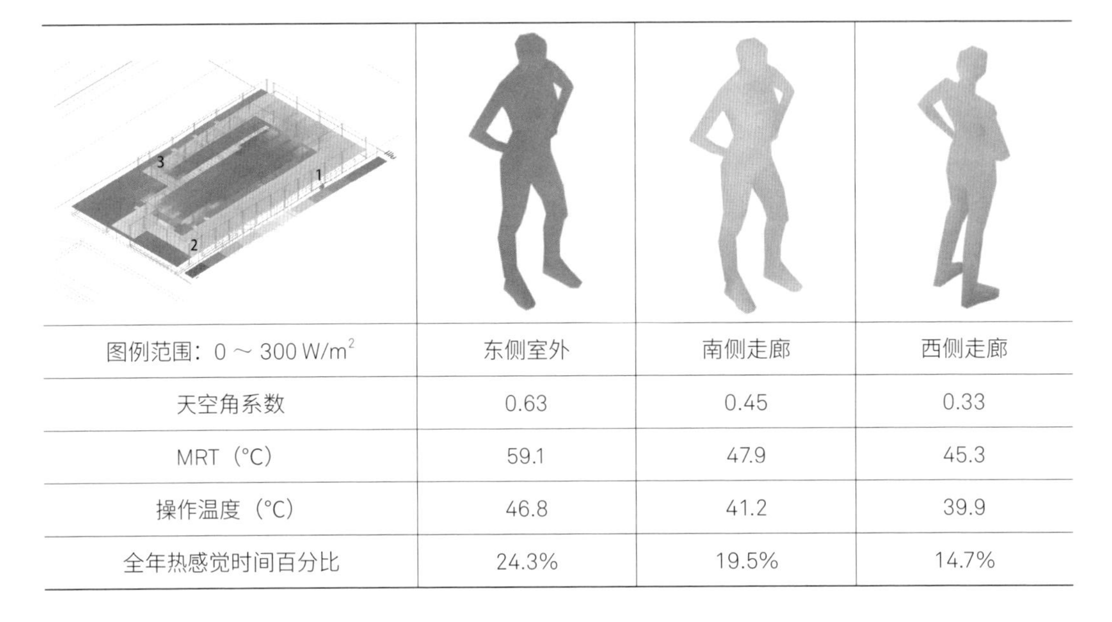

图例范围：0～300 W/m^2	东侧室外	南侧走廊	西侧走廊
天空角系数	0.63	0.45	0.33
MRT（°C）	59.1	47.9	45.3
操作温度（°C）	46.8	41.2	39.9
全年热感觉时间百分比	24.3%	19.5%	14.7%

表 4-26　地下空间内舒适相关参数

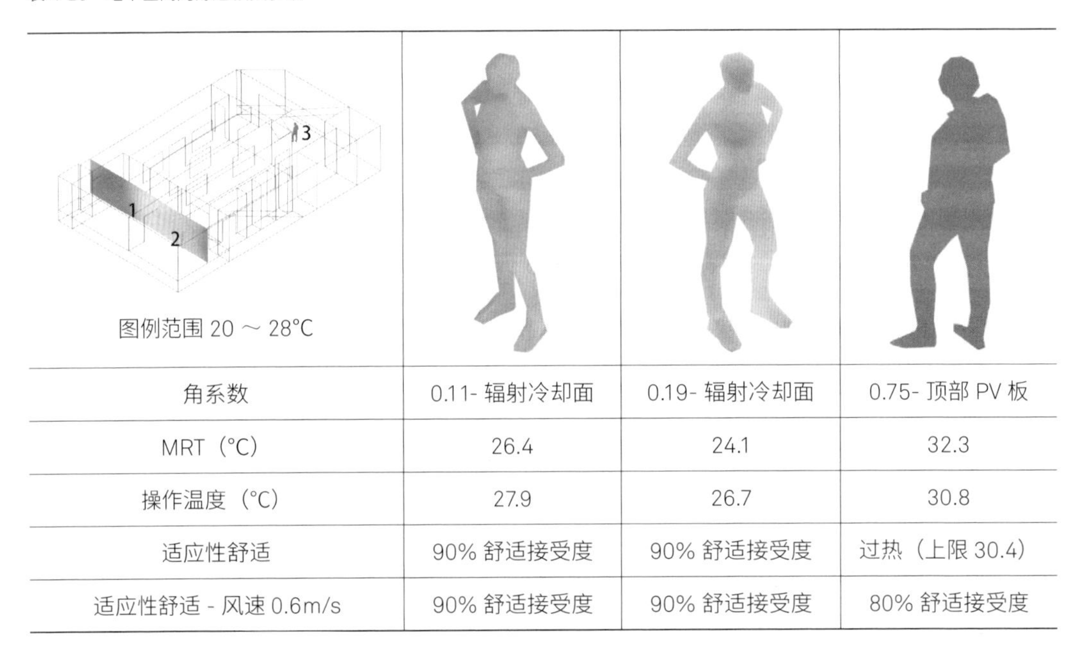

图例范围 20～28°C			
角系数	0.11- 辐射冷却面	0.19- 辐射冷却面	0.75- 顶部 PV 板
MRT（°C）	26.4	24.1	32.3
操作温度（°C）	27.9	26.7	30.8
适应性舒适	90% 舒适接受度	90% 舒适接受度	过热（上限 30.4）
适应性舒适 - 风速 0.6m/s	90% 舒适接受度	90% 舒适接受度	80% 舒适接受度

（4）身体感知、行为与认知分析

① 包裹感与边界感

遮阳围廊下的地坪与院子相比得到抬高，同时顶部遮盖及柱子等元素限定出了空间边界，同时保持开敞性。并且在技术的支持下得以实现具有穿透率的太阳能光伏板，则人们在获得遮阴的同时，看向周围景色的视线并不会受到阻碍，甚至在顶板界面形成的动势下，让站在覆盖下的人对东侧开敞场地更具倾向性。整个围廊在顺应自然气候的同时，通过空间结构为身体增强空间认知。

② 感知变化与动态体验

则在整个场地内，室外、围廊空间与室内形成了变化丰富的热环境，在场地中行走可以让身体经历从极热感觉、热感觉到舒适甚至微冷的状态。由于在地面层，影响空间异向性的主要因素为太阳辐射，则身体与天空的角系数成为影响身体感知的重要因素，以表4-25为例，身体MRT及热感觉与天空角系数呈正相关。

类似地，在地下空间时，由于适当的开口引入自然光线，并且辅助辐射冷却界面促进身体散热，则地下空间的热环境分布同时受到短波与长波辐射的影响，由于短波辐射与太阳运动轨迹相关性较大，则在一天内变化较大，则室内热环境的非均匀状态也随之不断变化。人们在空间中运动时即可体验到不同区域的独特热体验。如图4-67所示，地下层的南部展厅、中部展墙区和北部院落呈现明显的空间热环境梯度，如表4-26所示，位于不同区域的人获得的热感觉差异较大。并且，随着身体在展览流线中频繁地调整身体朝向，身体不同部位受到的辐射热不对称也在不断变化，这样迅速的热感觉刺激会带来一种热愉悦感，促进人对自然、对生命的感知。

③ 多重感知中心

整个水质监测站及水主题的展览空间中充满了水的元素，包括场地上的水池、展厅中的展示样品等。在炎热时节，与水相关的元素，尤其流动的水往往能在视觉和听觉上与冷感相联系，刺激人们产生降低热感、产生冷感觉。在地下南部展厅中，多种元素得到汇聚。首先是抬高的地面层使空间尺度缩小，身体与空间的关系变得亲密；其次，此空间内使用了结合毛细水管的辐射冷却墙面，对空间中的身体覆盖程度越大则身体冷感觉越明显，如表4-25所示。然而这种冷感对于人们而言是“匿名”的，人们无法意识到冷感觉的来源。为了解决这个当代普遍面临的问题，项目决定将少部分墙体区域的毛细水管外以玻璃覆盖，则让人们可以看到、感受到冷却面的存在。同时充分利用展厅内与水相关

图 4-67　地下一层展厅

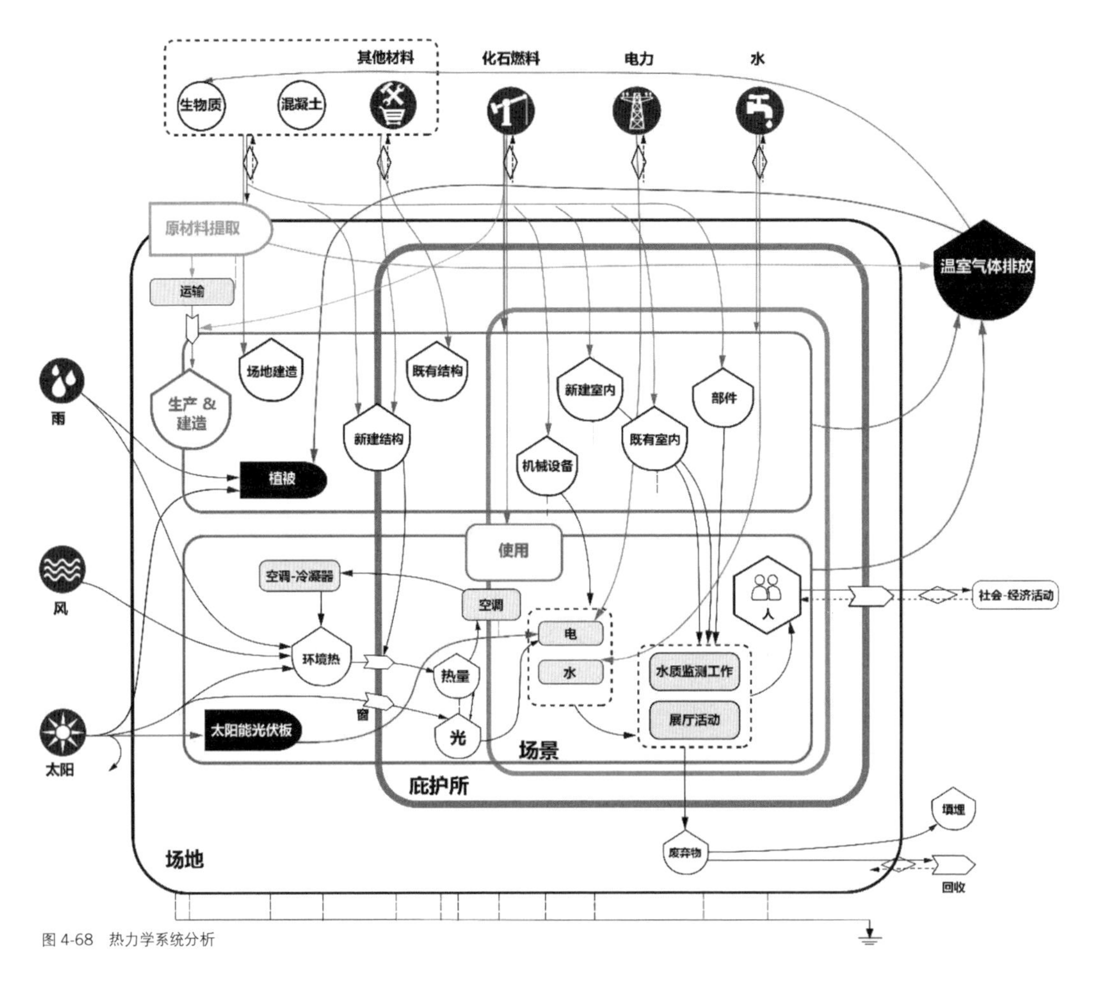

图 4-68　热力学系统分析

的元素，比如以水质处理为主题的展陈装置提供了水流的声音、水的容器等，对于人们可以直接触摸物品采用高热传导、低蓄热材料，使人通过传导可以直接产生凉感，在视觉、听觉、直接触觉上调动多重感知，形成感知丰富的中心场所。

6. 碳排放分析与总结

使用能值分析法对本项目进行能量流动分析（图4-68），在空间尺度上分成场地、庇护所与场景，在时间尺度上包含物化与运行两个阶段，对输入系统的资源（自然资源与其他自然）及相关的能量流动路径和物质循环进行分析，利于从系统整体的角度进行评估，并可明晰温室气体排放来源。针对此案例的全生命周期碳排放计算结果表明[1]，改造建筑的全生命周期碳排放为2.39 tCO_2e/m^2，处于较低的碳排放水平。其中既有建筑改造相较建筑新建而言，在物化阶段节省了近三分之一的碳排放；太阳能光伏系统的应用节省了约三分之一的建筑运行能耗和碳排放。

本节是建筑环境性能设计方法的总结与在设计实践上的应用。首先对性能设计流程进行总结，其

1　LI B, PAN YQ, LI LX, KONG MS. Life Cycle Carbon Emission Assessment of Building Refurbishment: A Case Study of Zero-Carbon Pavilion in Shanghai Yangpu Riverside[J]. Applied Sciences, 2022, 12:9989.

次对建筑环境性能设计策略进行系统性梳理。最后以黄浦江杨浦大桥水质自动监测站改造工程为例，将各个性能设计流程中的步骤与性能设计策略应用进行展示。

（1）建筑环境性能设计流程总共包括四步，为气候环境参数可视化分析、身体需求分析与性能目标确定、性能设计原型与策略提出、身体感知和环境性能模拟与优化。

（2）建筑环境性能目标导向的设计策略延续复合参数的分类方式，即长波辐射与相对湿度，短波辐射与照度，空气温度、流速与空气质量三类，总结从案例研究提取以及在实验中优化的性能设计策略。

（3）选取黄浦江杨浦大桥水质自动监测站改造工程为研究样本，综合考虑其转化成展厅的功能需求、与滨江绿地融合的生态需求，以及提升环境性能与丰富空间体验的需求，应用研究提出的方法、工具与策略，为身体视角的建筑性能设计方法研究构建了实践落地路径。

第 5 章
结语

建筑环境性能设计是建筑可持续发展议题下的解决方案，是建筑应对外部的能源与环境危机、内部的身体舒适与健康等需求的重要途径。而在目前对建筑环境性能的研究中，缺乏将“身体”要素相关知识应用到建筑领域中，未整合不同维度的性能研究，缺乏系统地关注“环境-建筑-身体”相互作用的设计方法。针对以上问题，本书首先系统性地建构基于“环境-建筑-身体”关系的建筑性能理论与方法研究体系，搭建结合感知数据采集、性能模拟的参数化设计平台，然后在此基础上对传统与当代典型案例进行策略提取与分析，并进一步开展相关实验研究，对策略进行更新与优化，最后形成性能设计工作流、策略以及应用的总结。

5.1　身体视角下建筑性能设计理论与方法构建

在建筑环境调控历史脉络中不乏身体的介入，而这条线索之前往往被低估，本书按时间线系统性地梳理了生理学、传热学与建筑学三个学科之间的相互影响，并在此基础上总结了建筑环境调控观的演变以及身体在其中的作用。在理论构建方面，本研究梳理了“环境-建筑-身体”系统的各个要素及相关的热力学机理，以此为基础厘清“环境-建筑-身体”热力学互动机制，将身体在生理、心理学、现象学等多维度上的理解及其与环境、建筑发生互动的机制进行了系统总结。

本书构建了建筑环境性能设计的方法。从物理基础出发，依据气候分类进行环境参数提取，便于确定环境性能目标；并且总结了三种环境调控模式，四种热力学建筑原型，以及性能设计方法涉及的五个尺度层级；建立单一或复合环境参数对应的性能目标以及性能策略。通过以上要素确定对建筑案例进行策略提取时的逻辑，并利于辨析环境参数与性能策略之间的关系，有助于进一步找出具有潜力、有待优化的策略。

5.2　结合数据感知与性能模拟的建筑设计平台

本书通过开发创新模拟工具、开发感知数据与模拟的连接口、优化现有模拟程序、探索前沿传感技术，搭建了集环境与感知数据采集、性能模拟与参数化设计于一体的数字平台及工作流模式。本书创新提出的人体平均辐射温度模拟程序，相比于同类程序，在对复杂几何形体的处理、身体局部计算、模拟准确度上具有突出优势；创新提出的平均球面辐照度模拟方法，在现有模拟引擎的基础上增加了对空间热环境的模拟能力；在实验中使用创新型扫描式辐射温度传感器和身体传感器，并开发传感数据与3D建模软件的接口，使之可以空间数据的形式呈现并与性能模拟直接连接等。

性能设计策略的提出基于对环境要素的分析，以及对“环境-建筑-身体”具体互动的分析；而进一步对性能设计策略的适用性考量，需要将现场数据采集、模拟工具与建筑参数化设计工具结合，搭建与数字时代建筑信息模型适配的“环境与感知数据采集-性能模拟-参数化设计集成平台”，利于在设计初期进行迭代优化，并且对不同维度的性能进行综合优化，为设计方法的实践落地性提供基础。

5.3 建筑环境性能设计方法提取

对4种气候类型下的典型热力学建筑原型进行分析，对同种原型选择了传统建筑与现当代建筑两个案例进行比对，研究了不同的环境要素如何影响身体需求，又如何影响建筑各个层面的性能策略与形式表达，梳理面对特定环境条件时的共通性能策略，同时突显性能策略方法从传统到当代的进化，并且挖掘策略方法的进一步潜力。

在案例分析过程中，对典型气候类型下单一或复合环境参数对应的常用性能策略进行提取，并通过数字建模与性能模拟验证了策略的有效性，同时从身体感知的角度出发对环境性能策略影响下的空间氛围、体验进行分析与总结。

5.4 建筑环境性能设计方法实验

在传统及现当代热力学建筑原型中对环境性能设计方法的提取研究，可以发现对于一些复合环境性能目标的设计策略仍较缺乏，或受限于技术条件难以实施与策略，因此本书发觉其中的挑战以及更新潜力，提出新的建筑原型与设计方法。通过创新提出形式、材料及系统方面的设计方法，拓展了性能设计策略的应用范围，并且通过现场实验与性能模拟对策略进行优化与评价，对设计策略的具体参数与适用性进行量化研究与确定。

总共进行的3个实验分别对应不同外部环境下的身体需求，提出对应的研究切入点，即湿热气候下辐射冷却与湿度过高之间的难题，十分重要但易被低估的反射辐射与长波辐射对身体热感觉的影响，满足冬夏季节人对光热环境不同需求的自适应表皮。最后各个实验得出的成果与结论既包含模型方法层面，又包含建筑或构件设计原型层面，并提供了有关设计参数选取的具体数值参考。

5.5 性能设计策略总结与应用

身体视角的建筑环境性能设计方法是一种基于热力学建筑设计、参数化性能优化的整合设计方法，本书提出了建筑环境性能设计流程，将对“身体”要素的考虑体现在从整个设计过程中，从对外部气候及内部身体的需求进行分析以确定建筑性能目标，而后提出相关性能策略，到最后结合参数化设计与模拟对策略进行优化。

本书提出的建筑环境性能设计工作流与性能策略具有实践操作性，以黄浦江杨浦大桥水质自动监测站改造工程为例，将各个性能设计流程中的步骤与性能设计策略应用进行展示。

针对我国当前对环境危机问题与可持续发展的关注，绿色建筑、低碳排建筑等热潮增强了学界对建筑环境性能的研究兴趣，本书试图为此方向的研究补充一种可能的、从身体视角出发的性能设计方法。基于本研究，提出对本领域的后续研究展望如下：

（1）考虑到本书所选取的案例位于世界各地，因此主要使用将全球气候区分为四个种类的分类法，并且也进行了此气候分类法与我国气候区之间的关联。后续可针对我国气候区对各环境性能策略进行详细的量化研究。本书提出的环境性能目标确定以及相关策略主要基于具体环境参数，同样可适用于不同气候分类方法下的情况，然而具体的分析与策略需要针对当地气候情况进行确定。

（2）研究中与身体相关的实验主要对物理维度进行了量化研究，比如身体光热感觉、视觉与热舒适、健康等，并且针对热感觉与热舒适进行了主观问卷调研。然而身体认知等精神维度的研究仅主要做定性分析，未来可对身体在空间中的多重感知间的相互影响等问题进行量化研究。

（3）仍旧有许多具有潜力的性能策略有待研究，尤其是在当今技术高速发展的背景下，新材料、新系统、新引擎的辅助都将可能为性能策略进行有价值的更新。

参考文献

专著

[1] 卒姆托.建筑氛围[M].北京：中国建筑工业出版社,2010.

[2] Olgyay V. Design with climate: bioclimatic approach to architectural regionalism[M]. Princeton: Princeton University Press, 1963.

[3] Hensel M. Performance-oriented architecture: rethinking architectural design and the built environment[M]. Chichester, West Sussex: Wiley, A John Wiley and Sons, 2013.

[4] Braham W W，Willis D. Architecture and Energy[M]: Performance and Style. New York: Routledge, 2013.

[5] Gibson J J，Carmichael L. The senses considered as perceptual systems[M]. Boston: Houghton Mifflin, 1966.

[6] Colomina B. Krankheit als Metapher in der modernen Architektur (The Medical Body in Modern Architecture) [M]. Daidalos , 1997.

[7] Vitruvio P M, Warren H L, Morgan. The Ten Books on Architecture[M]. New York: Dover, 1960.

[8] Crowley JE. The invention of comfort: sensibilities & design in early modern Britain & early America[M]. Baltimore, Md: Johns Hopkins University Press, 2001.

[9] Kenda B. Aeolian winds and the spirit of Renaissance architecture: Academia Eolia revisited[M]. New York:Routledge, 2006, 15-35.

[10] Borys A M. Vincenzo Scamozzi and the Chorography of Early Modern Architecture[M]. Oxford: Taylor & Francis, 2017.

[11] Moe K. Insulating modernism: isolated and non-isolated thermodynamics in architecture[M]. Boston: Birkhäuser, 2014.

[12] Banham R. The Architecture of the Well-Tempered Environmen[M]. Chicago: The University of Chicago Press, 1969.

[13] Colomina B. X-Ray Architecture[M]. Zürich: Lars Müller Publishers, 2019.

[14] Olgyay A，Olgyay V. Solar Control & Shading Devices[M]. Princeton: Princeton University Press, 1957.

[15] Wright F L. The natural house[M]. New York: Horizon Press, 1954.

[16] Nesbitt K. Theorizing a New Agenda for Architecture: An Anthology of Architectural Theory 1965-1995[M]. Princeton: Princeton Architectural Press, 1996.

[17] 莫里斯•梅洛一庞蒂，姜志辉译. 知觉现象学[M]. 北京：商务印书馆，2005.

[18] Rasmussen S E. Experiencing architecture[M]. Cambridge: MIT press, 1964.

[19] Bloomer K C, Moore C W, Yudell R J, et al. Body, memory, and architecture[M]. New Haven: Yale

University Press, 1977.
[20] 卒姆托. 思考建筑[M]. 北京：中国建筑工业出版社，2010.
[21] Fanger P O. Thermal comfort: analysis and applications in environmental engineering[M]. New York: McGraw-Hill, 1972.
[22] Parsons K. Human thermal environments: the effects of hot, moderate, and cold environments on human health, comfort and performance[M]. Leiden：CRC press，2007.
[23] Heschong L. Thermal delight in architecture[M]. Cambridge: the MIT Press, 1979.
[24] Fathy H. Natural Energy and Vernacular Architecture: Principles and Examples with Reference to Hot Arid Climates[M]. Chicago: University of Chicago Press, 1986.
[25] Rabinbach A. The human motor: Energy, fatigue, and the origins of modernity[M]. Oakland：UC Press, 1992.
[26] Moe K. Thermally active surfaces in architecture[M]. New York: Princeton Architectural Press, 2010.
[27] Abalos I, Sentkiewicz R. Essays on Thermodynamics: Architecture and Beauty[M]. New York: Actar D, 2015.
[28] García-Germán J. Thermodynamic Interactions: An Exploration into Material, Physiological, and Territorial Atmospheres[M]. New York: Actar Publishers, 2017.
[29] Braham W W. Architecture and Systems Ecology: Thermodynamic Principles for Environmental Building Design[M]. New York: Routledge, 2016.
[30] Braham W W, Willis D. Architecture and Energy: Performance and Style[M]. New York: Routledge, 2013.
[31] Kolarevic B, Malkawi A. Performative architecture: beyond instrumentality[M]. New York: Routledge, 2005.
[32] Odum H T. Environmental Accounting: EMERGY and environmental decision making[M]. New York: Wiley, 1996.
[33] 尤哈尼•帕拉斯玛, 刘星等. 肌肤之目:建筑与感官[M]. 北京：中国建筑工业出版社, 2016.
[34] Vincent JD. The Biology of Emotions[M]. Oxford：Basil Blackwell, 1990.
[35] Szokolay S. Introduction to Architectural Science: The Basis of Sustainable Design[M]. London: Routledge, 2014.
[36] Moe K. Convergence: an architectural agenda for energy. New York: Routledge, 2013.
[37] Hauser S, Zumthor P，Binet H. Peter Zumthor Therme Vals[M]. Basel：Scheidegger & Spiess, 1996.
[38] Hoppe H. A new procedure to determine the mean radiant temperature outdoors[M]. Wetter Unt Leben, 1992.

期刊&论文

[1] 李文杰, 刘红, 许孟楠. 热环境与热健康的分类探讨[J]. 制冷与空调, 2009, (2):4.

[2] Chang J-H. Thermal Comfort and Climatic Design in the Tropics: An Historical Critique[J]. The Journal of Architecture, 2016, 21(8).

[3] 盖尔, 翟永超等. 建筑环境热适应文献综述[J].暖通空调,2011,41(07):35-50.

[4] 竺可桢. 气候与人生及其他生物之关系[J]. 气象杂志，1936，(09):475-486.

[5] 夏昌世. 亚热带建筑的降温问题——遮阳•隔热•通风[J]. 建筑学报，1958(10):36-39+42.

[6] 赵群，刘加平.地域建筑文化的延续和发展——简析传统民居的可持续发展[J]. 新建筑，2003(02):24-25.

[7] 夏一哉，赵荣义，江亿. 北京市住宅环境热舒适研究[J]. 暖通空调，1999(02):3-7.

[8] 谢宏杰, 王晓晖, 王乾坤. 范式•挑战•转向:走向健康建筑[J]. 建筑节能, 2019，(11):5

[9] 吴硕贤. 绿色建筑应是健康建筑[J]. 建筑, 2019，(17):15-16.

[10] 鲁安东, 窦平平. 环境作用理论及几个关键词刍议[J]. 时代建筑, 2018，(3):7.

[11] 窦平平. 从“医学身体”到诉诸于结构的“环境”观念[J]. 建筑学报, 2017，(7):6.

[12] 李麟学. 知识•话语•范式能量与热力学建筑的历史图景及当代前沿[J]. 时代建筑, 2015, (2):10-16.

[13] 李麟学, 侯苗苗. 性能、系统、诗意 上海崇明体育训练中心1、2、3号楼生态实验[J]. 时代建筑, 2019, (2):8.

[14] 史永高. 身体与建构视角下的工具与环境调控[J]. 新建筑，2017，(5):3.

[15] 张利. 舒适:技术性的与非技术性的[J]. 世界建筑, 2015，(7):4.

[16] 李麟学, 侯苗苗. 健康•感知•热力学身体视角的建筑环境调控演化与前沿[J]. 时代建筑，2020，(5):8.

[17] Craig S, Grinham J. Breathing walls: The design of porous materials for heat exchange and decentralized ventilation[J]. Energy and Buildings, 2017, (149):246-259.

[18] Meggers F, Guo H, Teitelbaum E, et al. The Thermoheliodome – “Air conditioning” without conditioning the air, using radiant cooling and indirect evaporation[J]. Energy and Buildings, 2017, 157:11–9.

[19] Aviv D, Teitelbaum E, Kvochick T, et al. Generation and simulation of indoor thermal gradients: mrt for asymmetric radiant heat fluxes[J]. Proceedings of Building Simulation, 2019：381–8.

[20] de Dear R J, et al. Convective and Radiative Heat Transfer Coefficients for Individual Human Body Segments[J]. International Journal of Biometeorology，1997：141–56.

[21] Yang W, Moon H J. Combined Effects of Acoustic, Thermal, and Illumination Conditions on the Comfort of Discrete Senses and Overall Indoor Environment[J]. Building and Environment, 2019, 148: 623–633.

[22] 李念平，汪萌，李景明等. 室内空气质量和照明色温对人体环境感知及健康的影响[J]. 安全与环境学报，2022，22(01)：518-525.

[23] 伊纳吉•阿巴罗斯, 周渐佳. 室内”源”与”库”[J]. 时代建筑, 2015, 000(002):17-21.

[24] Zhuang Z, Li Y, Chen B, et al. Chinese kang as a domestic heating system in rural northern China—A review[J]. Energy and Buildings, 2009, (41):111-119.

[25] Cuttle C. Cubic illumination[J]. Lighting Research and Technology, 1997, 29: 1–14

[26] Kotani T, Tashima H, Shikakura T, et al. Development of Visualization System of Spatial Illuminance[J]. J Light & Vis Env, 1997, 21: 28–35.

[27] Mangkuto R. Research note: The accuracy of the mean spherical semi-cubic illuminance approach for determining scalar illuminance[J]. Lighting Research & Technology, 2020, 52: 151–158.

[28] Cannistraro, et al. Algorithms for the calculation of the view factors between human body and rectangular surfaces in parallelepiped environments[J]. Energy and Buildings, 1992, 19.1: 51-60.

[29] Hatefnia N, et al. A Novel Methodology to Assess Mean Radiant Temperature in Complex Outdoor Spaces[J]. 32th International Conference on Passive and Low Energy Architecture, 2016.

[30] Naboni E, et al. An Overview of Simulation Tools for Predicting the Mean Radiant Temperature in an Outdoor Space[J]. Energy Procedia，2017：1111–16.

[31] Lynes J A, et al. The Flow of Light into Buildings: Transactions of the Illuminating Engineering Society[J]. London: Sage, 1966.

[32] Ward G J. The RADIANCE Lighting Simulation and Rendering System[J]. Proceedings of the 21st Annual Conference on Computer Graphics and Interactive Techniques, ACM, 1994： 459–472.

[33] Rakha T, Zhand P，Reinhart C. A Framework for Outdoor Mean Radiant Temperature Simulation: Towards Spatially Resolved Thermal Comfort Mapping in Urban Spaces[J]. Proceedings of the 15th IBPSA, 2017：2414-2420.

[34] Sillion F, Puech C. A General Two-Pass Method Integrating Specular and Diffuse Reflection[J]. Proceedings of the 16th Annual Conference on Computer Graphics and Interactive Techniques, ACM, 1989：335–344.

[35] Chung J D, Hong H，Yoo H. Analysis on the impact of mean radiant temperature for the thermal comfort of underfloor air distribution systems[J]. Energy and Buildings, 2010, 42(12)：2353-2359.

[36] Kubaha K, et al. Human Projected Area Factors for Detailed Direct and Diffuse Solar Radiation Analysis[J]. International Journal of Biometeorology，2004：113–29.

[37] Schellen L, et al. The Use of a Thermophysiological Model in the Built Environment to Predict Thermal Sensation: Coupling with the Indoor Environment and Thermal Sensation[J]. Building and Environment，2013：10–22.

[38] Fanger P O. Radiation Data for the Human Body[J]. ASHRAE Trans, 1970：338–373.

[39] Miyanaga T, et al. Simplified Human Body Model for Evaluating Thermal Radiant Environment in

a Radiant Cooled Space[J]. Building and Environment，2001：801–08.

[40] Košir M，Pajek L. BcChart v2. 0—a tool for bioclimatic potential evaluation[J]. Int Solar Energy Soc, 2017：1-10.

[41] de Dear R J, Brager G S. Thermal comfort in naturally ventilated buildings: revisions to ASHRAE Standard 55[J]. Energy and Buildings, 2002, 34：549-561.

[42] Houchois N, Teitelbaum E, Chen K W, et al. The SMART sensor: Fully characterizing radiant heat transfer in the built environment[J]. Journal of Physics: Conference Series, 2019.

[43] Aviv D, Hou M, Teitelbaum E, et al. Simulating invisible light: adapting lighting and geometry models for radiant heat transfer[J]. In Proc. Symp. Simul. Archit. Urban Des, 2020：311-318.

[44] Guo H, Aviv D, Loyola M, et al. On the understanding of the mean radiant temperature within both the indoor and outdoor environment, a critical review[J]. Renewable and Sustainable Energy Reviews, 2020, 117: 109207.

[45] Tanabe S, et al. Effective Radiation Area of Human Body Calculated by a Numerical Simulation[J]. Energy and Buildings，2000：205–15.

[46] Vorre M H, et al. Radiation Exchange between Persons and Surfaces for Building Energy Simulations[J]. Energy and Buildings，2015：110–21.

[47] Mohamed N A G, Ali W H,Traditional Residential Architecture in Cairo from a Green Architecture Perspective[J]. Arts and Design Studies，2014.

[48] Monghasemi N, Vadiee A. A review of solar chimney integrated systems for space heating and cooling application[J]. Renewable and Sustainable Energy Reviews，2018，81:2714–30.

[49] Gagliano A, Liuzzo M, Margani G, et al. Thermo-hygrometric behaviour of Roman thermal buildings: the “Indirizzo” Baths of Catania (Sicily) [J]. Energy and Buildings，2017, 138:704–15.

[50] Parkinson T, de Dear R. Thermal Pleasure in Built Environments: Physiology of Alliesthesia[J]. Building Research & Information, 2015, 43(3): 288–301

[51] 张军英, 关力. 形式•空间•材料的统一——彼得•卒姆托温泉改造[J]. 世界建筑, 2005, (10):4.

[52] Chowdhury AA, Rasul M, Khan MMK. Thermal-comfort analysis and simulation for various low-energy cooling-technologies applied to an office building in a subtropical climate[J]. Appl Energy，2008，85(6):449–62.

[53] Rhee K-N, Kim KW. A 50 year review of basic and applied research in radiant heating and cooling systems for the built environment[J]. Build Environ，2015，91:166–90.

[54] Hoyt T, Arens E, Zhang H. Extending air temperature setpoints: Simulated energy savings and design considerations for new and retrofit buildings[J]. Build Environ，2015，88: 89–96.

[55] Aviv D, Chen KW, Teitelbaum E, et al. A fresh (air) look at ventilation for COVID-19: Estimating the global energy savings potential of coupling natural ventilation with novel radiant cooling strategies[J]. Applied Energy，2021，292: 116848.

[56] Teitelbaum E, Meggers F. Expanded psychrometric landscapes for radiant cooling and natural

ventilation system design and optimization[J]. Energy Procedia，2017，122: 1129–1134.

[57] Morse RN. Radiant Cooling[J]. Archit Sci Rev，1963，6: 50–53.

[58] Teitelbaum E, Chen KW, Meggers F, et al. Globe thermometer free convection error potentials[J]. Sci Rep，2020，10(1):1–13.

[59] Teitelbaum E, Rysanek A, Pantelic J, et al. Revisiting radiant cooling: condensation-free heat rejection using infrared-transparent enclosures of chilled panels[J]. Archit Sci Rev，2019，62: 152–159.

[60] Aviv D, Gros J, Alsaad H, et al. A data-driven ray tracing simulation for mean radiant temperature and spatial variations in the indoor radiant field with experimental validation[J]. Energy and Buildings，2022，254:111585.

[61] Rizzo G, Franzitta G, Cannistraro G. Algorithms for the calculation of the mean projected area factors of seated and standing persons[J]. Energy Build，1991；17(3):221–30.

[62] Fanger P, Ipsen B, Langkilde G, et al. Comfort limits for asymmetric thermal radiation[J]. Energy Build，1985；8(3):225–36.

[63] Arens E, Zhang H, Huizenga C. Partial and wholebody thermal sensation and comfort Part II: Non-uniform environmental conditions[J]. Journal of Thermal Biology，2006，31: 60–66.

[64] Aviv D, Guo H, Middel A, et al. Evaluating radiant heat in an outdoor urban environment: Resolving spatial and temporal variations with two sensing platforms and data-driven simulation[J]. Urban Climate, 2021.

[65] Yang X and Li Y. The impact of building density and building height heterogeneity on average urban albedo and street surface temperature[J]. Building and Environment, 2015, 90： 146–156.

[66] Teitelbaum E, Jayathissa P, Miller C, et al. Design with Comfort: Expanding the psychrometric chart with radiation and convection dimensions[J]. Energy and Buildings, 2020.

[67] Giannopoulou K, Santamouris M, Livada I, et al. The impact of canyon geometry on intra urban and urban: suburban night temperature differences under warm weather conditions[J]. Pure Appl Geophys，2010, 167(11):1433–49.

[68] Krayenhoff E, Christen A, Martilli A, et al. A Multi-layer Radiation Model for Urban Neighbourhoods with Trees[J]. Urban Climate News, 2013, 151：7–11.

[69] Yang X, Li Y. The impact of building density and building height heterogeneity on average urban albedo and street surface temperature[J]. Building and Environment, 2015, 90：146–156.

[70] Chen L, Yu B, Yang F, et al. Intra-urban differences of mean radiant temperature in different urban settings in Shanghai and implications for heat stress under heat waves: A GIS-based approach[J]. Energy and Buildings, 2016, 130：829–842.

[71] Rosado P J, Ban-Weiss G, Mohegh A, et al. Influence of street setbacks on solar reflection and air cooling by reflective streets in urban canyons[J]. Solar Energy, 2017, 144：144–157.

[72] Vallati A, Mauri L, Colucci C. Impact of shortwave multiple reflections in an urban street canyon

on building thermal energy demands[J]. Energy and Buildings, 2018, 174: 77–84.

[73] Ali-Toudert F. Exploration of the thermal behaviour and energy balance of urban canyons in relation to their geometrical and constructive properties[J]. Building and Environment, 2021, 188: 107466.

[74] Doan Q V, Kusaka H. Development of a Multilayer Urban Canopy Model Combined with a Ray Tracing Algorithm[J]. SOLA, 2019: 15.

[75] Vanos J K, Rykaczewski K, Middel A, et al. Improved methods for estimating mean radiant temperature in hot and sunny outdoor settings[J]. International Journal of Biometeorology, 2021, 65(6): 967–983.

[76] Aghniaey S, Lawrence T M. The impact of increased cooling setpoint temperature during demand response events on occupant thermal comfort in commercial buildings: A review[J]. Energy and Buildings. 2018, 173: 19-27.

[77] Badarnah L. Light management lessons from nature for building applications[J]. Procedia Engineering, 2016, 145: 595-602.

[78] Li Y, Zhao Y, Chi Y, et al. Shape-morphing materials and structures for energy-efficient building envelopes[J]. Materials Today Energy, 2021, 22: 100874.

[79] Hosseini S M, Mohammadi M, Rosemann A, et al. A morphological approach for kinetic façade design process to improve visual and thermal comfort: Review[J]. Building and Environment, 2019, 153: 186-204.

[80] Tabadkani A, Roetzel A, Li H X, et al. Design approaches and typologies of adaptive facades: A review[J]. Automation in Construction, 2021, 121: 103450.

[81] Kormaníková L, Kormaníková E, Katunský D. Shape design and analysis of adaptive structures[J]. Procedia Engineering, 2017, 190: 7-14.

[82] Hosseini S M, Mohammadi M, Guerra-Santin O. Interactive kinetic façade: Improving visual comfort based on dynamic daylight and occupant' s positions by 2D and 3D shape changes[J]. Building and Environment, 2019, 165: 106396.

[83] Mahmoud A H A, Elghazi Y. Parametric-based designs for kinetic facades to optimize daylight performance: Comparing rotation and translation kinetic motion for hexagonal facade patterns[J]. Solar Energy, 2016, 126: 111-127.

[84] Schleicher S, Lienhard J, Poppinga, et al. A methodology for transferring principles of plant movements to elastic systems in architecture[J]. Computer-Aided Design, 2015, 60: 105-117.

[85] Reichert S, Menges A, Correa D. Meteorosensitive architecture: Biomimetic building skins based on materially embedded and hygroscopically enabled responsiveness[J]. Computer-Aided Design, 2015, 60: 50-69.

[86] Tang Y, Lin G, Yang S, et al. Programmable kiri - kirigami metamaterials[J]. Adv Mater, 2017, 29(10):1604262.

[87] Hu Y, Liu J, Chang L, et al. Electrically and sunlight-driven actuator with versatile biomimetic motions based on rolled carbon nanotube bilayer composite[J]. Advanced Functional Materials, 2017, 27 (44): 1704388.

[88] Polívková M, Valová M, Siegel J, et al. Antibacterial properties of palladium nanostructures sputtered on polyethylene naphthalate[J]. RSC Advances, 2015, 5 (90): 73767-73774.

[89] Bedia E L, Murakami S, Kitade T, et al. Structural development and mechanical properties of polyethylene naphthalate/polyethylene terephthalate blends during uniaxial drawing[J]. Polymer, 2001, 42 (17): 7299-7305.

[90] Laskarakis A, Logothetidis S. Study of the electronic and vibrational properties of poly(ethylene terephthalate) and poly(ethylene naphthalate) films[J]. Journal of Applied Physics, 2007, 101 (5): 053503.

[91] Jheng L-C, Yang C-Y, Leu M-T, et al. Novel impacts of glycol-modified poly(ethylene terephthalate)(PETG) to crystallization behavior of polyethylene naphthalate (PEN) within stretched miscible blends[J]. Polymer, 2012, 53 (13): 2758-2768.

[92] Salingaros N A. Life and complexity in architecture from a thermodynamic analogy[J]. Physics Essays, 1997, 10: 165-173.

[93] Rahm P. Meteorological architecture[J]. Architectural Design, 2009 (79.3): 30-41.

学位论文

[1] 楚超超.“身体”概念在西方建筑学中的关联性研究 [D].南京：东南大学, 2009.

[2] 李若星. 试论具身设计 [D]. 北京：清华大学，2014.

[3] 陶思旻. 热力学视角下的气候建筑原型方法研究 [D]. 上海：同济大学, 2020.

[4] Wijetunge M N R. Domestic architecture of the Sinhalese elite in the age of nationalism [D]. United Kingdom: Nottingham Trent University, 2012.

[5] Navarathne, N M R K. An Examination of the relationship between climate, culture and built form with special reference to hot-humid climate[D]. Sri Lanka：Moratuwa University Press, 2005.

[6] 李昕桐. 施密茨的身体现象学及其启示 [D]. 哈尔滨：黑龙江大学，2013.

[7] 王蕾. 东北汉族传统民居营造技艺的文化区划研究 [D]. 哈尔滨：哈尔滨工业大学, 2018.

[8] Heikinheimo M. Architecture and technology: Alvar Aalto's Paimio sanatorium [D]. Helsinki: Aalto School of Arts, Design and Architecture，2016.

[9] Loonen R. Climate adaptive building shells what can we simulate [D]. Eindhoven: Technische Universiteit Eindhoven，2010.

[10] 曹彬. 气候与建筑环境对人体热适应性的影响研究 [D].北京：清华大学，2012.

[11] 刘思铎, 于薇. 中国东北地区井干式传统民居的特色研究[D]，中国建筑史学国际研讨会，2010.

[12] 杨柳. 建筑气候分析与设计策略研究 [D]. 西安：西安建筑科技大学，2003.

[13] Aviv D. Design for Heat Transfer: Formal and Material Strategies to Leverage Thermodynamics in the Built Environment [D]. Princeton: Princeton University Press, 2020.

标准、规范

[1] 卫生部卫生法制与监督司. 室内空气质量标准：GB/T18883-2002[S/OL]. 北京：中国标准出版社, 2003.

[2] 国家市场监督管理总局. 绿色建筑评价标准：GB/T 50378-2019[S/OL]. 北京：中国标准出版社, 2019.

[3] 中华人民共和国住房和城乡建设部. 建筑采光设计标准：GB 50033-2013 [S/OL]. 北京：中国建筑工业出版社, 2013.

[4] ASHRAE, ANSI. Standard：55-2017[S/OL]. Atlanta USA:Thermal Environmental Conditions for Human Occupancy. 2017.

[5] Ergonomics of the thermal environment—instruments for measuring physical quantities：ISO 7726:2001[S/OL]. 2001.

图片来源

1-1 Olgyay V. Design with climate: bioclimatic approach to architectural regionalism. New Jersey: Princeton University Press, 1963.

1-6 Crowley JE. The invention of comfort: sensibilities & design in early modern Britain & early America. Baltimore, Md: Johns Hopkins University Press, 2001.

1-7 Olgyay V. Design with climate: bioclimatic approach to architectural regionalism. New Jersey: Princeton University Press, 1963.

1-8 Braham W W. Architecture and Systems Ecology: Thermodynamic Principles for Environmental Building Design. New York: Routledge, 2016.

1-9 Javier Garcia-German提供.

1-10 （https:// www.iaacblog.com/programs/jade-eco-park/）.

1-11 Meggers F, Guo H, Teitelbaum E, et al. The Thermoheliodome – “Air conditioning” without conditioning the air, using radiant cooling and indirect evaporation. Energy and Buildings, 2017, 157:11–9.

1-12 Aviv D, Teitelbaum E, Kvochick T, et al. Generation and simulation of indoor thermal gradients: mrt for asymmetric radiant heat fluxes. Proceedings of Building Simulation, 2019, p. 381–8.

1-13 改绘自Braham W W. Architecture and Systems Ecology: Thermodynamic Principles for Environmental Building Design. New York: Routledge, 2016.

表2-1作者自制，图片由Prieto González提供.

2-3 Cuttle C. Cubic illumination. Lighting Research and Technology, 1997, 29: 1–14.

2-5, 2-6,2-8, 2-9, 2-10 Dorit Aviv提供.

2-3 Wijetunge M N R. Domestic architecture of the Sinhalese elite in the age of nationalism: [phd dissertation], United Kingdom: Nottingham Trent University, 2012.

3-12 , 3-18, 3-30, 3-47, 3-54 Archdaily.

1-22 , 3-37 Wikipedia.

3-32 Transsolar提供.

3-39 Gagliano A, Liuzzo M, Margani G, et al. Thermo-hygrometric behaviour of Roman thermal buildings: the "Indirizzo" Baths of Catania (Sicily). Energy and Buildings. 2017, 138:704–15.

3-47

3-58 Yang W, Moon H J. Combined Effects of Acoustic, Thermal, and Illumination Conditions on the Comfort of Discrete Senses and Overall Indoor Environment. Building and Environment, 2019, 148: 623–633.

4-2, 4-3, 4-5, 4-10 4-11, 4-16 Dorit Aviv提供.

4-14 Lydon, Gearóid P., Stefan Caranovic, Illias Hischier, and Arno Schlueter. "Coupled simulation of thermally active building systems to support a digital twin." Energy and Buildings 202 (2019): 109298..

4-15 Ariane Middel提供.

4-17, 4-19, 4-20, 4-21, 4-22 Coleman Merchant 提供.

4-27, 4-28, 4-29, 4-32, 4-33, 4-35, 4-36, 4-38, 4-40Heesuk Jung提供.

4-31 Zherui Wang提供.

4-42, 4-43, 4-44, 4-45, 4-54, 4-56, 4-57, 4-59, 4-61, 4-67麟和建筑工作室提供.

作者简介

侯苗苗 本书作者

博士后研究员、绿色建筑工程师。2022年毕业于同济大学建筑学专业并获得工学博士，2017年本科毕业于同济大学建筑学专业，2019年—2021年为美国宾夕法尼亚大学访问学者。依托同济大学建筑与城规学院“低碳城市与绿色建筑”一流交叉学科、宾夕法尼亚大学建筑技术实验室中海集团展开实验研究、国际合作与低碳实践，近年研究关注低碳建筑、健康建筑与模块化绿色建筑。

李麟学 书系主编及本书作者

同济大学建筑与城市规划学院长聘教授，博士生导师，艺术与传媒学院院长，入选上海市“东方英才拔尖项目”“上海市杰出中青年建筑师”“同济八骏”等，麟和建筑工作室ATELIER L+主持建筑师。哈佛大学设计研究生院高级访问学者，法国总统项目“50位建筑师在法国”巴黎建筑学院学习交流，谢菲尔德大学建筑学院Graham Wills访问教授。担任上海市建筑学会建筑创作学术部委员，《时代建筑》编委会委员，同济大学高密度人居环境生态与节能教育部重点实验室“能量与热力学建筑分实验中心”主任，同济大学一流交叉学科“低碳城市与绿色建筑”联合教授等。通过明确的理论话语，确立教学、研究、实践与国际交流的基础，将建筑学领域的“知识生产”与“实践生产”贯通一体。主要研究领域：热力学生态建筑、公共建筑集群、当代建筑实践前沿、城市建筑跨媒介传播等。致力于“自然系统建构”的建筑哲学研究与创造性实践，是中国当代建筑的出色诠释者之一。